─ 아 프 리 카 의 심 장 ─

르완다
RWANDA

르완다
RWANDA

펴 낸 날   2016년 6월 15일

지 은 이   유기열(Ki Yull Yu)
펴 낸 이   최지숙
편집주간   이기성
편집팀장   이윤숙
기획편집   박경진, 윤일란, 장일규
표지디자인   박경진
책임마케팅   하철민
펴 낸 곳   도서출판 생각나눔
출판등록   제 2008-000008호
주   소   서울 마포구 동교로 18길 41, 한경빌딩 2층
전   화   02-325-5100
팩   스   02-325-5101
홈페이지   www.생각나눔.kr
이 메 일   webmaster@think-book.com

• 책값은 표지 뒷면에 표기되어 있습니다.
  ISBN 978-89-6489-605-1   03980
• 이 도서의 국립중앙도서관 출판 시 도서목록(CIP)은 서지정보유통지원시스템 홈페이지
  (http://seoji.nl.go.kr)와 국가자료공동목록시스템(http://www.nl.go.kr/kolisnet)에서
  이용하실 수 있습니다(CIP제어번호: CIP2016013548).

아 프 리 카 의 심 장

르완다
RWANDA

유기열(Ki Yull Yu) 지음

생각나눔

여는글

2012년 12월 12일, 나는 한국국제협력단(KOICA) 제6기 중장기자문단으로 활동하기 위하여 르완다를 향해 인천공항을 출발했다. 그리고 33개월의 활동을 마친 뒤, 2015년 9월 10일 르완다에서 출발하여 돌아오는 길에 터키 관광을 하고 2015년 9월 18일 귀국했다.

르완다 파견이 확정된 것은 2012년 10월 19일이었다. 나는 그때까지 르완다에 대해 아는 것이 거의 없었다. 창피한 일이지만, 인터넷으로 아프리카 지도를 보았더니 르완다가 보이지 않아 코이카 담당자에게 르완다가 없다고 했더니 지도를 확대하면 볼 수 있다고 해서 웃을 정도였다.

그때부터 르완다에 갈 때까지 르완다에 대한 정보를 얻으려고 무척이나 노력했지만, 원하는 정보를 얻기가 어려웠다. 르완다에 스마트폰을 가지고 가면 사용이 가능한지를 알기 위해 서울 강남역에서 잠실역 사이에 있는 스마트폰 대리점을 다 찾아다니며 물었지만, 들은 대답은 죄다 모른다는 것이었다. 신용카드 사용의 경우도 마찬가지였다. 결국, 나는 다이너스, 삼성, 농협카드 등이 있는데도 외국에서 사용할 수 있다고 하는 신한카드를 새로 만들어서 가지고 갔다.

그 밖에 인터넷 환경, 교통 사정, 치안, 기후, 내가 자문할 농업 현황 등 어느 것 하나 맘에 드는 자료를 얻지 못했다.

이처럼 나는 르완다에 대한 정보를 얻는 과정에서 겪은 마음고생이 정말 컸다. 그런 노력에도 르완다에 대한 필요한 정보를 얻지 못하다 보니 르완다를 알지 못하는 데서 오는 불안과 걱정 또한 만만치 않았다.

아무튼, 정말 미지의 세계로 들어간다는 기분으로 르완다에 갔다.

따라서 르완다를 방문하거나 르완다에 관한 일을 하고자 하는 사람들이 르완다에 관한 정보 부족으로 나와 같이 어려움을 겪지 않도록 하고, 많은 한국인에게 르완다를 제대로 알리기 위하여 『데일리 전북』에 『유기열의 르완다』를 주 1회 연재하였다. 『유기열의 르완다』는 르완다에서 활동하면서 직접 보고 듣고 느낀 것과 현지 관련 기관, 단체 등에서 얻은 자료를 중심으로 썼다.

이 글에 대한 반응이 의외로 좋아 그간의 글을 모아 이 책을 출간하게 되었다. 이 책이 르완다를 방문하거나 르완다를 알고 싶어 하는 사람들에게 조금이나마 도움이 되면 기쁘겠다.

물론, 제한된 시간과 접근의 어려움으로 르완다의 모든 것을 다루지 못한 점은 아쉽다. 그래서 앞으로 누군가가 이 책의 이러한 미흡한 점을 보완하여 주었으면 한다.

끝으로 나를 르완다에 파견해주시고 활동을 잘 할 수 있도록 해주신 한국국제협력단(KOICA) 본부와 르완다에서 활동하는 동안 가까이서 지도·협조해주신 르완다주재 코이카 사무소 김상철 전 소장님, 조형래 소장님과 직원, 르완다대학교 농대학장 레티티아 박사님(Dr. Laetitia NY-INAWAMWIZA)과 교직원 모두에게 감사를 드린다. 그리고 흉금 없이 이야기하며 즐거운 시간을 가진, 미래의 르완다를 이끌 학생들에게도 감사한다.

2016. 1.

유기열

Prologue

I left Korea for Rwanda to volunteer as the 6th KOICA advisor on Dec. 12, 2012. After finishing 33 months of activities, I came back to Korea on Sept. 18 2015.

It was Oct. 19 2012 that my working in Rwanda was confirmed. Until then, I hardly knew anything about Rwanda, even not hearing of the country's name. Though trying to look for Rwanda on the internet map, I could not find it. So I told it to KOICA staff. He said to me 'Please make the map larger. Because Rwanda is too much small, it is not shown up on the small map.' We laughed because of my ignorance about Rwanda.

Having tried to get information on Rwanda from then until going to Rwanda, I failed to obtain the desired information. For an example, I just got an answer 'We don't know.', although I visited mobile phone shops between Gangnam and Jamsil, Seoul, and asked them 'Whether a smartphone is available or not in Rwanda'. So is using a credit card. Eventually, I took a new made credit card Shinhan that may be usable in Rwanda, although still having Dinners, Samsung Visa and NH Master. Besides, it was not possible to get any desired data on the situation of internet, traffic, security, climate, and agriculture.

Thus, I suffered highly from obtaining information about Rwanda. Deep and high was the anxieties and the worries that came from the ignorance on Rwanda due to not getting the needed information despite such efforts.

Anyway, I went to Rwanda in the mood to enter into the unknown world. So, I had written articles titled 'Rwanda of YU KI YULL' for Koreans to suffer less because of lack of information when visiting Rwanda. All the articles had been published serially in the 「Daily Jeonbuk」, which helped Koreans understand Rwanda properly. The stories were written on the base of what I saw, heard, and felt for myself and the data collected from the relevant organizations while I lived in Rwanda.

The readers' response to the articles was so amazing that I authored this book collecting the articles. If this book gives any help to those who want to visit Rwanda or to know Rwanda, I will be glad. Of course, It is not enough to cover all of Rwanda due to a limited time and difficulty of access to facts and points. I hope someone to make up for these shortcomings of the book.

Finally, I am thankful to KOICA Headquarters, former KOICA Representative Kim Sang Chul and Representative Cho Hyeong Lae including all the staffs for cooperation during my activities in Rwanda. My deep sense of gratitude goes to Dr. Laetitia NYINAWAMWIZA, principal of UR-CAVM and all the staffs for giving a nice environment to conduct my activities there. I also thank students who are a hope of the future Rwanda for having a good time sharing the conversation without any barriers.

January 2016
Professor Dr. KI YULL YU

르완다에 가는 날, 하늘에서 나에게 쓴 편지

케냐의 수도 나이로비공항으로 가는 대한항공 959편 10B 석에 앉아 있다. 내 옆좌석 10A는 비어 있다. 빈 좌석에 노트북과 간단한 자료를 놓았다.

인천공항을 출발한 지 약 4시간 30분이 지났다. 기내에서 제공한 저녁 식사를 포도주와 곁들여 맛있게 먹었다.

비행기는 시속 824km의 속도로 12,192km 상공을 비행하고 있다. 창을 모두 닫아 밖은 보이지 않는다. 승객들 대부분은 잠을 자고 있다. 비행기 안은 어둡다. 화장실 표지등과 같은 불빛이 있을 뿐이다.

나는 의자에 달린 작은 등을 켜고 노트북의 자판기를 두들겼다.

아프리카는 처음 가보는 대륙이다. 그래서 그런지 모두가 새롭고 궁금하다. 두려움, 설렘, 호기심, 기대감… 이런 것들이 피곤함을 잊게 한다.

참 좋은 세상이다. 이렇게 비행기 안에서 글을 쓸 수 있다니….

이런 생각을 하고 있자니 잠실 신천역 옆의 공항 리무진 버스정류장에서 헤어질 때, 아쉬워하는 가족 모습이 떠올랐다.

가족을 위해서라도 그리고 나를 보내주는 코이카를 위해서라도 우리나라의 국익을 위해서라도 최선을 다하리라 다짐했다.

"나이 들어 뭐하려고 그런 먹고살기 힘든 곳을 가려고 하느냐, 안 가면 안 되느냐?"

걱정하시던 어머니와 장모님을 위해서라도 잘해야 한다.

꿈이 있는 한 절망은 없다. 꿈이 있고 그 꿈을 이루려고 노력하는 나는 이미 행복한 거다.

2012년 12월 12일 12시 12분

CONTENTS

6. 교통, 보건, 체육– 기차가 없고 축구가 인기

교통

보건

체육

10. 자연– 새들의 천국, 도처에 유칼립투스, 연중 꽃과 신록

무생물과 동물

식물

R

W

A

N

D

A

르완다

R W A N D A

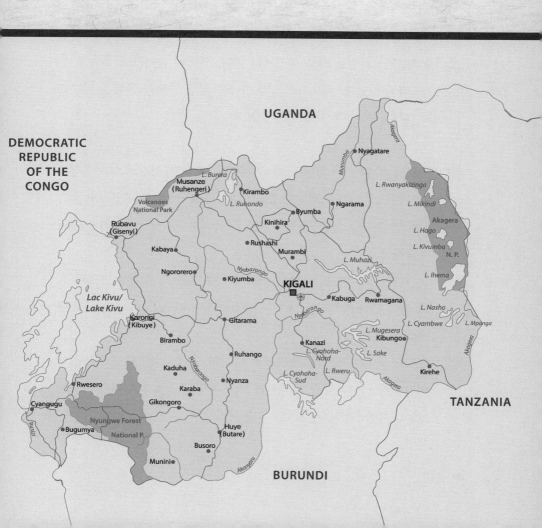

UGANDA

DEMOCRATIC
REPUBLIC
OF THE
CONGO

Nyagatare

L. Burera

Musanze
(Ruhengeri)
Kirambo

Volcanoes
National Park

L. Ruhondo

Ngarama

L. Rwanyakizinga

L. Mikindi

Byumba

Rubavu
(Gisenyi)

Kinihira

Akagera

L. Hago

Kabaya

Rushashi

L. Kivumba

Murambi

N. P.

Ngororero

Nyabarongo

L. Muhazi

L. Ihema

Kiyumba

KIGALI

Kabuga

Rwamagana

Lac Kivu/
Lake Kivu

Karongi
(Kibuye)

Gitarama

Nyabarongo

L. Nasho

L. Cyambwe

L. Mpanga

L. Mugesera

Kibungo

Birambo

Kaduha

Ruhango

Kanazi

L. Cyohoha-
Nord

L. Sake

Kirehe

Rwesero

Karaba

Nyanza

L. Cyohoha-
Sud

L. Rweru

TANZANIA

Cyangugu

Gikongoro

Bugumya

Nyungwe Forest

National P.

Huye
(Butare)

Busoro

Munini

Akanyaru

BURUNDI

01
개요와 국가 상징
아프리카의 심장, 살기 좋은 기후

🏷️ 르완다는 어떤 나라? 1

　– 위치, 크기, 인구, 기후, 언어, 역사 등

　르완다는 중앙동아프리카에 있는 남한의 1/4 정도 크기에 인구 1,200만 명 정도인 작은 나라다. 적도 바로 아래 있지만, 생각과는 달리 기후는 연중 초가을 날씨로 사람 살기에는 좋다. 영어와 불어가 공용어로 언어는 국제화되어 있다. 제노사이드의 비극을 딛고 화해와 통합을 이루고 발전하는 나라, 한 번쯤 와볼 만한 나라다.

위치: 르완다는 중앙동아프리카에 위치한다. 수도인 키갈리가 위도상으로 남위 1° 56′ 37.98″, 동경 30° 3′ 34.02″이다. 서쪽엔 DR콩고, 북쪽엔 우간다, 동쪽엔 탄자니아, 남쪽에는 부룬디로 둘러싸인 내륙국가다.

　르완다는 바다가 없는 대신 서쪽에 키부 호수가 북에서 남으로 길게 뻗어 있어 아프리카 대호수 지역(African Great Lakes Region)에 속해 있다.

크기: 르완다 국토면적은 26,338㎢로 남한의 약 1/4 정도다. 너무 작아 인터넷에서 르완다를 검색하면 아프리카 지도에 르완다가 보이지 않는다. 어느 정도 확대하면 그때 나타난다.

국토의 70% 이상이 산이며(추정) 해발 1,000~4,500m에 있는 산악 국가다. '천 개 언덕의 나라', '아프리카의 스위스'로 알려졌다.

수도: 르완다의 수도 키갈리는 르완다에서 제일 큰 도시이다. 인구는 약 113만 명이다(2012, NISR- National Institute of Statistics Rwanda). 해발 약 1,600m 고지대에 있으며, 르완다의 정치, 경제, 무역, 사회, 문화의 중심지이다. 르완다의 모든 길은 키갈리로 통한다.

언어: 르완다 국어(National language)는 키냐르완다어이고, 공용어(Official language)는 키냐르완다어, 영어, 불어 3개다(헌법 제5조). 하지만 2008년부터 학교수업을 불어에서 영어로 바꿔서 실시해오고 있다. 대학교의 수업과 공문서는 현재 영어와 키냐르완다어로 이루어져 있으며 불어는 공용어의 명맥만 유지하고 있다.

인구: 약 1,200만 명이다(정부 홈페이지). 르완다인은 3개 민족으로 구성되었다. 후투(Hutu) 85%, 투치(Tutsi) 14%, 트와(Twa) 1%다. 트와 족은 피그미(Pygmy)로 주로 산간오지에서 살아 일반지역에서는 보기 어렵다. 인구 증가율은 2.3%, 인구밀도는 415명/㎢ (2012)로 높은 편이다. 평균수명은 65세이다.

역사: 르완다에는 석기와 철기시대에 수렵 채집인(Hunter gatherers)이 살다가 반투 인(Bantu people)이 들어와 살았다. 이들이 모여 씨족을 이루며 살다가 18세기 중엽에 르완다 왕국으로 통합되었다.

1884(일부는 1899)년부터 독일이 르완다를 식민통치하다가 세계 1차 대전 때인 1916(일부는 1919)년 벨기에가 점령하여 지배하였다. 식민지 시대에는 투치 족이 지배 세력을 이루었으나 1959년 후투 족이 반란을 일으켜 1962년 7월 1일에 벨기에로부터 독립하였다. 독립 이후는 후투 족이 정권을 장악해왔다.

1990년부터 내란을 겪다가 1994년 제노사이드로 80만~100만 명에 가까운 민족 간의 대량살상이라는 비극을 겪었다. 그 뒤 투치족이 중심이 된 르완다 애국 전선(RPF- Rwandan Patriotic Front)이 정권을 잡아 현재에 이르고 있다. 이런 비극의 역사 때문인지 현 정부는 통합, 애국, 화해를 중시하고 있다.

기후: 4계절이 없고 건기와 우기가 있다. 수도 키갈리의 경우 건기는 6~8월로 거의 비가 오지 않는다. 이 기간의 월강우량은 11~32mm이다. 3~4월, 10~11월은 우기로 월강우량이 100~160mm, 12~2월, 5월, 9월은 월강우량이 70~92mm로 소우기(小雨氣)이다. 12~2월을 소건기(小乾期)로 보기도 하지만 월강우량이 75~92mm에 달하고 실제 살아보니 비가 가끔 와서 우기인지 건기인지 구분이 잘 안 된다.

적도 바로 아래에 위치하지만, 해발 1,000m 이상의 산악지역에 있어 기온은 온화한 편이며 연중 큰 변화가 없다. 수도 키갈리는 월평균 최고온도는 26.0~28.5℃, 최저온도는 15.0~16.0℃이다. 그러나 남부는 더운 편이며, 동부는 사바나 기후로 건조하고 덥다. 반면에 서부는 키부 호수와 연해 있어 서늘한 편이며 북부와 고산지대는 밤 온도가 10℃ 이하로 내려가 춥기 때문에 초겨울 옷과 난방이 필요하다.

천 개의 언덕과 호수의 나라, 아프리카의 스위스 르완다에 와서 사람 살기 좋은 기후를 맘껏 즐겨보세요.

◆ 르완다는 어떤 나라? 2
  – 정치, 경제, 종교 등

  르완다는 정치적으로 안정되어 있고, 경제는 대외 의존율이 높지만, 지속적인 성장을 하고 있다. 종교는 신들의 대륙 아프리카가 무색할 정도로 기독교의 나라이다.

외교: 르완다는 유엔(UN), 세계무역기구(WTO), 아프리카연맹(AU), 동아프리카공동체(EAC) 등의 국제 및 지역 기구의 회원국으로 국제협력에 적극적인 편이다. 특이한 것은 영국의 지배를 받지 않은 나라이면서 2009년에 영연방회원국이 되었다는 점이다.

정치: 독립된 주권을 가진 사회민주공화국이며 나라를 다스리는 원칙(Principle)은 국민의, 국민에 의한, 국민을 위한 정부로 명시되어 있다(헌법 1조).

  행정, 입법, 사법의 삼권이 분리되었다.

  정부는 대통령, 총리, 21개 중앙부처(대통령실과 총리실 포함)에 33명의 국무위원(대통령과 총리 포함)으로 구성되었다(2014. 7. 24.). 대통령 임기는 7년이며 1회 연임할 수 있으며, 현재 대통령은 폴 카가메(Paul Kagame)이며 한국을 3회 방문한 바 있다. 다음 대통령선거는 2017년에 있다.

  국회는 양원제이며 상원 26명, 하원 80명으로 되어 있다. 하원의원의 50% 이상이 여성 의원이다.

  사법기관은 일반법원으로는 대법원, 고등법원, 보통법원(Intermediate court)과 초등법원(Primary court)이 있다. 특별법원

시티타워,
르완다에서 가장 높은 건물로 20층

으로는 가차차 법원 (Gacaca courts), 군사법원(Military courts), 그리고 상업법원(Commercial courts)이 있다.

르완다에서는 마을 등 지역공동체에 문제가 생기면 공동체가 지도자를 뽑아 스스로 문제를 해결하는 가차차라는 전통이 있다. 가차차 법원은 이 전통을 제도화하여 제노사이드로 생긴 갈등을 신속히 해결하도록 만든 특별법원이다. 제노사이드로 생긴 범법행위를 일반법원에서 절차를 밟아 재판하려면 수십 년이 걸리기 때문이다.

행정구역: 도(Province), 구(District), 읍면(Sector), 셀(Cell- 몇 개의 마을 집합체), 마을(Village)로 구성되었다. 현재 5개 도(Kigali city, East, West, South, North), 30개 구(District- 키갈리 3, 동도 7, 서도 7, 남도 8, 북도 5), 416개 섹터(Sector)가 있다. 섹터는 수 개에서 수십 개의 셀(Cell), 셀은 수 개의 마을로 이루어져 있다.

경제: 국민총생산(Current GDP)은 74억 5천만U$이다. 1인당 GDP는 632.8U$이며 1인당 GDP 성장률은 1.75%이다(2013). GDP는 농업 33%, 광업, 제조업, 건설업 등 산업 16%, 도소매업, 운송, 저장, 통신업, 금융, 보험, 교육, 공공행정 등 서비스업 45%, 기타로 구성되어 있다(2012, 2013).

화폐단위는 르완다 프랑(RWF- Rwandan Franc)으로 1U$가 2015년 2월 현재 700RWF 정도 된다.

2012/2013 실제 집행예산규모는 수입 1조 1,013억 RWF이며 이중 국내수입 7,364억 RWF, 외국원조 및 차관(융자) 3,649억 RWF으로 되어 있다. 지출은 1조 3,447억 RWF으로 2,434억 RWF의 적자를 보았다. 적자를 포함하면 예산(지출)의 국내자급률은 55.8%, 외국 의존율 45.2%(적자예산을 외국원조 등으로 충당하는 것을 전제)로

르완다 경제는 외국의 원조에 큰 영향을 받게 되었다. 르완다 정부가 Self Reliance(자립)를 슬로건으로 내걸고 이를 달성하려고 애쓰는 이유다.

종교: 흔히, 아프리카 국가들을 신들의 나라라고 말한다. 그러나 르완다는 기독교가 94.0%로 하나님의 나라다. 천주교 56.9%, 개신교 37.1%이며 이슬람교가 4.6%이다. 토속신앙은 0.1%에 지나지 않으며 무교가 1.3%이다. 제노사이드 이후로 이슬람교가 늘어나는 추세에 있으며 근무하는

천주교 야외미사에 참석한 군중

대학교에도 2년 전에 비해 이슬람교 복장을 한 학생들이 많아졌다.

통신: 스마트 르완다를 지향하여 통신망으로 4G가 상용화되고 있다. 한국 KT가 중요한 역할을 하는 것으로 알려졌다. 한국에서 스마트폰을 가져오면 심(Sim) 카드만 바꾸면 사용에 아무 문제가 없다.

아프리카에서 가장 안전하고 깨끗한 나라로 알려진 르완다, 제노사이드의 잿더미 속에서 중견 국가 건설을 이루어가는 르완다, 종족 간 갈등을 화해로 치유하고 통합을 이룬 천만의 미소를 볼 수 있는 르완다, 한번 와보고 싶지 않으세요?

🖋 걸으면서 보고 듣고 느낀 르완다

– 한국인의 르완다에 대한 진실과 오해

많은 한국인들이 르완다는 미개하고 기아와 질병으로 신음하며, 제노사이드 영향으로 치안이 불안하여 살기 어려운 나라로 안다. 열대우림에 무덥고, 야생동물이 득실거리며 소똥으로 벽 칠을 하며 미신이 판을 치는 나라로 치부한다. 그러나 걸으면서 보고 듣고 느낀 르완다는 그렇지 않다.

르완다는 아프리카 대륙의 중앙에 있어 아프리카 심장으로 불린다. 인구는 약 1,200만 명이며 영남 크기의 바다가 없는 내륙국이다. 한국과 국교수립을 한 지가 2015년에(1963년 국교수립) 52주년이 되고 IT 강국으로 발돋움하는 스마트한 나라다.

수도 키갈리는 다른 나라 도시처럼 잘 정비되었으며 깨끗한 녹색 도시다. 출퇴근 시간대는 차가 밀리고 현대식 건물과 마트 등이 들어서 있다. 생각만큼 미개하지 않다.

이동전화 시장점유율(Mobile Market penetration rates, 2015.6.)은 77%다. 르완다대학교 농대생들은 99% 이상이 휴대폰을 사용하고 사무실에서는 유, 무선으로 인터넷이 가능하다. 전국 어디서나 모뎀을 사용하면 인터넷이나 이동 전화 이용에 문제가 거의 없다. 특히, 르완다 정부와 한국통신(KT)의 공동노력으로 4G가 이미 상용화되었다.

한국에 있을 때, TV에서 아프리카 사람들이 소똥을 벽에 칠하고 소똥으로 불을 피워 요리하고 소 오줌으로 세수하는 모습을 보았다. 르완다에 온 지 3년이 가까워지지만 직접 그런 모습은 아직 못 보았다. 벌레를 막기 위하여 소쿠리 등에 소똥을 바르기는 한다. 요리는 전기를 이용하거나 숯을 피우거나 나무를 태워서 한다. 많은 도시민은 집에서 수돗물을 사용하고 시골 사람은 공동급수시설에서 리터당 1프랑(약 1.5원) 정도를 주고 물을 사서 쓴다.

옥수수, 감자, 콩 등을 주식으로 하며 풍성하게 먹지는 못하지만 굶어 죽는 사람은 거의 없다. 열대 지역이라 연중 농작물생산이 가능하고 농산물값이 상대적으로 싸기 때문이다. 시설은 미흡하지만, 읍면까지 보건소(Health Care Center)가 있고 의료보험제도도 시행되고 있다. 그 탓인지 세계보건기구의 발표(2013)에 따르면 르완다의 평균수명은 65세(남 63세, 여 66세)이다.

1994년에 민족 간 싸움으로 80만 명 이상이 학살된 제노사이드가 있었지만, 지금은 기념관을 제외하고는 그런 흔적을 찾기가 어렵다. 오히려 화해로 통합을 이룬 미소(微笑)의 나라로 동아프리카에서 가장 치안이 안전한 나라다.

적도 바로 아래(남위 1° 56′ 633″)의 열대국가지만, 동부지역 일부를 빼고는 해발 1,000m 이상의 산간지역에다 호수가 많아 연중 온화하다. 한국 여름의 찌는 무더위는 없다. 수도 키갈리는 월평균 최고온도가 26.0~28.5℃, 최저온도가 15.0~16.0℃이다. 내가 근무한 르완다대학교 농대가 위치한 지역에서는 밤에 전기장판을 사용하기도 한다.

일반 산은 밭을 일구어 농민들이 차, 커피, 양배추, 당근, 옥수수, 밀, 감자, 콩, 바나나 등을 재배한다. 작물을 재배하지 않는 산은 거의 유칼립투스가 자라는 단순림이다. 열대우림은 늉웨 숲 국립공원, 야생동물은 아카게라 국립공원에나 가야 볼 수 있다. 일반 산이나 들판에서는 열대 정글이나 야생동물을 보기 어렵다. 그래서 르완다에 1년 살다가 도마뱀만 보고 간다는 우스개도 있다.

흔히, 아프리카 국가를 신과 미신이 난무하는 나라라고 한다. 무엇을 보고 그렇게 말하는지 모르겠다. 르완다는 기독교가 94.0%, 이슬람교가

4.6%, 무교 1.3%이며 토속신앙은 0.1%에 불과하다. 무당의 굿판도 보이지 않고 미신에 혼을 뺏기지도 않는다. 오히려 종교가 없다고 하면 이상한 눈으로 볼 정도로 종교의 나라이다.

실제 살면서 르완다 여러 곳을 가보니, 한국인들이 르완다에 대해 잘못 알고 있는 것들이 한두 가지 아니다. 이런 오해를 풀고 바로 아는 일이 두 나라의 발전에 득이 될 것이다.

르완다는 제노사이드의 폐허를 딛고 2020년까지 중견국가 진입을 목표로 뛰고 있는, 정치·경제·사회적으로 안정된 나라다. 게다가 천 개 언덕과 천만 미소가 있는 아름다운 호수의 나라로 기후까지 온화해 살기 좋다.

◆ 3색 띠에 태양, 단순하지만 희망 담긴 르완다 국기

르완다 국기

르완다 국기(國旗)는 국가 문장과 달리 단순하다. 초록, 노랑, 파랑의 3색 띠에 햇살이 있는 태양이 그려져 있을 뿐이다. 단순하지만 르완다가, 르완다 국민이 희망하는 것이 고스란히 담겨있다.

2001년 10월 25일에 1961년부터 사용되던 국기를 폐지하고 현재의 국기가 공식적으로 채택되었다. 이것은 Alphonse Kirimbenecyo라는 예술가가 만든 것으로 알려졌다.

르완다 국기는 국가 문장(國家紋章)과 같이 헌법 제6조에 명시되어 있다. 아래로부터 1/4은 초록, 이어서 1/4은 노랑으로 녹색과 노랑 띠가 기의 반절을 차지한다. 윗부분의 나머지 반절은 파랑 띠다. 파란색 띠의 오

른쪽 가운데에 햇살을 가진 황금색 태양이 들어 있다. 둥근 태양과 햇살 사이에 파란 원이 있어 이 둘은 떨어져 있다.

녹색 띠는 르완다의 번영과 자연자원을, 노랑 띠는 르완다의 경제 발달과 광물자원의 풍요를 나타낸다. 파랑 띠는 평화와 행복을 상징한다. 태양과 햇살은 통합, 투명과 무지로부터의 깨우침을 나타낸다.

르완다는 다른 나라에 비해 광물자원이 풍부하지 않은 것으로 알려졌다. 그런데 왜 국기에까지 광물자원이 풍부함을 나타냈는지 잘 이해가 안 간다.

국기의 가로 세로 비율은 3:2다.

국가 문장과 같이 관련 법규에 국기의 특징, 의의와 용도 등을 규정하게 되어 있으나 찾지를 못해 일반 자료를 활용했다.

한국과 다른 점은 용도다. 한국은 정부, 공공기관 등의 기관장 사무실, 강당, 회의실 등에 국기가 걸려있거나 스탠드로 서 있다. 그러나 르완다에서는 건물 밖에는 국기가 게양되어 있으나, 건물 내부의 사무실, 강당, 회의실 등에서는 국기를 보기 어렵다. 국기는 없어도 카가메 대통령 사진은 있다.

아무튼, 르완다 국기는 단순해서 좋다. 국기가 표방한 대로 르완다가 경제가 발달하고 번영하여 모든 국민이 하나가 되어 평화롭고 행복하게 살기를 바란다.

✎ 르완다 국가(國歌), 첫 한글화

르완다 국가(國歌)는 키냐르완다어로 'Rwanda Nziza(아름다운 르완다)'이며 4절로 구성되어 있다. Faustin Murigo씨가 Karubanda 감옥에서 이 가사를 썼다고 한다. 그리고 르완다 육군 군악대장(Captain of the Rwanda Army Brass Band) Jean-Bosco Hashakaimana씨가 작곡을 하였다. 1962년부터 사용되던 'Rwanda Rwacu(우리의 르완다)'는 폐지되고 2002년부터 지금의 국가로 대체되었다.

한국어로 번역을 하고 보니 1절은 르완다의 아름다움, 2절은 르완다의 문화, 언어와 풍요, 3절은 선조들의 영웅심과 독립의 기쁨, 4절은 자랑스러운 르완다에 대한 희망과 애국심을 담고 있는 듯하다. 한글로 번역된 르완다 국가(國歌)는 아래와 같다.

아름다운 르완다

르완다, 아름답고 사랑하는 우리나라
언덕, 호수와 화산으로 꾸며진 조국
르완다는 영원히 행복으로 가득하리.
우리는 모두 당신의 아들딸, 르완다 국민들
당신의 찬란함과 높은 뜻을 노래하리.
우리 모두의 어머니 품 같은 당신
영원히 번영하고 존경과 찬양받으리.

하나님이 지켜주시는 귀중한 유산
당신은 우리를 존귀한 것들로 채워주시네.
우리의 문화는 우리를 인정하고
우리의 언어는 우리를 하나로 통합하네.
우리의 지능, 우리의 양심, 우리의 힘은

끊임없이 새롭게 발전하도록
당신을 다양한 풍요로움으로 채우네.

우리의 용맹스런 선조들, 그들은
르완다를 위대한 나라로 만들 수 있을 때까지
스스로 그들의 몸과 혼을 받쳤네.
당신은 식민제국주의 멍에를 벗어던졌네
아프리카 전체를 황폐화한 멍에를.
그리고 당신은 주권독립의 기쁨을 얻었네
우리가 계속하여 지켜내야 할 독립의 기쁨을.

희망의 땅 사랑하는 르완다여 영원하여라.
우리가 당신 편에 서줄 테니
그래서 방방곡곡에 평화가 깃들고
모든 방해로부터 자유롭고
하는 일 모두가 발전을 가져오고
모든 나라와 훌륭한 관계를 맺고
마침내 자랑스러운 르완다로 존경을 받아라.

　　헌법 제6조에는 르완다의 국가 상징은 국기(國旗), 국가 문장(國家紋章),
국가(國歌)와 국가 모토(Motto)로 되어있다. 그러나 실제로 국가 모토(통
합, 노동, 애국)는 국가 상징으로 활용되지 않는 것 같다. 르완다 정부 공
식 홈페이지에도 국가 상징에서 빠져 있기 때문이다.
　　르완다가 국가(國歌) 노랫말처럼 하나가 되어 번영하여 평화와 자유를

누리며, 국제사회에서 자랑스러운 나라가 되어 존경을 받기를 고대한다.

....

필자 주: 르완다 국가(國歌) 가사는 한글로 된 것을 찾지 못했다. 그래서 위키피
디아 등의 영문을 기초로 직접 번역을 하였다.

✎ 르완다 국가 문장은 어떻게 생겼을까?
　　– 복잡해 보이지만 알면 단순하고 정(情)이 가

현재의 르완다 국가 문장(Seal, Coat of arms or
Emblem)의 구성 등에 관해서는 헌법 6조(2003년 개
정)에 명시되어 있다. 이것은 여권, 문서 등에 주로
쓰이나 르완다에서는 명함에도 널리 사용된다.

르완다 국가 문장

2001년 이전에는 르완다 왕국(Kingdom of Rwan-
da) 기간인 1959년에서 1962년까지 사용한 문장과 1962년부터 2001년까
지 사용한 르완다 공화국(Republic of Rwanda) 문장이 따로 있다.

지금의 국가 문장(國家紋章)은 2001년에 만들어졌다. 이것은 아래
가 매듭으로 이어진 녹색 줄의 원(圓), 원 위 안쪽에는 'REPUBULIKA
Y'U RWANDA'가, 원 바깥 아래에는 르완다 국가 모토인 'UBUMWE,
UMURIMO, GUKUNDA IGIHUGU'가 키냐르완다어로 새겨져 있다.
이들 글씨는 노란 바탕에 검은색으로 쓴다.

녹색 원과 매듭은 근면을 통한 산업발달을 상징한다. 키냐르완다어로
된 국가 모토(Motto)는 통합(Unity), 노동(Work), 애국(Patriotism)을 뜻한
다. 통합은 3개 부족(투치, 후투, 트와)으로 이뤄진 르완다가 안정과 발달
을 지속하기 위한 필요충분조건이다.

녹색 원 안의 'REPUBULIKA Y'U RWANDA'아래에는 햇살 무늬를 가진 태양이 그려져 있다. 가운데 왼쪽과 오른쪽에는 1개씩의 방패가 세로로 있다. 방패는 애국, 주권·통합·정의의 수호를 상징한다.

녹색 원 아래 매듭 위에는 푸른색의 톱니바퀴가 있다. 톱니바퀴 위 왼쪽에는 수수줄기와 이삭, 가운데는 아가새끼 바구니, 오른쪽에는 커피 나뭇가지와 열매가 있다. 아가새끼 바구니는 르완다에서는 우정의 선물을 뜻하는 전통공예품이다. 결혼식 때 주고받는 것은 가문의 존귀함과 약속을 지키겠다는 것이라고도 한다.

수수와 커피가 들어간 이유는 아직 문헌이나 법규에서 찾지 못하였다. 다만, 필자는 수수와 커피가 르완다의 중요한 농작물로서 농업을 중요시 하겠다는 뜻이 아닐까 추측한다.

르완다 국가 문장은 처음엔 복잡하게 보인다. 그러나 내용과 의미를 알고 나면 단순해 보인다. 아마 모든 사물이 같다고 본다. 내용과 의미를 알게 되면 사물이 단순해 보이고 친근감이 간다.

우리는 복잡다단한 세상을 살고 있다. 이런 세상에 애정을 가지고 즐겁게 살기 위해서는 복잡한 것을 단순하게 볼 수 있는 지혜가 필요하다. 이런 지혜는 세상과 삼라만상에 관심을 두고 좀 더 가까이하여 이해의 폭과 깊이를 넓히는 데서 비롯된다고 본다.

혼란스러울 만큼 복잡미묘한 세상을 살아가는 요즘엔 복잡함을 단순함으로 정리할 줄 아는 삶이 필요하지 않을까?

....

필자 주: 헌법 6조에는 국가 문장의 특징, 의의, 용도, 관리 등은 관련 법규에 규정하게 되어 있으나, 아직 관련 법규를 찾지 못해 일부는 일반자료를 참고했다.

02

역사, 정치, 외교, 치안
제노사이드를 넘어 천 개 언덕 위에 꽃피운 평화

🏷 르완다 정부는 20개 중앙부처에 국무위원 30명으로 구성

경제기획재정부(MINECOFIN)

르완다개발청(RDB– Rwanda Development Board)

2014년 1월 현재 르완다 정부 조직은 대통령실과 총리실, 그리고 18개 중앙부처로 되어 있다. 국무위원은 대통령과 총리를 포함 총 30명이다. 부처 수보다 국무위원이 많은 이유는 대통령과 총리가 포함되고, 일부 부처의 총괄장관 아래 1~2명의 전문분야담당 장관(Minister of state in charge of…)이 국무위원에 포함되기 때문이다.

20개 중앙부처(대통령실과 총리실 포함)는 자연자원부(MINIRENA– Ministry of Natural Resources), 경제기획재정부 (MINECOFIN– Ministry of Finance and Economic Planning), 농축산자원부(MINAGRI– Ministry of Agriculture and Animal Resources), 교육부(MINEDUC– Ministry of Education), 보건부(MOH- Ministry of Health), 국방부(MINADEF- Ministry of Defence), 법무부(MINIJUST- Ministry of Justice), 외교협력부(MINAFFET- Ministry of Foreign Affairs and Cooperation), 여성가족부(MIGEPROF- Ministry of Gender and Family Promotion in Prime Minister's Office), 사회기반시설부(MININFRA- Ministry of Infrastructure), 국가보안부(MININTER- Ministry of Internal Security), 동아프리카부(MINEAC- Ministry of East African Community), 재난관리난민부(MIDIMAR- Ministry of Disaster Management and Refugee Affairs), 국무총리실(MINICAFF- Ministry of Cabinet Affairs), 지방행정부(MINAL-OC- Ministry of Local Government), 공공서비스노동부(MIFOTRA- Ministry of Public Service and Labor), 산업통상부(MINICOM- Ministry of Trade and Industry), 문화체육부(MINISPOC- Ministry of Sports and Culture), 정보통신청소년부(MYICT- Ministry of Youth and ICT)와 대통령실(MINIPRESIREP- Ministry in the Office of the President)이다.

총괄장관 아래에 있는 전문분야담당 장관은 자연자원부의 광물 담당, 교육부의 초중등교육 담당과 직업기술 교육훈련 담당, 보건부의 공중보건 및 기초보건 담당(Public health and primary health care), 외교협력부의 협력 담당, 사회기반시설부의 물·에너지 담당과 교통 담당, 지방행정부의 사회 담당 등 총 8명이다.

동아프리카부와 재난관리난민부가 한국인에게 다소 생소할 뿐 대부분의 중앙부서는 이름만 조금씩 다를 뿐이지 기능은 한국과 비슷하다. 동아프리카부는 동아프리카연맹 협약에 따라 2008년에 신설되었다. 재난관리난민부는 재난관리와 아직도 케냐, 콩고, 탄자니아 등에 거주하는 르완다 난민을 보호하고 이들의 르완다 이주 업무와 같은 일을 담당한다.

장관 아래에 차관(Permanent Secretary), 차관 아래에 국이 있는 것은 한국과 같다. 중앙부처에는 Agencies가 없는 곳도 있지만, 산하에 대체로 1~9개가 있다. 여기서 중요한 일을 많이 하는데 중앙부처의 이름과 잘 어울리지 않는 일을 하기도 한다. 예를 들면 정보통신청소년부에 있는 RDB(Rwanda Development Board)는 국내외투자자와 관광 업무를 담당한다. 이 건물은 키갈리의 Landmark 역할을 하기도 한다. 물과 에너지 업무를 담당하는 EWSA (Energy, Water and Sanitation Authority or Ltd.)는 자연자원부나 산업통상부가 아닌 시설관리부 산하에 있다.

여성 국회의원 비율이 세계에서 가장 높은 르완다는 행정부에서도 국무위원 30명 중 여성 국무위원이 11명으로 37%를 차지한다. 여성의 정치 참여율이 높다.

르완다 정부 조직을 보니 나라가 크든 작든 정부가 하는 일은 비슷한 것 같다. 다만, 업무량이 많고 적으냐 업무 질이 좋나 그렇지 않나 차이가 있을 따름이다. 개선하고 보완해가는 현재까지의 추세를 보면, 르완다는 앞으로도 계속하여 정부기구를 조직과 인력은 적고 행정의 질과 효율성은 높도록 발전시켜 나갈 것으로 보인다.

필자 주: 영어로 된 부처의 한글 이름은 기존에 되어 있는 것을 알지 못하여 직접 번역한 것이니 더 좋은 이름이 있으면 알려주었으면 한다.

🏷 르완다 내각 총사퇴 후 새 내각 구성

르완다는 2014년 7월 24일 자로 새로운 내각을 구성했다. 지난 7월 23일 자로 공공서비스노동부 장관(Minister of Public Service and Labor)인

Anastase Murekezi가 신임총리로 임명된 지 2일 만이다.

무척 빨라 보였다. 막힘도 걸림도 없었다. 르완다에는 국무위원 등에 대한 인사청문회제도가 없어 대통령이 임명하면 되기 때문인 듯하다.

총리가 새로 임명되면 헌법 제124조에 따라 신임총리는 내각으로부터 일괄사표를 받아 대통령에게 제출한다. 내각이 총 사퇴하는 셈이다. 그러면 대통령은 빠른 시일 내에 국무위원을 새로 임명한다. 이때, 새 내각이 구성되기 전

새 내각의 단체기념사진
(2014. 7. 25. 『The New Times』)

까지는 각부장관은 새로운 정책 결정 등은 하지 못하고 일상적인 업무만 수행하게 되어 있다.

이번에는 총리 임명으로부터 새 내각을 구성하기까지 불과 2일밖에 안 걸렸다.

신임총리는 1994년 제노사이드 후부터는 5대, 르완다 정부 전체로는 10대 총리이다. 전임 Pierre Damien Habumuremyi 총리는 2011년 10월 7일부터 2014년 7월 23일까지 약 2년 10개월간 근무하고 총리직에서 물러났다.

이번 내각 구성의 특징은 3개 부처가 신설된 것이다. 올 1월까지만 해도 정보통신청소년부의 산하기관으로 되어 있던 르완다개발청(RDB-Rwanda Development Board)이 르완다개발부(CEO of RDB and Cabinet Minister)로 승격되어 Francis Gatare가 초대장관으로 임명되었다. 농업부와 경제기획재정부에 1개씩의 전문 담당 장관(Minister of State)이

신설되어, Tony Nsanganira가 농업 담당 장관, Dr. Uzziel Ndagiji-
mana가 경제기획 담당 장관에 새로 임명되었다. 이로써 국무위원은 30
명에서 33명으로 늘어났다.

둘째는 3년 전에 물러났던 Joseph Habineza가 나이지리아 주재 르
완다 고등판무관(High Commissioner)으로 근무하다가 다시 문화체육부
(Ministry of Sports and Culture) 장관으로 복귀한 점이다. 그가 이번 개
각에서 뉴스의 각광을 받았다.

셋째는 물러난 장관은 7명이다. 이들은 농업부, 자연자원부, 동아프리
카부, 문화체육부 장관과 공중보건 담당, 초중등교육 담당, 에너지·물 담
당 전문 장관(State Minister)이다. 새로 입각한 국무위원은 10명이다. 농
업부(Gerardine Mukeshimana), 지방정부(Francis Kaboneka), 르완다
개발부(Francis Gatare), 공공서비스노동부(Judith Uwizeye), 문화체육
부 장관, 공중보건 담당(Patrick Ndimubanzi), 초중등교육 담당 (Olivier
Rwamukwaya), 에너지·물 담당(Germaine Kamayirese), 농업 담당, 그리
고 경제기획 담당 전문 장관이 그들이다.

나머지는 유임되거나 다른 부의 장관으로 전보되었다. 교육부 장관이었
던 Dr. Vincent Biruta는 자연자원부 장관, 사회기반시설부 장관이었던
Prof. Silas Lwakabamba는 교육부 장관으로 옮겼다.

새 내각의 국무위원들은 대통령 집무실이 아닌 국회의사당에서 선서하
였다. 선서 후 폴 카가메 대통령은 "새 내각은 지금까지 이룩한 진전을 더
욱 강화해야 한다. 내각이 합심하여 모든 르완다인의 편익을 위해 계속
일해줄 것(This new cabinet is about building on the progress achieved
to date. The role of this cabinet will be to continue working together
for the benefit of all Rwandans.)"을 당부하였다.

인상적인 것은 24일 아침까지도 르완다대학교 교수였던 Judith Uwizeye가 공공서비스노동부 장관으로 입각한 것이다. 선서 직후에 이 여성 장관은 "장관이 되리라고는 생각하지 않았다. 그러나 직을 맡게 되어서 기쁘다."라고 말했다.

새 내각의 구성은 일사천리로 빠르게 진행되었다. 그럼에도 새 내각에 대한 르완다 언론의 반응은 호의적이다.

🔖 한국-르완다 수교 50주년 및 국경일 기념행사

건배하는 황순택 대사(좌)와
르완다 외무부 장관 Louise Mushikiwabo(우)

기념식장

2013년 10월 4일 키갈리의 세레네 호텔에서 한국-르완다 수교 50주년과 국경일(개천절) 기념행사가 개최되었다.

주 르완다 한국대사관이 주최한 이번 행사에는 르완다 외무부 장관 Louise Mushikiwabo, ICT 장관 Jean Phibert Nsengimana를 비롯한 르완다주재 외교단과 국제기구 대표, 정계와 사회인사 그리고 교민 등 200명 이상이 참석하여 성황리에 마쳤다.

주 르완다 황순택 한국 대사는 축사를 통해 '한국-르완다 양국관계는 상호존중과 신뢰를 바탕으로 2000년대 들어 크게 신장하였다.

정부 차원에서는 폴 카가메 대통령이 한국을 2번이나 방문하였고 양국은 올 1월부터 2년간 유엔 안전보장이사회 비상임이사국으로 활동하고 있다.

개발협력 분야에서도 ICT, 교육, 농촌 개발, 보건 의료 등 7개 분야에 3년간에 걸쳐 약 3천만U$를 투자하고 있다. 여기에 코이카(르완다 사무소장 김상철) 봉사단원 100명 이상이 르완다 곳곳에서 봉사활동을 하고 있다.

민간 차원에서는 KT가 2007년 이래 르완다 정부와 협력하여 전국에 걸쳐 3,000km에 달하는 Fiber Optic Cable을 깔았다. 이어 4G LTE 상용화와 ICT 서비스의 향상을 위해 막대한 투자를 계획하거나 추진 중에 있어 더욱 빠르고 질 좋은 인터넷 서비스를 기대할 수 있다.'고 했다.

황 대사의 축사에 이어 르완다 외무부 장관 Louise Mushikiwabo는 축사에서 "지금까지의 한국의 협력과 지원에 감사하며 앞으로 양국관계가 더욱 지속적으로 발전하기를 기대한다."라고 했다.

개인적으로 내가 만난 사람들은 한국-르완다 수교가 50주년이 되었다는 데 놀라고, 한국이 천연자원도 많지 않고 면적도 적은 르완다에 아프리카의 다른 나라보다 많은 지원을 하는 이유를 궁금해했다. 그리고 짧은 기간 한국의 급격한 발전상에 놀라움과 함께 그 비결을 알고 싶어도 했다.

주 르완다 한국대사관에서는 한국-르완다 수교 50주년을 기념하기 위하여 11가지 행사를 준비하여 마쳤거나 진행 중이다. 이날에는 지금까지 추진하였던 8가지 행사의 하이라이트를 동영상으로 제작하여 상영도 하였다. 오는 10월 26일에는 키갈리 세레네 호텔에서 레전드 K의 '꽃의 4계'

라는 문화공연이 있을 예정이다.

　행사를 준비한 모든 분에게 감사하며 앞으로 한국과 르완다 양국관계
가 더욱 발전하고 성숙해지기를 바란다.

◆ 국민과 함께 춤추는 퍼스트레이디

　퍼스트레이디(Mrs. Jeannette Kagame)
가 공공장소에서 춤을 춘다. 바지와 반소
매 티셔츠를 입고 젊은이들 속에서 그들과
함께 춤을 춘다. 한국의 1/4 정도의 작은
나라, 아프리카 르완다의 영부인이 그렇다.

　그분의 속마음까지는 알 수 없어도, 적
어도 르완다 국민들은 국민과 같이할 줄
아는 이런 영부인을 바랄 것이다.

국민들과 함께 국민들 속에서 춤추는
퍼스트레이디 Mrs. Jeannette Kagame
(르완다대학교 농대 방문 2014. 3. 29.)

　경제나 과학기술 면에서는 한국에 비하여 많이 뒤떨어졌지만, 퍼스트레
이디의 이런 소박함과 국민과 어울리는 자세는 신선하고 좋았다. 보는 당
시엔 충격적이기까지 했다.

　한국의 영부인이 이렇게 춤을 추었다 하자. 그러면 좋다, 잘했다, 멋있

젊은이들과 함께 춤추는 퍼스트레이디
(2014. 7. 12. 『The New Times』)

다는 말보다 방정맞다느니, 천
박하다느니, 이상하다느니 하
며 부정적인 평가를 더 많이
내릴 거다. 그래서 그런지 아직
한국에서 대통령은 물론이거니
와 영부인이 국민들과 함께 수

많은 대중들 앞에서 춤을 추었다는 말은 들어보지 못했다.

좋은 정치가는 국민을 주인으로 모시지는 못해도, 적어도 국민과 같은 수준으로 내려가 국민의 마음을 헤아려 그들이 원하는 것을 이루어주는 국민의 한 사람이라고 본다. 권위나 세우고, 권력이나 휘두르고, 이득이나 취하고, 국민 위에 군림하는 것은 국민이 원하는 지도자의 바른 자세가 아니다.

사람의 권위나 존경심은 어떤 강압에 의해서 생기지 않는다. 그를 만나고, 보고, 느끼는 사람들의 마음속에서 스스로 우러나오는 것이다. 세종대왕이나 이순신 장군 모두 누가 그들을 존경하라고 강요하지 않아도 그들의 삶을 접하는 사람은 자연스레 존경심을 가지며 그들이 위대한 지도자라는 생각을 저절로 하게 된다.

백성을 천민(賤民)으로 생각하는 시대에 세종대왕은 백성을 천민(天民)으로 여겨 한글을 만들었다. 이순신 장군은 모함과 질투에 모든 것을 다 빼앗겼다가 감옥에서 다시 돌아와서도 왕과 그를 곤경에 처하게 한 사람들을 원망하지 않았다. 오히려 오직 나라와 백성을 위해 왜군과 싸우다 전장(戰場)에서 생을 마감했다.

국민들이 보는 앞에서, 국민들과 함께 춤을 추며, 국민들과 함께 어울리는 퍼스트레이디의 모습은 무척 인상적이었다. 긴 시간은 아니었지만 가까이서 지켜보니 멋도 알고 정도 있고 위엄도 있었다. 웃어야 할 때 웃고 침묵해야 할 때 침묵하고 해야 할 말은 힘 있게 말해 설득력도 있었다.

한국의 지도자들은 너무 근엄하다. 웃음이 적고 멋을 잘 모른다. 이런 면에서 국민과 함께 국민 속에서 국민 앞에서 춤추고 노래하는 한국 지도자들의 모습을 그려본다. 지나치게 침묵하고 소통이 원활하지 못해서 국민을 화병 나게 하는 것보다는 나을 것이다.

　권력은 마약과 같아 중독되는가 보다. 아프리카에는 20년 이상 장기집권하고 있는 대통령이 10명이 넘는다. 헌법을 고치거나 독재 등의 방법으로 권력을 유지한다. 그들이 권력을 내놓겠다는 이야기는 아직 들리지 않는다. 이러한 장기집권은 언제 터질지 모르는 시한폭탄이나 다름없다.

10명의 장기집권하는 아프리카 대통령들
(자료: africanleadership.co.uk)

　1960~70년대만 해도 한국이 그랬다. 3선 개헌이니 유신헌법이니 하면서 말이다. 오늘날 아프리카의 많은 나라들은 한국의 40~50년 전 모습을 연상하게 한다.

　아프리카 대륙에는 54개의 국가가 있다. 이들 중 현재 재임 기간이 가장 긴 대통령은 적도 기니(Equatorial Guinea)의 Teodoro Obiang Nguema Mbasogo이다. 그는 1979년 8월 3일부터 현재까지 36년간 대통령을 하고 있다. 들리는 풍문에 의하면 아들에게 대통령직을 물려주려 한단다.

　다음으로는 앙골라(Angola)의 JoséEduardo dos Santos가 36년(1979. 9.), 짐바브웨(Zimbabwe)의 Robert Mugabe가 35년 대통령을 하고 있다. Robert Mugabe는 1980년 4월 18일부터 수상을 하다가 1987년 12월 22일에 대통령에 취임했는데, 이상하게도 수상 재임 기간을 대통령 재임 기간에 포함하고 있다. 1924년 2월 21일생(91세)으로 아프리카 대통령 중 가장 나이가 많으며, 그는 10살 때에 아버지가 가족을 버리고 떠나 초년 고생을 많이 했단다.

이어서 카메룬(Cameroon)의 Paul Biya가 33년(1982. 11.), 르완다의 북쪽 인접국인 우간다(Uganda)의 Yoweri Museveni가 29년 대통령을 하고 있다. Yoweri Museveni는 독재자로 알려진 이디 아민을 몰아내고 1986년 1월 29일에 대통령이 되었다.

이 밖에도 재임 기간이 20년이 넘은 대통령은 수단(Sudan)의 Omar al-Bashir가 26년(1989. 6. 30.), 챠드(Chad)의 Idriss Déby가 25년(1990. 12. 2.), 에리트레아(Eritrea)의 Isaias Afwerki가 24년(1991. 4. 27.), 그리고 감비아(Gambia)의 Yahya Jammeh가 21년(1994. 7. 22.)이다.

중도에 대통령직을 잃었다가 다시 대통령이 된 사람도 있다. 콩고 공화국(Republic of Congo, DR콩고와 다름)의 대통령 Dennis Sassou Nguesso가 그렇다. 그는 1997년 10월 25일부터 현재까지 18년간 대통령을 하고 있다. 하지만 그는 1979년부터 1992년까지 대통령을 하고 1992년 대선에 패했다. 5년간 야당 지도자 생활을 하다가 1997년부터 과도정부를 이끌면서 2002년 선거에서 승리하여 다시 대통령이 된 것으로 알려져 실제로는 31년간 권력을 유지하고 있는 셈이다.

르완다 남쪽에는 부룬디(Burundi)라는 조그만 나라가 있다. 이 나라에서는 올해 5월에 현 대통령의 3선을 반대하는 쿠데타가 일어났다가 실패했다. 수많은 군중이 3선 반대시위를 하다가 수십 명이 사살되기도 했다. 이런 가운데 제2 부통령, 국회의장 등 고위정치인이 외국으로 망명하고 르완다로 피난 온 부룬디 국민이 3만 명을 넘었다고 보도되고 있다. 이런 정치적 불안은 현 대통령 Pierre Nkurunziza가 2번까지로 제한한 헌법을 어기고 3선 대통령이 되려는 장기집권의 탐욕에서 비롯되었다.

르완다는 어떤가? 폴 카가메(Paul Kagame) 현 대통령은 2017년이면 2번째 임기가 끝난다. 헌법에 의하면 2번만 대통령을 할 수 있어 2017년 대선에는 출마가 불가하다. 그러나 현지 여론이나 사정은 다르다. 카가메가 다시 대통령이 되어 르완다의 안보와 평화, 지속적 개발과 번영을 달성해주기를 바라고 있다. 만약 그렇게 되면 카가메 대통령도 장기집권을 하는 아프리카 대통령의 대열에 끼게 된다.

장기집권은 많은 부작용을 낳는다. 그러한 권력자의 말로 역시 죽음이거나 외국망명이거나 감옥행이다.

왕 중의 왕이라며 절대 권력을 누렸던 리비아의 Muammar Gad-dafi(1942년생) 역시 42년(1969~2011) 만에 반대파인 국가 임시 위원회(National Transitional Council, NTC)에 의해 대통령의 몸으로 비참한 최후를 맞았다. 짐승만도 못한 죽음이었다.

버키나 파소(Burkina Faso)의 Blaise Compaoré(1951년 2월 3일생)은 27년(1987~2014) 만에 헌법 개정에 대한 국민의 저항에 막혀 대통령 자리에서 쫓겨났다. 그리고 조국을 떠나 코트디부아르(옛 아이보리코스트)로 망명했다.

이집트의 Hosni Mubarak(1928년 5월 4일생)은 30년(1981~2011) 만에 국민의 강력한 저항에 부딪혀 대통령 자리에서 강제로 내려왔다. 현재 그는 데모 군중의 살인혐의 등에 대한 재판을 받고 있으며(2015. 6. 4. 『뉴욕 타임스』) 군인병원에서 생활하고 있는 것으로 알려졌다.

이들 3명 모두 공교롭게도 군인 출신이거나, 쿠데타를 일으켜 정권을 잡아 장기집권을 하다가 국민에 의해 부끄럽게 자리에서 물러났다. 그들의 말로(末路)는 비참 그 자체다.

장기집권은 자기가 아니면 안 된다는 지도자의 교만과 독선, 욕심의 산

물이다. 권력이 장기화하고 한곳으로 몰리면 당연히 썩기 마련이다. 권력
(권력을 가진 사람)이 부패하면 그 조직이나 국가는 망하기 쉽다. 따라서 장
기집권은 청산되어야 할 대상이다.

누가 뭐래도 장기간 국민 위에 군림한 절대 권력은 부패와 함께 무너지
기 마련이다. 현재 장기집권 중인 아프리카 나라들이 더 이상 불행한 일
을 겪지 않고 평화적 정권 교체를 이루어 민주국가로 성숙했으면 한다.

✎ 르완다, 여성의원 비율 세계 1위

르완다는 여성 국회의원 비율이 세
계 1위로 높다. 상하 양원 105석 가운
데 여자가 58.1%에 달하는 61석을 차
지하고 있다. 여성의원이 의회의 다수
를 차지하는 세계 유일한 국가다.

이러한 여성의원 비율은 올해 7
월 국제의회연맹(IPU; Inter-Parlia-
mentary Union)이 발표한 세계 국회
의원의 여성 평균비율인 20.9%(하원
21.3%, 상원 18.1%)의 3배에 가깝다.

하원의원 총선 결과
(2013. 9. 19. 『The New Times』)

한국은 19대 국회의원 300명 중 여성은 45명으로 여성의원 비율이 15%
에 그쳐 세계 평균인 20.9%에도 못 미친다.

르완다는 올해 9월 16일부터 18일까지 3일간 실시한 하원의원 총선에
서 전체 80석 중 여자가 64%인 51석을 차지했다. 직접선거로 53석 중 26
석을 거머쥐고, 간접선거로 24석, 청년 몫 2석 중 1석을 여성이 차지했다.

이 결과는 2008년 선거의 여성의원 점유율 56%보다 8%나 높아진 것이다. 현재 상원 역시 총 25명 중 여성의원이 40%에 해당하는 10명이다.

이처럼 여성의 정치 참여가 높은 점을 인정받아 르완다는 올 7월에 세계여성의회포럼(WIP; Women in Parliaments Global Forum)이 주는 올해의 여성의회 상(This year's Global Women in Parliament Award)을 받았다.

왜 르완다가 여성의원이 의회 다수를 차지할 정도로 많을까? 언론 보도나 사람들의 이야기를 통해 유추해보면 이렇다.

① 헌법의 역할: 2003년 헌법에 '모든 의사결정 기관(All decision-making organs)은 남녀 모두 30% 미만이어서는 안 된다'고 명문화되어 있다. 이에 따라 의회는 최소한 여자가 30% 이상을 차지할 수밖에 없다. 이 헌법조항은 의회뿐만 아니라 르완다의 정부부처 등 고위직으로의 여성 진출에도 이바지한다.

② 정부의 노력: 1994년 현 여당인 RPF가 집권한 이래 정부와 여당이 친 양성정책(Gender friendly policies)을 적극 추진하고 있다. 그 결과 여성의 정계진출이 늘었는데, 이들 여성의 정치 활동이 남자와 같거나 나은 것으로 국민들에게 인식되고 있다.

③ 정당의 노력: 르완다에는 르완다 애국 전선(RPF- Rwanda Patriotic Front), 사회민주당(PSD- Social Democratic Party), 자유당(PL- Liberal Party)의 정당이 있다. 이들 정당 모두 의원 후보 선정 때부터 남녀에게 균등한 기회를 주려고 노력하고 있다.

④ 여성 유권자의 인식 변화: 실제 여성의 정치 활동을 보니 남자보다 못한 점이 별로 없다. 그뿐만 아니라 여성 유권자들은 남자보다 여자가 자기들의 처지를 더 잘 알고 자기들 편에서 일해줄 거라고 믿는다. 여기에 2013 Country STAT에 의하면 르완다 총인구는 1,053만 7천 명인데 여

자가 546만 2천 명으로 남자 507만 5천 명보다 약간 많다.

⑤ 여성의 학력 향상: 르완다 부모들도 한국의 60~70년대와 마찬가지로 딸보다는 아들을 대학에 더 보낸다. 현재 내가 근무하는 대학의 남녀 학생 비는 70:30 정도다. 관계자 말로는 5년 전보다 여학생이 약 5% 정도 높아졌다고 한다.

르완다에 온 지 1년이 되었지만, 국회에서 싸움이 났다는 뉴스는 없었다. 이는 아마도 여성의원이 많아서 그렇지 않을까 하는 엉뚱한 생각도 해보았다. 아무튼, 경제와 과학기술은 한국보다 떨어지지만, 싸움을 일으키지 않는다는 면에서는 정치는 한국보다 앞선 것 같다. 한국의 정치인들이여! 소모적인 정쟁과 패싸움은 이제 그만하면 어떨까? 그리고 국민이 알아듣지 못할 궤변만 늘어놓으며 추잡한 꼴 보이지 말고 국민들의 생활을 꼭 돌보았으면 한다.

🏷 르완다 공휴일엔 어떤 날이 있을까?
 - 고유 명절은 없고 제노사이드와 종교 관련 공휴일이 태반

르완다에 와서 우스웠던 일 중의 하나가 공휴일에 출근한 일이다. 달력

성모승천 기념일의 거리 축하행진

도 별로 없고, 누가 알려주는 사람도 없기 때문이다. 그래서 공휴일(Official holiday)에 대해서 알아보았더니 총 11일(11개)이다. 11일 중 제노사이드와 종교 관련 공휴일이 7일이나 된다. 이들 정해진 공휴일 외에 정부가 필요에 따라 수시로 정하는 임시 공휴일도 있다.

공휴일 중에 한국과 같은 것은 새해 1월 1일의 신정(New Year's Day), 5월 1일의 근로자의 날(Labour Day)과 12월 25일의 성탄절(Christmas Day)이다.

2월 1일은 영웅의 날(National Heroes Day)이다. 르완다를 위해 목숨을 바친 영웅과 무명용사들을 기리는 날로서 한국의 현충일과 유사하다.

Good Friday가 있다. 예수가 십자가에 못 박혀 죽은 것을 추모하는 날이다. 한국인에게는 다소 생경한 날로 날짜가 정해져 있지 않고 매년 다르다.

4월 7일은 1994년에 일어난 제노사이드 추모일(Tutsi Genocide Memorial Day)로 추모행사 규모가 가장 크고 종류도 다양하다. 언론에 따르면 2014년은 20주년이 되는 해로 추모행사를 성대하게 치를 예정이다.

7월 1일은 독립기념일(Independence Day)이다. 1962년 7월 1일 벨기에 식민통치로부터 나라를 되찾은 날이다. 르완다는 1919년부터 1962년까지 벨기에의 식민지였다.

7월 4일은 자유의 날(Liberation Day)이다. 제노사이드 기념일로부터 100일이 되는 날로 후투 족의 억압과 핍박으로부터 완전히 벗어나 자유를 찾은 것을 기념한다.

8월 15일은 성모마리아의 승천을 기념하는 날로 Assumption Day라고 부른다. 수많은 신도가 성모마리아 상(像)을 들고 거리를 행진하기도 한다.

라마단(낮에 금식하는 1개월)이 끝나는 날을 기념하는 Eid al fitr(Festival of breaking the fast로 라마단이 끝나는 날임, End of Ramadan)이 있다. 날짜가 정해져 있지 않고 매년 다른데 이는 양력이 아닌 음력(Lunar calendar)을 따르기 때문이다. 2013년은 8월 8일이었다. 2014년에는 7월 28일(월요일)이라고 한다. Eid al fitr와 모슬렘 교 2대 공휴일의 하나인 Eid al adha는 르완다에서는 공휴일이 아니다.

12월 26일은 Boxing day이다. 권투의 날이 아니다. 윗사람으로부터 크리스마스 선물(Christmas box)을 받은 데서 유래했다. 더러는 제2 성탄절(The Second Christmas)이나 Thanks giving day라고 하기도 한다. 많은 영연방국가도 12월 26일을 Boxing day라 하여 공휴일로 하고 있다.

르완다에는 한국처럼 연휴가 없다. 설, 추석 같은 고유의 명절이 없기 때문이다. 작년에는 12월 31일에도 학생들은 시험을 보았다. 전체 공휴일도 적은 편이다.

공휴일 중 제노사이드와 종교에 얽힌 기념일이 60%를 넘는다. 이는 르완다인에게 수백만의 동족이 살해된 제노사이드의 충격과 한(恨)이 그만큼 크고 종교의 역할이 절실함을 반증한다. 지금 르완다 정부는 제노사이드의 상처를 치유하고 한을 풀어 화해(Reconciliation)와 통합(Unity)을 이루기 위해 온갖 노력을 다한다. 이를 위하여 용서와 사랑을 강조하는 종교의 힘이 필요한지 모른다.

．．．．．．．．．．．．．．．．．．．．．．．．．．．．．．．．．．．．．．．

필자 주: Eid al adha는 Festival of the sacrifice를 뜻하며 아브라함이 하나님에게 그의 첫 아들 이스마엘을 제물로 바친 것을 기념하는 날로 지금은 어린 양을 제물로 바친다. 이 점은 기독교와 모슬렘 교의 혈통이 같다는 생각을 들게 한다.

제노사이드 추모지로 행진하는 추모 인파   부소고 제노사이드 추모지에 헌화한 모습

르완다는 4월 7일부터 14까지 제노사이드(영어로는 Genocide, 르완다어로
는 Jenoside) 추모 기간이다. 곳곳의 제노사이드 추모지에서 중앙 및 지방
정부 차원의 추도식을 했다. 4월 7일은 19주년 제노사이드 기념일로써 월
요일은 공휴일이고, 화요일부터 토요일까지는 오전 근무만 하며 오후에는
제노사이드와 관련된 콘퍼런스, 세미나 등 다채로운 행사를 가졌다.

15일 이후에도 4월 7일부터 100일이 되는 7월 중순까지 일상 근무를
하면서 추모행사 등을 가진다고 한다. 이것은 1994년 제노사이드 참사가
4월 7일부터 100일째 되는 날에 끝났기 때문이다.

내가 근무하는 국립농축산대학교에서도 다양한 행사가 있었다. 그중에
서도 학생들이 대학 강당 앞 잔디밭에 모닥불을 피우고 밤새하는 것이
인상적이었다. 비가 와도 우산을 받고 그 곁을 지키며 웬만한 비는 그냥
맞았다. 나는 하루 저녁 12시까지 참석해보았다. 제노사이드에 대해 이야
기를 하거나, 제노사이드 때 먼저 하늘나라로 간 가족과 친지들을 추모
하였다. 다음 날 아침에 갔더니 학생들이 고맙다며 르완다 차(홍차에 우유
와 설탕, 그리고 허브를 섞어 끓인 차)를 한잔 줘서 마셨다.

4월 18일에는 지역 추모행사가 학교에서 열렸다. 이날 행사는 처음부터 끝까지 참석하였다. 오후 1시 30분에 강당을 출발하여 약 1km 떨어진 곳의 기념지까지 행진하였다. 기념지에서는 묵념, 헌화 등을 하였다. 그리고 강당으로 돌아와 6시 30분까지 강연, 연극, 노래 등의 행사가 있었다.

1시간 동안의 휴식을 한 후 야외 운동장에 모닥불(점화는 총장, 지역 기관장, 유족 대표, 학생 대표 등이 함)을 피우고 스타디움에서 다시 증언, 노래, 제노사이드 관련 동영상 시청 등의 행사가 이어졌다. 마지막으로 촛불을 들고 모닥불 주위에 모여 추모의 밤을 가졌다.

"Remember Genocide."

"Genocide never again."

이런 가사 내용의 노래가 르완다어로 촛불로 밝혀진 밤을 은은하게 울려 퍼졌다.

촛불을 든 사람들 속에서 흐느끼는 소리가 여기저기서 들렸다. 오열하는 사람도 있었다. 가족과 연인, 친지를 잃은 아픔은 사람을 오랫동안 아프고 슬프게 하는 모양이었다. 행사는 11시 30분경에 끝났다. 일부는 거기서 밤샘을 한다고 했다.

제노사이드는 특정 세력이 특정 집단을 완전히 없애려고 그 구성원을 대량학살하는 것을 말한다. 르완다 제노사이드는 후투 족이 투치 족을 대량학살한 사건이라고 볼 수 있다.

르완다의 민족은 후투(Hutu), 투치(Tutsi), 트와(Twa)족으로 구성되어 있다. 이 중 후투 약 85%, 투치 14%, 트와 족이 1%를 차지하는 것으로 알려졌다. 제노사이드가 일어날 당시는 후투 족이 집권세력이었다.

1994년 4월 6일 당시 대통령인 Juvenal Habyarimana가 비행기를 타고 가다 피격을 받아 죽었다. 이를 계기로 당시 100일간에 걸쳐 집권세력인 후투 족이 소수인 투치 족에 대한 대량학살을 감행했다. 이 과정에서 집권세력의 명령에 불복종한 평화 우호세력인 후투 족 일부도 대량학살 되기도 했다. 당시 르완다 인구(당시 약 7백만 명)의 10~15%인 80만-100만명이 죽었다고 한다. 이 사건을 계기로 당시 집권세력인 후투 족은 물러나고 대부분 투치 족으로 구성된 르완다 애국 전선(RPF; Rwandan Patriotic Front)이 권력을 장악하여 현재에 이르고 있다.

르완다 제노사이드는 인류 역사상에서도 비극 중의 비극이다. 영문도 모른 채 죽어간 아이와 어린이들도 많았다. 가족이 다 죽는 일도 비일비재했다. 이 아프고 슬픈 사건은 르완다인의 가슴에 풀지 못하고 참아내야 할 응어리로 오랫동안 남아있을 것 같다. 가족을 다 잃은 이야기나 연인을 잃은 이야기를 들을 때는 마치 내 일처럼 아파졌다.

우리가 겪은 6·25전쟁의 비극이 제노사이드의 비극과 겹쳐왔다. 지금 르완다 국민들의 마음에 한이 서려 있을지 모르지만, 르완다는 다른 종족끼리도 한 국가를 이루고 평화롭게 살고 있다. 이런 모습을 보면서 동족인 남북이 통일될 날을 그려 보았다. 이 모든 비극은 결국 소수 정치집단의 권력욕과 이기심에서 비롯된 것이 아닐까?

다시는 지구 상에서 특정 세력이 권력을 유지하고 자기들의 이기심이나 욕심을 충족하기 위하여 인간을 죽이는 일은 없어야겠다.

🔖 검색, 그리고 또 검색, 호텔과 대형마트까지

르완다 수도 키갈리는 검색이 보편화 되어 있다. 관공서, 호텔, 대형마트에서도 검색을 한다. 키갈리국제공항을 출국할 때는 2번 검색을 한다. 검색에 익숙하지 않은 사람에겐 낯설기도 하고 짜증이 나기도 한다.

나는 관공서에 일을 보기 위해 갔다. 입구에서부터 검색을 받았다. 우리나라도 정부종합청사에 들어갈 때는 검색대를 지나야 하므로 별로 이상하지 않았다.

그런데 호텔에 갔더니 거기서도 검색을 하는 것이다. 영화『호텔 르완다』촬영지로 잘 알려진 호텔 밀 콜린즈, 아프리카 호텔의 상징처럼 된 호텔 세레나, 코이카가 교육 등을 위해 가끔 이용하는 호텔 레미고 등 4성급 이

키갈리국제공항

상 호텔은 어김없이 검색한다. 검색 방법은 공항 검색과 비슷하다.

대형마트도 검색을 하기는 마찬가지다. 손님이 많은 우리나라에서는 상상할 수 없는 일이다. 신 나쿠마트는 들어가는 문과 나오는 문이 완전히 분리되어 있고 들어간 문으로는 나올 수 없다.

세계의 대부분 공항은 출국 때 검색을 한번 한다. 그러나 키갈리 공항은 다르다. 공항건물 안으로 들어가려면 누구나 검색대를 지나면서 검사를 받아야 한다. 신발을 다 벗고, 혁대도 풀어야 한다. 그렇지 않으면 비행기 표도 살 수 없고 짐을 부치지도 못한다.

출국심사를 받은 뒤에도 게이트로 가기 전에 다시 검색을 받아야 한다. 여기서도 마찬가지로 신발을 벗고, 짐과 소지품은 X-ray 검색대를 통과한다. 사람은 금속탐지대를 지나 몸수색을 받는다. 이처럼 키갈리 공항을 출국할 때는 검색을 2번 받는다.

이것을 몰라서 탄자니아 여행을 갈 때에 하마터면 비행기를 놓칠 뻔했다. 공항 안으로 들어갈 때 검색을 하고 출국심사도 받아서 비행기만 타

면 되는 줄 알았다. 그래서 매점에서 식사하고 느긋하게 쉬고 있었다….

비행기는 1시 50분 르완다 항공이었다. 12시 30분 정도 되어 시간이 넉넉한 줄 알고 책을 읽고 있었다. 그런데 공항 직원이 오더니 어디 가느냐고 물었다. 탄자니아 킬리만자로 공항에 간다고 했더니 빨리 가서 검사를 받으라 했다. 들어올 때 검사를 다 받았다고 했더니 그 직원은 이상하다는 표정을 지으며 다시 받아야 한다고 말했다. 이상했다. 하지만 직원 이야기를 마냥 거절할 수 없어 갔더니 검색을 받기 위하여 사람들이 줄을 서 있었다.

다시 줄을 서서 기다리다 차례가 되어 검사를 받았다. 들어올 때와 똑같이 검색을 했다. 아무튼, 같은 검색을 2번 하는 것은 비효율적이고 손님에게도 좋은 인상은 주지 않을 것이라는 생각이 들었다.

키갈리국제공항은 현재 보수 중이다. 크기는 2층으로 된 작은 건물 같지만 귀엽다. 택시로 30분이면 시내 중심 지역까지 갈 수 있는 곳에 있다. 공항 안에는 기념품 판매점 1개, 음료수와 간단한 식사를 할 수 있는 매점 1개가 있을 뿐이다. 게이트도 단 2개뿐이다.

하지만 출국심사는 양쪽 엄지손가락의 지문을 채집하고 사진 촬영을 하는 등 선진화되어 있다. 직원들의 영어 실력은 유창하다.

검색한다는 것은 사람을 믿을 수 없기 때문이다. 까다롭게 하고, 여러 번 하고, 검색하는 곳이 많다는 것은 그만큼 안전하지 않다는 뜻이기도 하다. 물론, 안전하지만 보다 안전하게 하기 위해서라면 할 말이 없다. 아무튼, 검색 없는 세상이 그립다.

내가 직접 밟고 오간 아프리카 국
경은 평화롭고 자유로웠다. 간단한
출입국 절차만 거치면 된다. 한국
의 도로 경비초소를 지나는 기분이
다. 세계 유일의 분단국으로 남북
의 중무장한 군대(軍隊)가 서로 감
시하며 대치하고 있는 판문점과는
전혀 딴판이다.

르완다 쪽에서 바라본 르완다와 우간다 국경(차니카)

국경에서는 사람들의 왕래와 국경 무역이 평화로운 분위기 속에서 자
유롭고 활발하게 이뤄지고 있다. 여행객들도 아무 불편 없이 국경을 넘나
들며 관광을 할 수 있다. 국경의 평화와 자유를 저해하는 분위기는 어디
에도 없다.

짐바브웨서 바라본 짐바브웨와 보츠와나 국경
(초베 국립공원의 사파리 가는 길)

짐바브웨서 바라본 짐바브웨와 잠비아 국경
(빅토리아 폭포 다리 앞)

우간다, 탄자니아, 남아프리카, 짐바브웨, 보츠와나, 잠비아는 별도의
사전 비자(사증) 없이 공항이나 국경에서 출입국심사를 받아 출입국이 가
능하다. 여권 등을 확인하고 30~50달러의 사증수수료를 내면 된다. 관

용여권 소지자는 사증수수료가 면제된다.

짐바브웨에 있는 빅토리아 폭포를 구경하는 대다수 관광객이 폭포 구경만 하고 마는데, 그것보다는 직접 빅토리아 폭포 다리를 걸어서 건너가 잠비아 땅도 밟아보고 오는 것이 좋다. 짐바브웨와 잠비아 사이에 있는 빅토리아 폭포 다리 국경에서는 빅토리아 폭포 다리만 건너갔다 오는 경우는 간이 통행증을 발급해줘서 쉽고 빠르게 국경을 오갈 수 있기 때문이다. 덤으로 다리에서 빅토리아 폭포의 또 다른 모습을 볼 수 있을 뿐만 아니라 협곡의 진면목을 실감할 수 있다. 번지 점프하는 모습이 주는 아찔함도 공유할 수 있다.

짐바브웨와 보츠와나 국경의 카중굴라(Kazungula)는 관광객으로 북적거린다. 보츠와나에 온 관광객이 빅토리아 폭포 관광을 하거나, 빅토리아 폭포 관광객이 초베 국립공원 사파리를 보기 위하여 이곳 국경을 이용하여 왕래하기 때문이다. 그래서인지 국경 사무소가 잘 정비되어 있고 규모도 크다.

르완다와 우간다 국경의 챠니카(Cyanika) 국경 사무소는 작다. 아직은 통행인도 많지 않고 교역도 활발하지 않다. 시골의 한적한 풍경을 연상케 한다. 르완다에 온 뒤로 처음 걸어서 넘나든 국경이라 인상에 남는다. 하지만 르완다 정부는 국경 무역을 활성화하기 위하여 이곳의 투자개발계획을 수립한 것으로 알려져 있어 앞으로 좋아질 것으로 기대한다.

거기서 모토(우간다에서는 '보다보다'라고 함)를 타고 20분 정도 가면 기소로라는 작은 도시가 나온다. 우간다 수도 캄팔라를 가려면 그곳에서 버스를 타면 되는데, 하루에 2~3회 정도밖에 없고 승객이 버스에 다 찰 때까지 마냥 기다려야 해서 불편하다.

넘나든 국경이 몇 개 안 되지만 아프리카의 국경은 생각보다 평화롭고 자유롭다. 역사와 문화, 언어와 풍습, 체제와 이념이 달라도 국경을 오가는 데는 그런 것들이 아무런 장애가 되지 않는다. 유럽에서 유로 레일을 타고 국경을 오가는 것과 다름없다.

한국은 언제쯤 그런 날이 올까? 이런 국경을 오가다 보니 통일은 멀더라도 누구나 남북을 자유롭게 오갈 수 있는 날이 빨리 왔으면 하는 마음이 간절하다. 서로 화해하고 협력하며 교류하는 일부터 우선 시행하여 남북 모두가 더욱 번영하였으면 한다.

개발도상국이라고 말하는 아프리카도 그리하고 있다. 한국은 선진국들의 모임인 OECD 회원국이다. 그뿐만 아니라 단일 민족인데다 언어와 역사 등도 같다. 그런데 왜 지금도 허리가 잘린 채로 적(敵)이 되어 서로 물어뜯고 총부리를 겨누고 있는지! 가슴 아프고 슬픈 일이다.

03

경제, 사회
빠른 발전과 공동체 정신 강해

◆ 르완다의 놀라운 변신과 빠른 경제 성장

무산제 버스터미널 진입로 포장 전후

비안가보 노천시장(좌)의 실내 시장화

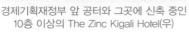

경제기획재정부 앞 공터와 그곳에 신축 중인
10층 이상의 The Zinc Kigali Hotel(우)

키갈리 중심가

르완다는 하루가 멀다 하고 놀랍게 변하고 있다. 외관상으로는 현대식 고층건물이 늘어나고 도로포장이 확대되며 시장과 주택이 개량되고 있다. 르완다에 간 초기인 2013년 06월 이전과 떠나올 무렵인 2015년 09월 이후의 르완다 모습은 천지 차이다.

외관 못지않게 경제사정도 빠르게 성장하고 있다. 2014년 기준 1인당 GDP가 709U$로 2010년 570U$ 보다 24.39%가 증가했다.[1] 이것은 '르완다 비전 2020(Rwanda Vision 2020)'의 목표를 초과 달성한 성과다. 국가 예산의 해외의존율 역시 2013/2014년 회계연도의 39.8%에서 2015/2016년에는 34.0%로 낮아질 전망이다[3]. 르완다가 외세 의존 없이 자립(Self Reliance)할 수 있음을 보여준다.

수도 키갈리의 중심가는 완전히 다른 모습으로 탈바꿈했다. 기획재정부 앞 공터에는 10층 이상의 'The Zinc Kigali Hotel'이 위용을 드러내고, 500m 안에 새로운 청사가 준공되어 키갈리시청이 이전했다. 키갈리은행과 구 심바마트(The Old Simba Mart) 사이엔 예술성이 묻어나는 건물이 줄지어 준공되어 길거리 풍경이 아름답기까지 하다.

국회의사당과 쉐란도 호텔 사이에는 르완다의 야심작인 원형 돔 형태의 컨벤션센터와 객실 292개를 갖춘 6층의 5성급 컨벤션 호텔(Convention hotel)이 신축 중이다. 컨벤션센터의 총공사비는 3억 달러로 중국의 Beijing Construction Engineering Group(BCEG)이 건설을 맡아 준공을 눈앞에 두고 있다. 컨벤션센터의 돔은 높이 38m, 지름 56m, 연건평(Total gross floor area) 94,600㎡이며 그 안의 극장식 강당은 2,600석이나 되는 것으로 알려졌다. 워낙 규모가 크고 소요예산이 많다 보니 계획이 몇 번 변경되어 당초의 준공기간을 넘겼지만, 현재 드러난 모습은 장관이다.

야부고고 버스터미널에서 시내로 들어가는 길에 늘어서 있던 초라한 집들이 철거되고 새로운 개발을 기다리고 있다. 이곳 역시 어떻게 변할지 궁금하다.

수도 키갈리뿐만 아니다. 북도(Northern Province)의 도청 소재지인 무산제도 마찬가지다. 재래시장(市場)이 새로운 시장으로 이전하고, 그곳에는 고층빌딩이 신축 중이다. 비포장이었던 터미널과 터미널 앞의 흙길도 깔끔하게 포장되었다. 흙먼지를 뒤집어쓰며 버스를 타고 다니던 것을 생각하면 놀랍기만 하다.

호텔도 2개나 새로 건축 중이며 시내 도로의 곳곳에 아스팔트 포장공사가 한창이다. 개량주택이 많이 늘어나고 있는 것도 눈에 띈다.

북도(北道)의 한 읍인 르완다대학교 농대 가까이 있는 비안가보 시장은 노천시장에서 실내 시장으로 탈바꿈했다. 비가 오면 흙탕물을 뒤집어쓰고 장을 보던 일은 옛 추억이 되었다. 대학교정문 앞 작은 집이 있던 곳은 상업지역으로 지정되어 주유소, 숙박시설, 쇼핑몰을 갖춘 다목적 건축물들이 건설 중이다.

경제 성장도 빠르고 지속적이다. 실질 국민총생산(Real GDP)은 2010년 57억U$에서 2014년 79억U$로 증대하여 이 기간에 매년 4.7~8.8%의 성장을 하였다. 1인당 국민 소득 역시 2010년 570U$에서 2014년 709U$로 연평균 6% 이상이 증가했다[1]. 1인당 국민 소득 709U$는 르완다 정부 개발정책의 기본인 '르완다 비전 2020(Rwanda Vision 2020)'의 2015년 목표인 542.63U$를 1년 앞당겨 그것도 30.7%를 초과 달성한 셈이다[1][2].

1994년에 100만 명에 가까운 민족 간 대학살(Genocide)이 일어난 죽음의 땅으로 알려진 르완다에서 이러한 변화와 성장이 일어나리라고 믿은 사람은 많지 않았다. 그러나 이런 경제 성장과 발전적 변화는 사실이다.

직접 살아보면 더 잘 알 수 있다.

폴 카가메 현 대통령이 초심을 잃지 않고 국가와 국민을 위해 헌신하고 국민이 함께 노력한다면 이런 변화와 경제 발전은 계속될 것이다. 르완다가 지향하고 있는 신흥중견 국가에 진입하는 날이 기다려진다.

필자 주: o. 경제지표의 근거 자료는 1) IMF, June 2015. Rwanda Third Review Under the Policy Support Instrument, Country Report No. 15/141, 2) MINECOFIN, July 2000. Rwanda Vision 2020, 3) The New Times, 6. 12. 2015, 2015/16 Budget: Civil society laud reduction in aid dependency이다.

o. '르완다 비전 2020'의 르완다 주요경제 개발목표는 아래 표와 같다.

	인구 (mill)	국내총생산(Bill RF)	국민소득 (US$/Per)	국내 총투자(Bill RF)	국내총생산 구성비(%, Bill RF)		
					농업	산업	서비스업
2005	8.65	1,218.75	231.39	321.75	46(560.63)	18(219)	36(439)
2010	9.88	2,147.85	336.48	614.29	43(923.58)	20(430)	37(795)
2015	11.29	3,957.28	542.63	1,131.78	40(1,582.91)	22(871)	38(1,504)
2020	12.90	7,291.04	875.08	2,085.24	33(2,376.88)	26(1,867)	42(3,048)

자료: Rwanda Vision 2020, 2000

◆ 공산품은 키갈리서 사는 게 경제적

르완다에서 공산품을 사려면 시골보다는 도시가 낫다. 도시, 그것도 수도인 키갈리가 공산품값이 싸고 품질도 좋기 때문이다. 일반 상식과는 안 맞지만 사실이다.

1,000프랑을 주고 무산제에서 산 가위
(좌, 산 지 하루 만에 부서짐),
800프랑을 주고 키갈리 T2000에서 산 가위(우)

이유는 수도 키갈리에서 현지 지방이나 시골로 물품을 가져가는 운송비가 추가되기 때문이란다. 르완다는 4면이 육지로 둘러싸인 내륙국가다. 거의 모든 물자가 수도 키갈리로 와서 다시 거기서 지방으로 분산된다.

휘발유는 수도 키갈리에서 리터 당 1,010RF(1RF은 약 1.7원)이지만 지방인 무산제 시에서는 1,018RF이다. 소득수준보다 휘발유는 꽤나 비싼 편이다.

한국에서 가져온 가위가 고장이 나서 가까운 상점에서 가격을 알아보니 1,500RF이었다. 비슷한 가위를 무산제 시내에서 1,000RF을 주고 샀다. 집에 와서 사용하려 했더니 손잡이 부분이 그냥 떨어져 더 이상 사용할 수 없었다. 그러다 수도 키갈리에 갈 기회가 있어 나쿠마트에서 800RF을 주고 샀다. 가격도 싸지만 튼튼하고 품질도 월등히 좋았다.

혼자라서 그런지 비 오는 날 저녁에는 가족과 고향 생각이 난다. 그때는 가끔 포도주를 한 잔 마신다. 대체로 병 포도주 대신에 곽 포도주를 사다 놓고 마신다. 남아프리카에서 수입한 DROSTDY HOF 5L들이 한 곽이 키갈리 나쿠마트에서는 23,100RF인데 여기 슈퍼에서는 25,000RF이다.

르완다도 도시경제가 농촌보다 낫다. 그런데 생필품에 속하는 공산품값은 농촌이 비싸다. 이런 현상은 빨리 바뀔수록 좋다고 본다.

공산품은 대체로 르완다 경제 수준에 비해서는 도시, 농촌 가릴 것 없이 비싼 편이다. 르완다는 80% 이상의 국민이 농사에 의존하는 농업국가로 2차 산업이 아직 발달하지 않아 대부분의 공산품을 수입하기 때문이다.

따라서 한국인이 르완다에 올 때는 공산품을 넉넉하게 준비해오면 좋다. 르완다에서 사는 것보다 돈도 적게 들고 품질도 고급이기 때문이다. 그러지 못해 르완다에서 공산품을 살 일이 있으면 시골에서 도시로 발품을 팔러 가면 후회하지 않는다.

구 나쿠마트 전경

나쿠마트에서 산 면장갑

르완다는 소득에 비해 공산품 가격은 비싸고, 품질은 가격에 비해 떨어진다. 공산품을 생산하는 공장 등 산업시설이 발달하지 않아 수입품에 의존하는 데다 나라 전체가 콩고, 부룬디, 탄자니아, 우간다에 둘러싸인 내륙국가라 운송비가 많이 들기 때문이다. 소문에 의하면 탄자니아 최대 항구인 다르에스살람(Dar Es Salam)까지의 해상 수송비보다 거기서 르완다까지의 육로 운송비가 더 든다는 말이 있다. 도로 사정이 불편하고 운송 수단이 발달하지 않은 반면, 높은 관세와 더불어 탄자니아를 거치는 동안 보이지 않는 손에 의한 경비 지불이 발생하는 모양이다.

채소밭이나 집 주변의 풀을 뽑을 때에 사용하려고 면장갑을 샀다. 그런데 가격이 터무니없이 비쌌다. 한 컬레에 1,400프랑(2,400원)이나 되었다. 중국산인데 품질은 안 좋다. 올이 엉성하고 거칠다. 안쪽엔 아무런 코팅도 되어 있지 않다.

이런 것도 쉽게 살 수도 없다. 내가 사는 부소고(Busogo)는 물론, 북도(Northern Province) 도청 소재지인 무산제 시장과 슈퍼를 다 다니며 찾아보았지만 전혀 없었다. 하는 수 없이 수도인 키갈리에 있는 대형마트의 하나인 나쿠마트(Nakumatt)에 가서 어렵사리 찾았다.

르완다에 올 때는 공산품은 가져오는 것이 좋다. 돈도 적게 들고 품질도 좋기 때문이다. 전자제품은 기능이 복잡한 것보다는 기능이 단순한 게 좋다. 기능이 다양하고 정밀한 것은 고장이 나면 부품도 없으려니와 기술이 부족하여 수선할 수 없기 때문이다.

그래도 살아보니 사는 데는 큰 불편함이 없다. 먹을거리인 농산물은 싸다. 쌀 1kg 700~1,000프랑, 옥수수 5개 200프랑, 감자 1kg 150프랑 등이다. 물과 전기 사용에 별 애로가 없고 먹고 잠자는 데 그다지 문제 될 것이 없다. 오히려 맑은 공기, 오염되지 않은 자연, 그 속에서 자기들 세상인 듯 살아가는 새 같은 생물을 즐길 수 있어 좋다.

사람은 사람과 다른 생물을 귀찮게 할지 모르지만, 병원체나 사나운 짐승을 제외한 생물과 자연은 사람을 괴롭히지 않는다. 멀리 밀과 호밀이 누렇게 익어가는 산과 밭을 바라보며 구불구불한 옥수수밭 길을 걷고, 감자와 당근밭 사이의 길을 걷다 보면 저절로 마음이 평화로워진다. 이것은 자연 속에서 동화되어 살아가는, 가진 것이 적은 사람들에게 자연이 주는 선물일 것이다. 벤츠를 몰며 괴로워하고 사는 삶보다 자연 속에 더불어 살며 마음의 평화를 누리는 삶이 어쩌면 더 행복한지 모른다. 그런 탓일까? 떨어진 옷을 걸치고 맨발로 다녀도 만나는 사람마다 한결같이 얼굴에 미소가 가득하다.

✒ 3대 대형마트에 가면 다 있다

르완다의 농촌에서는 돈이 있어도 물건이 없어서 살 수 없는 경우가 있다. 그럴 때는 수도 키갈리에 간다. 키갈리 중심가에는 르완다의 3대 대형마트인 나쿠마트(NAKUMATT), 심바(SIMBA), T2000이 있다. 나쿠마트와 심바는 신(新), 구(舊) 2개가 있다. 여기에 가면 웬만한 생필품은 다 구할 수 있다. 걸어서 30분 거리에 다 밀집되어 있어 쇼핑하기도 좋다. 주변에는 은행, 보험사 등도 있어 일 보기도 좋다.

<table>
<tr><td>구 나쿠마트 진열대 모습</td><td>구 심바의 출구 계산대 모습</td></tr>
</table>

이들 마트는 우리나라 하이마트, E-마트와 비슷하다. 다양한 물건을 갖추고, 품목별·종류별로 분류하여 질서정연하게 진열해놓아서 물건을 고르고 사는 데 큰 어려움이 없다.

이런 모습을 보여주고 싶어 사진을 찍으려 했더니 아가씨 점원이 못 찍게 했다. 난감했다. 점원에게 사정했으나 통하지 않았다. 하도 내가 간청을 하니까 점원은 바로 위 상사에게 안내해주었다. 그 사람도 자기에게 권한이 없다며 또 윗분에게 데리고 갔다. 결국은 그곳 총지배인에게까지 가게 되었다. 왜 사진을 찍으려 하느냐고 물어 마트 홍보를 위해 사진이 필요하다고 설명을 했더니 총지배인은 흔쾌히 촬영을 허락하였다. 구 나쿠마트의 실내사진은 그렇게 해서 찍은 사진이다. 2번째 갔을 때는 내가 사진을 찍으니 아무런 제지도 하지 않았다.

T2000에는 한국인이 좋아하는 액젓(Fish sauce), 간장(Soy sauce) 등

도 있다. 액젓은 태국산, 간장은 중국산이다. 실제 사용해보니 액젓은 좋았지만 간장은 역겨웠다.

구 나쿠마트에는 필립스 제품 코너보다는 작지만 옆에 삼성 제품 코너도 있다. 삼성 코너를 보니 기분이 좋았다. 간 김에 여러 가지 물품과 함께 양고기를 한 번 산 일이 있는데, 집에 와서 끓였더니 겉에 잔털이 많았다. 옛날 우리나라 농촌에서 돼지를 잡아서 먹을 때에 겉에 붙어있던 털이 생각나 손으로 뽑아내고 먹었다. 아직 도축 시설이 현대화되지 않았음을 보여준다.

이들 마트에는 믹서, 밥솥 등도 있지만 품질은 떨어진다. 와인도 있는데 수입품이라 그런지 값이 싼 편은 아니다. 상품에는 바코드가 붙어 있고 출구에 계산기가 있어 물건값 계산은 우리나라와 비슷하게 한다.

상권은 중국계, 인도계가 장악하고 있단다. 그리고 대형마트가 있는 주변은 고층빌딩의 신축공사가 한창이다. 르완다가 발전한 모습의 한 단면을 볼 수 있다. 거리는 활력이 넘친다.

농촌에도 슈퍼마켓이 들어서고 있다. 근무지인 국립농대 부근에 2013년 3월 처음으로 슈퍼마켓 한 곳이 생겼다. 다들 나를 위해 생겼다고 농담을 한다. 크기는 10평 남짓하고 상품 종류는 많지 않아도 우선 깨끗해서 좋고 전에는 무산제 시내까지 가서 사야 했던 마라꾸자 엑기스 (AGASHYA PASSION SQUASH) 등도 살 수 있어 편리하다.

지금 르완다 농촌에도 변화의 물결이 일고 있다. 멀리 수도나 시내까지 가지 않고도 원하는 것을 살 수 있고 하고 싶은 일을 할 수 있는 날이 가까워지고 있다. 희망적인 일이다. 나의 봉사가 그날을 앞당기는 데 보탬이 되었으면 좋겠다.

🏷 가발 사업, 해볼 만하다

두꺼운 스카프 같은 것으로
머리에 아름다움을 준 여인

르완다인의 머리카락은 짧고 가늘고 곱슬곱슬하다. 여자 머리도 그렇다. 그런데 아가씨들은 곧고 긴 머리를 좋아한다. 아름다워지기 위해서다. 동서고금을 막론하고 여자는 아름다움을 추구하고 있다. 아름다워지기 위해서라면 위험을 무릅쓰면서까지 성형을 몇 번이고 하는 우리나라와는 달리 르완다에서는 아직 성형한다는 이야기는 듣지 못했다. 성형 대신에 헤어스타일을 바꾼다. 가발 사업이 해볼 만한 이유다.

머리 모양을 바꾸는 방법은 몇 가지가 있다.

첫째, 곱슬곱슬한 머리를 곧게 펴가며 길게 기른다. 소득에 비해 꽤 비싼 돈을 주고 미용실에 가서 이런 머리를 한다. 농촌이나 중소도시에서도 한 번 하는 데 4,000~8,000프랑이 든다. 헤어크림 등의 화장품과 화학약품을 사용한다. 그렇게 곧게 기른 머리를 길게 꼬아서 땋거나 여러 가지 모양을 내기도 한다.

본래 머리 모양으로 멋을 낸 아가씨

둘째, 본래의 곱슬곱슬한 짧은 머리에 여러 가닥의 가는 실을 이어 길게 땋는다. 미용실에 가서 하기도 하지만, 돈이 없는 농촌의 아가씨들은 서로 품앗이 삼아 집에서 머리를 땋는다. 머리를 꼬아서 땋을 때에 손놀림이 어찌나 빠르고 능란한지 마치 묘기에 가깝다.

한 번 하는 데 몇 시간이 걸리기도 한단다. 길게 땋지 않고 위로 부스스하게 하거나 아래로 가지런하게 만들기도 한다. 첫째와 둘째 방법은 돈이 많이 들므로 한두 달에 한 번씩 미용실(Hair salon)에 간다. 이때 머리를 감는다고 한다. 이해가 잘 안 갈지 모르지만 사실로 알고 있다. 학생들에게 그렇게 머리를 오래 안 감아도 괜찮으냐고 물으면 다들 괜찮다고 한다.

셋째, 가발을 쓴다. 자기가 원하는 가발을 사서 쓰기만 하면 되니까 돈이 들어서 그렇지 머리 모양을 바꾸기는 쉽다. 검은색 대신에 갈색, 오렌지색, 파란색 머리를 하기도 하고 몇 가지 색을 섞기도 한다. 가발을 여러 개 가지고 있기도 한다.

시골집에서 머리 땋는 모습

넷째, 천이나 수건 같은 것으로 머리를 휘감거나 덮어써서 모양을 낸다. 넉넉하지 못한 부인들이 이런 머리를 많이 하는 것 같다. 천 조각 하나로 이리저리 감아서 머리 모양을 바꾸니 돈이 적게 드는 장점이 있다. 인도인의 터번 모양과 비슷하게 하기도 한다.

다섯째, 모자를 쓴다. 검은 그물 모양의 모자나 일반 모자를 쓴다. 우리나라의 패션 모자와는 거리가 있다. 돈 안 들이고 어떻게 해서든 머리를 조금이라도 보기 좋게 하려는 수단일 뿐이다.

여섯째, 본래의 머리를 잘 손질하여 최대한 원하는 머리 모양을 만든다. 시골 마을을 산책하고 있으니 한 여학생이 머리를 빗고 있는 모습이 보였다. 머리는 짧고 곱슬곱슬했다. 내가 보기에는 별로 빗질할 필요도 없는 머리였다. 헌데도 여학생은 몇 번이고 머리를 빗었다. 빗을 좀 보자고 해서 보았더니 앞면은 거울이고 뒷면은 빗이었다. 거울 한 번 보고 빗질하고, 빗질 한 번 하고 거울 보고 그러기를 십여 번도 더 했다.

여자의 변신은 무죄라는 말이 있다. 몇 번이고 어떻게 변신하든 예뻐지면 그만이다. 그것을 탓하기 어렵다. 그만큼 아름다움에 대한 여자의 욕망은 크다. 여자를 이렇게 만든 것은 남자들 몫도 크다. 남자들이 예쁜 여자만 좋아하기 때문이다. 머리가 비고 성질이 고약해도 아름다우면 오케이다. 마음이 곱고 예뻐도 외모가 아름답지 않은 여자는 남자들의 관심에서 멀다.

이것은 르완다도 마찬가지 같다. 좋은 옷을 입고 고급화장품을 사용하여 변신하고 싶어도 돈이 풍족하지 않으니 그럴 수 없다. 그러니 돈이 적게 들고 손쉬운 방법으로 머리 모양이라도 바꾸어 아름다워지려 한다. 아름다워질 수만 있다면 몇 시간쯤 힘든 자세로 있는 것도 마다치 않는다. 여자는 자신도 아름다워지기 위해 갖은 노력을 다하는 동시에 잘생긴 남자를 좋아한다. 아름다움을 추구하는 것은 인간의 본능이다.

하나님은 르완다 여자들에게 짧고 곱슬한 머리카락을 주었다. 하지만 그들은 여러 가지 방법을 개발하고 처한 처지에서 가능한 방법을 이용하여 머리 모양을 바꾸어 아름답게 변신하고 있다. 머리 모양을 보면 르완다 여인의 지혜가 보인다.

르완다 여인뿐만 아니라 아프리카 여인 대부분이 머리가 짧고 곱슬하다. 그러나 여자는 누구나 아름다움에 대한 욕망이 큰 법이다. 미용업을 겸한 가발 사업이 수요가 있다는 증거이니 한번 시도해봄 직하다. 그러면 르완다를 포함한 아프리카 여자들이 좀 더 저렴하고 쾌적하며 편리하게 원하는 머리 모양을 할 수 있어 더욱 아름다움을 맘껏 뽐낼 것이다.

◆ 앗! 팝~ 팝콘이다

르완다에도 팝콘 장사가 나타
났다. 수도 키갈리에 이어 이곳
부소고와 비안가보 면(Sector)
소재지에도 생겼다. 팝콘의 구
수한 냄새가 행인(行人)을 붙든
다. 한 어머니가 아껴둔 50프랑
(약 85원) 동전을 머뭇머뭇 내밀

대학생 요한이 팝콘을 튀겨 장사하는 모습

며 팝콘 1봉지를 산다. 먹고살기를 걱정하는 엄마와는 달리 아이들은 하
늘에 오른 듯 즐거워한다. 올해 들어 달라진 학교 앞 풍경이다.

팝콘은 팝콘용 옥수수를 뜻하기도 하고 동시에 이들 옥수수를 튀겨 튀
밥처럼 만든 식품을 이르기도 한다. 일반적으로 우리가 팝콘이라 하면 주
로 후자를 말한다. 팝콘용 옥수수는 Zea mays everta 종(種)이 널리
사용된다.

남미의 멕시코와 페루 원주민들은 B.C. 3000년 전부터 팝콘을 먹은
것으로 알려졌다. 이들은 주로 돌판 등 간단한 도구를 이용해서 팝콘을
만들어 먹었을 것이다.

그러다 1885년에 미국의 찰스 크래터(Charles Cretors)가 대형 상업용
팝콘 기계를 고안했다. 이 기계는 1893년 콜롬비아 박람회(The Colom-
bian Exposition)에 출품되기도 했다. 그러니까 1880년대 후반부터 오늘
날과 같은 팝콘이 대량 생산되어 판매 소비된 셈이다.

팝콘은 세계 경제 대공황(1929년~1933년) 기간에 유명해졌다. 다른 사
업은 거의 모두가 실패하는 데 반하여 1봉지에 5~10센트로 가격이 싸서
팝콘 사업이 더욱 번창했기 때문이다. 어부지리로 곤경에 처한 미국 팝콘

옥수수 생산 농가는 소득이 올라 기뻐했다.

2차 세계대전 기간에는 설탕 부족으로 캔디 생산량이 줄었다. 이러자 미국인들은 팝콘을 전보다 3배 더 먹어 부족한 설탕 섭취량을 보충하였다. 이 역시 팝콘 문화의 발달에 기여했다. 미국 일리노이 주는 초등학생들의 공식적인 주(州) 간식으로 팝콘을 지정해오고 있다.

한국에서도 팝콘은 오래전부터 간식이나 맥주 안주 등으로 널리 애용되고 있다. 그러나 르완다는 이제야 팝콘이 나타났다. 르완다 최대 일간지인 『The New Times』(2014. 5. 14.)는 젊은이들의 팝콘 장사를 '일자리 창출하는 르완다 팝콘(Creating jobs with popcorn in Rwanda)'이라는 제목으로 보도까지 했다.

2014년 3월이다. 대학교 학생식당 옆 홀에서 학생들이 팝콘을 만들어 팔았다. 전에 없던 일이다. 100프랑 주고 1봉지를 사 먹었다. 맛이 괜찮았다.

5월에는 비안가보 시장과 슈퍼마켓 앞에 팝콘 장사가 더 생겼다. 시장에 장을 보러 가면 팝콘 장사 주위에 어린이들이 모여 있다. 가끔 한 봉지를 사서 조금씩 나누어주면 좋아한다. 100프랑의 즐거움을 아이들과 만끽한다.

6월이 되자 방학을 맞았다. 논문 발표를 해야 하는 졸업예정 학생들과 개인 사정으로 고향에 가지 못하는 일부 학생들만 남았다. 그런 탓인지 팝콘을 파는 학생이 보이지 않았다. 알고 보니 학교 앞 가게 옆으로 옮겨서 팝콘을 팔고 있었다.

그 학생은 24살인 작물학과 3학년 요한(John)이다. 학생의 이야기를 빌리면 팝콘 장사는 이렇다.

"팝콘 기계는 120,000프랑 주고 샀다. 팝콘을 만들기 위해서는 전기가 필요해 가게의 처마 밑에 자리를 잡았다. 원료로 사용하는 옥수수는 우간다에서 수입한 것이며 하루에 옥수수 3kg 정도를 소비한다. 옥수수 품종명은 모른다. 튀김용 식용유 1L를 1,500프랑 주고 사면 하루에 반절 정도 사용한다. 소금과 마가린 약간도 든다. 하루에 오후 5시부터 9시까지 일한다. 그러면 약 2,000~3,000프랑을 번다."

하루 2~3천 프랑 벌이면 괜찮은 편이다. 들판에서 하루 막일하고 받는 노임이 700~1,000프랑이기 때문이다. 일을 즐겁게 하는 요한 학생의 웃음에서 학생의 밝은 미래를 본다.

팝콘! 한국이나 미국, 유럽 등에서는 사실 관심 밖이다. 그러나 르완다에서는 젊은이들에게는 새로운 일자리 창출 방안으로 떠오를 만큼 주목받는 특별하고 귀한 존재다. 이처럼 같은 사물, 같은 일이라도 장소, 시기와 여건에 따라 얼마든지 다르게 받아들여지고 가치가 달라질 수 있다.

사람도 마찬가지다. 자기를 필요로 하는 곳에서, 필요로 하는 때에 일하면 존재 가치가 극대화된다. 팝콘을 볼 때마다 르완다에 내가 필요한 존재인지, 필요한 곳에서 필요한 때에 일하고 있는지 자문해본다.

🏷 옷 수선공(修繕工)들의 능란한 솜씨
 – 사용 가능한 물품은 버리기보다는 구호품으로 활용했으면.

무산제(Musanze) 시장의 옷 수선공이
내 바지 지퍼를 수선하고 있음

르완다의 옷 수선공들의 능란한 솜씨는 현란하다. 옷 수선하는 일이 돈벌이가 괜찮은지 수선공들이 있는 곳은 시장에서 가장 북적이는 곳 중의 하나다. 실제로 여기서는 옷을 수선해서 입는 일이 생활화 되어있다.

르완다에 올 때에 가져온 바지 하나가 2월에 지퍼 고리가 떨어졌다. 버리자니 새것이라 아까웠다. 가져온 바지가 많지 않아서 여기서 하나 살까 하다가 시장에서 본 옷 수선공들의 모습이 떠올랐다.

'그렇지. 가지고 가서 그들에게 수선을 시켜보자. 그런 후에 안 되면 사자.'

짬을 내어 무산제 시장에 바지를 가지고 갔다. 가지고 갈 때는 큰 기대는 하지 않았다. 안 되어도 좋다는 생각이 강했다.

나는 바지 뒤 호주머니에 달린 고리 하나를 떼어서 떨어진 지퍼에 달았으면 했다. 그런데 수선공은 바지와 지퍼를 보더니 그렇게 하기는 어렵고 지퍼 전체를 바꾸자고 했다. 좋다고 했다. 어떻게 하든 바지를 입을 수 있으면 된다고 했다. 수선공은 바지의 고장 난 지퍼를 떼어내고 새것 하나를 꺼내어 보였다. 그것으로 교체하겠다고 해서 그러라고 했다. 몇십 분이 안 걸려 수선공은 완벽하게 바지의 지퍼를 새로 해서 달아줬다. 수선한 표도 전혀 안 났다. 아주 만족스러웠다. 수선료는 600프랑(1,000원)을 주었다. 지금 지퍼를 수선한 바지를 아무 불편 없이 잘 입고 있다.

조금만 잘 살면 더 사용할 만한 것도 유행이 지나고 오래되어 질린다며 버리는 경우가 종종 있다. 특히나 옷은 더 그렇다. 그런데 나는 80년대 맞추거나 산 양복을 지금도 입는다. 집에서는 1987년에 맞춘 감색 겨울 신사복을 입었다. 르완다에 가져온 여름용 신사복도 1993년 5월에 산 기성복이다. 아직도 세탁하면 새 옷 같고, 다행히 체격이 그때와 그대로여서 지금도 입는다.

여기 올 때에 등산화를 한 켤레 사서 오려다가 신고 다니던 코오롱 제품을 가져왔다. 2010년 10월경에 잠실 롯데백화점에서 15만 원을 주고 산 것이다. 외관은 새것 같고 신는 데도 아무 지장이 없었다. 다만, 뒤축

위의 천이 해어진 게 문제였다. 조금 창피한 일인지 모르지만, 그 부분을 수선하기로 마음먹고 집 주변의 구두 수선공을 찾아다니며 물어보았다. 하지만 다 안 된다는 것이었다. 바늘로 꿰맬 수 있는 재봉틀이 있어야 한다면서 말이다. 포기할까 하다가 은마 상가 옆의 구두와 열쇠 수선공에게 가지고 가서 물었더니 된다고 했다. 1만 원을 주고 뒤축을 수선했다. 지금 그 등산화를 아주 요긴하게 잘 신고 있다. 신고 다니던 등산화라 발도 무척 편하다.

사용할 수 있으면 고쳐서 사용하는 것도 좋다. 굳이 꼭 새것만을 고집할 필요가 없는 것 같다. 그냥 오래되어 식상하다고 버리는 일은 낭비다. 여기 르완다 시장에서는 선진국으로부터 받은 구호품이나 싸게 사온 헌옷과 신발을 팔고 있다. 만약에 버릴 물건이 있으면 버리기보다는 이런 나라에 구호품으로 주었으면 한다. 잘 사는 나라에서 버리는 물품이 이런 개발도상국 국민에게는 아주 훌륭한 생활용품이 되기 때문이다. 맘만 먹으면 돈 안 들이고도 남을 도울 수 있어 좋지 않은가?

◆ 바람에 나부끼며 햇볕으로 다리미질 되는 옷들
  – 세계 옷 전시장을 구경하는 기분

날씨 좋은 날에 기숙사 앞뜰은 손으로 빨아서 햇볕에 말리려고 널어놓은 옷가지들로 장관을 이룬다. 한국의 대학교에서는 보기 힘든 풍경이다. 빨랫줄이 모자라 그냥 잔디 위에 널어 말리기도 한다. 그러

빨랫줄에 널어 옷을 말리는 모습

다 갑자기 비가 와도 그대로 내버려 둔다. 여기 비는 1시간 이상을 오는 경우가 많지 않은 탓이리라. 그리고 옷에 남아 있는 비누나 세제가 자연스레 빗물로 씻겨나가는 효과도 노리는 것 같다.

르완다에 온 이래로 아직까지 세탁소를 직접 본 적은 없다. 키갈리 같은 대도시에는 세탁소가 있다고 하지만, 근무하는 대학교 주변에는 세탁소가 없다. 설령 세탁소가 있다고 하도 빨래를 세탁소에 맡길 여유가 있는 학생들은 많지 않아 보인다.

그런지 여기 학생들은 100% 손빨래를 한다. 삼삼오오 모여 빨래를 하며 이야기도 하고 장난도 한다. 그런 때는 학생들이 어린 애들인 양 천진해 보인다. 귀찮거나 힘들어하는 표정은 어디서도 찾아볼 수 없다.

손으로 빨래하는 대학생들과 풀밭에 말리는 옷들

빨래를 널어 말리는 풀밭은 소들이 돌아다니며 풀을 뜯어 먹는 곳이다. 소똥도 있고 새똥도 보인다. 당연히 벌레도 있으리라. 걱정되어 이런 곳에 빨래를 널어 말려도 괜찮으냐고 물으면 묻는 내가 이상하다는 듯 쳐다보며 아무렇지도 않다고 말한다. 실제로 풀밭에 옷을 널어 말려서 생긴 문제는 아직 들어보지 못했다. 하긴, 나도 어렸을 적엔 강변 돌 위나 풀밭에 옷을 말려 입었다. 오히려 그때 그렇게 빨아 입은 옷이 지금처럼 세탁소에서 화학 세제를 써서 세탁한 옷보다 더 깨끗하고 안전한지 모른다.

빨래가 널린 곳을 지나가노라면 잊혔던 어린 시절 추억이 되살아난다. 수십 년 전의 과거로 돌아간 듯한 착각에 빠지기도 한다. 그러면서 또 한편으로는 세계 옷 전시장에 온 기분도 든다. 옷 중에는 르완다에서 만들어진 것도 있지만, 대부분이 세계 여러 나라에서 만들어진 것들이다. 그래서 옷의 모양, 스타일, 옷감, 색깔이 다름은 물론, 다양한 시대의 유행과 전통이 스며있다. 구호품으로 들어온 옷들이 시장을 통해 유통되기 때문이다. 운이 좋으면 헌 것이지만 유명 브랜드의 옷을 값싸게 살 수도 있다.

여기서는 옷의 유행을 따지기에는 아직 상황이 어울리지 않는다. 주머니 사정에 따라 옷을 사서 입는 것 같다. 계절도 없고 옷의 유행도 없고, 그저 형편에 맞추어 옷을 입고 다닌다. 겨울옷처럼 보이는 옷을 입고 다니는가 하면 여름철 옷을 입은 학생도 있다. 의상에 관해서는 세계 각 곳의 전통과 유행이 공존한다. 옷을 맞추어 입는 일도 먼 나라 이야기다. 옷에 몸을 맞추는 편이다.

고가의 옷을 유행 따라 철 따라 입고 다녀도 얼굴이 어둡고 근심과 걱정에 찌들어 있으면 무엇하랴~! 하의실종이니, 과다노출이니, 너무 야하다느니 하는 말을 들으면서까지 비싼 옷을 입고 다닌다고 행복한 것은 아니리라.

비싼 옷은 아니어도 괜찮다. 해지거나 떨어진 곳은 기우고 꿰매면 된다. 유행이 지난 옷은 유행을 의식하지 않으면 된다. 더러우면 자기 손으로 깨끗이 빨아서 자연 속에 널어 말리면 된다. 전기 다리미질은 사치다. 그저 눈 부신 햇살로 다리미질하여 입으면 충분하다.

고급 브랜드의 유행하는 값비싼 옷을 입지 않고 그저 그렇게 평범한 옷차림이어도, 학생들의 얼굴은 밝고 웃음이 얼굴에서 떠나지 않는다. 오히려 그런 학생들이 부러울 때가 많다. 검은 진주 같은 학생들을 보면 문명과 문화의 발달이 인간에게서 순수, 천진난만, 단순함을 빼앗아 간 대신에 술수, 이해타산, 복잡함을 준 것 같은 느낌을 지울 수 없다.

아직도 르완다 시골에는 맨발로 다니는 사람이 많다. 어린이들이 맨발로 풀밭, 흙과 자갈길을 뛰어다닐 때는 불안하고 안쓰럽다. 어쩌다 넘어져 상처가 나 울기라도 하면 슬퍼진다.

시골에서는 큰길을 가다가도 맨발로 다니는 사람을 가끔 만난다. 신이 없어서 그런 사람도 있지만, 신이 있어도 그런다. 신이 귀하기 때문이다.

어떤 할머니는 신 한 짝은 머리에 이고 나머지는 손에 들고 벗은 발로 다녔다. 왜 신고 다니지 않느냐고 물었더니 신이 귀하고 신고 다니면 떨어질까 봐서 그런다고 했다. 할머니는 그것이 당연하다는 듯 웃으며 말했다.

어린이들도 마찬가지였다. 신을 발에 신지 않고 손으로 들고 다니며 친구들과 돌아다녔다. 이런 모습이 대다수는 아니지만, 시골에서는 아직도 어렵지 않게 볼 수 있는 풍경이다.

구두나 신이 귀하다 보니 구두나 신을 수선해서 신는 것이 보통이다. 키갈리의 야부고고 종합버스터미널은 물론 시골에도 신발 수선공은 일거리가 밀린다.

대학생들도 마찬가지다. 그들은 굽이 낮고 샌들형의 신을 많이 신는다. 더러워지면 깨끗이 씻어 말리고 떨어지면 수선해서 신는다.

학생들이 키가 큰 탓도 있겠지만, 아직 하이힐 구두는 드물다. 그런데 지난 2월 28일 내가 근무하는 대학교의 미녀선발대회가 있었다. 그때 '미스 UR-CAVM 2014(University of Rwanda, College of Agriculture, Animal Science and Veterinary Medicine, 르완다대학교 농대)' 후보자 7명은 모두 하이힐을 신고 있었다. 이것으로 미루어 보면 여대생들도 하이힐을 신고는 싶지만, 여건이 허락하지 않아 못 신는 것임을 알 수 있다.

키갈리 같은 대도시에는 구둣가게가 있다. 그러나 농촌 사람들은 옷과 마찬가지로 신발도 대부분 시장에서 사서 신는다. 시장에서 유통되는 신발은 세계각지에서 들어온 구호물자와 수입품이 대부분으로 보인다. 맞춤 구두나 고급 가죽구두는 욕구의 대상이지 현실과는 거리가 멀다.

비싸고 고급인 신발은 아니어도 신고만 다니면 그나마 괜찮다. 그것마저도 신지 못하고 사는 사람들이 문제다. 시골에 사는 르완다 사람들 모두가 어떤 신발이 되었건 신고만 다녔으면 좋겠다. 맨발로 걸어 다니는 사람이 없는 날은 언제쯤 올까? 그리고 그런 날을 어떻게 앞당길 수 있을까?

그 방안의 하나로 신발 공장을 설립하면 좋을 것 같다. 아직껏 르완다에 신발 공장이 있다는 이야기를 들어보지 못했기 때문이다. 한국 기업이 르완다에 신발 공장을 하나 만들어 운영하면 두 나라 모두에게 이득이 될 것이다.

신을 손에 들고 맨발로 노는 어린이들

한 짝은 머리에 이고 다른 한 짝은 손에 들고 맨발로 걸어가는 할머니

해발 1,000m 이상의 산 위로 뚫린 길은 좁고 비탈지며 구불거렸다. 돌도 많고 울퉁불퉁했다. 비에 젖은 황톳길은 질퍽거렸다. 몇 시간을 가는 동안 차량은 고작 두서너 대를 만났다. 그런 길도 끊어지지 않고 집과 집으로

해발 2,800m 산 위 집들

이어져 있었다. 모든 길은 집으로 통했다.

2014년 2월 24일부터 25일까지 올리브와 레오 두 교수와 같이 서도(Western Province)의 Rubavu(옛 Gisenyi), Rutsiro, Karongi(옛 Kibuye)와 Gisovu 지역 출장을 다녀왔다. 8월에 졸업을 하는 학생들이 인턴 과정을 밟고 있는 현장을 방문하여 지도 격려하고 그들의 애로사항을 청취하기 위해서였다.

차량은 학교에서 빌려준 픽업을 이용했다. 처음 간 Rubavu는 키부 호수 옆 도시로 낯이 익었다. 일을 마치고 오후 2시 30분경에 그곳을 떠나 Nyabirasi sector(한국의 면 面에 해당)로 향했다.

길은 포장되지 않은 가파른 산비탈로 나 있었다. 차는 뒤로 밀리기도 하고 뒤뚱거리

포장이 안 된 산 비탈길과 머리에 큰 짐을 이고 그 길을 걷는 사람

기도 하고 덜커덩거리기도 하면서 시속 10~20km로 갔다. 온 힘을 다해 계속해서 산속으로 들어갔다. 산속에는 흙집이 가뭄에 콩 나듯 듬성듬성 보였다. 밭에서 일하는 사람들이 손을 흔들기도 했다. 지대가 높아서 그런지 운무(雲霧)가 갑자기 밀려왔다가 사라지고, 사라졌다가 갑자기 몰려와 짓궂게 장난을 했다. '나 잡아보라'는 듯이 차 주위를 맴돌다 달아나기도 했다.

그렇게 1시간 20분 정도 가니까 산 위에 마을이 나왔다. Terimbere center라는 곳으로 Cyivugza 초등학교도 약 300m 거리에 있었다. 조금 있으니 차가 신기한 듯 남녀노소 가리지 않고 사람들이 떼로 몰려들었다.

거기서 인턴 과정을 연수하는 작물학과 학생 2명을 만났다. 학생들에게 물으니 해발 2,800m라고 했다. 산딸기와 고랭지 농작물 재배에 대해 실습을 하였다. 학생이라기보다는 농민이나 다름없었다. 관계자와 50여 분간 이야기도 하고 학생들의 애로사항도 들었다.

오후 4시 40분에 그곳을 떠났다. 올라온 길과 반대 방향으로 다시 산 등성이를 넘어 차는 계속 산속을 갔다. 길은 때론 숲 속으로, 더러는 숲 옆으로 나 있었다. 지나가는 숲은 기쉬와티 숲 보전지역(Gishwati Forest Reserve)이라 했다.

가다가 길이 미끄러워 차가 올라가지 못했다. 그러면 내려서 걸어가기도 했다. 거름이 부족해서 그런지 길옆 밭의 고구마가 잡초와 함께 안쓰럽게 자라고 있었다.

한 어린이가 나무자전거를 타고 갔다. 사진을 찍으려고 차를 세우고 나갔다. 어린이는 나를 보자마자 나무자전거를 버리고 숲 속으로 냅다 줄행랑을 쳐 숨었다. 어찌나 빠른지 쏜살같았다. 황당했다. 차가 떠날 때까지 끝내 어린이는 나오지 않았다.

해는 지고 숲 속이라 칠흑처럼 캄캄했다. 낮보다 차는 더욱 느리게 달렸다. 보이는 것은 어둠 그리고 자동차 불빛에 비친 모습이 다였다. 일행도 지친 듯 말이 없었다. 하지만 모든 게 새로운 탓인지 나는 그다지 피곤하지 않았다. 호기심 어린 눈으로 최대한 많이 보고 느끼려고 어둠이 뚫어지게 밖을 바라보았다.

숲 속 멀리 띄엄띄엄 불빛이 보였다. 오늘 목적지인 카롱기 시였다. 10시 40분경에 숙소인 Golf Eden Rock Hotel에 도착했다. 그러니까 일보고 쉬는 2시간을 빼면 꼬박 6시간 넘게 점심도 먹지 않은 채 자동차를 타고 비포장 산간 길을 간 셈이다.

내비게이션 상으로는 Rubavu에서 Karongi까지는 86km로 차로 1시간 10분 걸리는 것으로 나타났다. 한국 같으면 40~50분 거리다.

가깝지만 길고 먼 출장길이었다.

아무튼, 밤늦도록 8시간이 넘게 산간오지를 돌아다녔다. 마을과 집을 방문하고 사람을 만나면서 보고 느낀 것 중의 하나는 길이 집과 집을 이어주고 붙들어주고 있다는 것이다. 길은 넓건 좁건, 포장되었건 안 되었건, 곧건 구불거리건 상관없이 집과 집으로 이어져 있었다. 고도 2,800m가 넘는 높은 산꼭대기, 깊은 숲 속의 길도 집으로 통했다. 길이 끝나는 곳이 집이고 가정이었다. 거기에 편안함과 포근함, 그리고 사랑이 있었다.

모여 있건 띄엄띄엄 떨어져 있건, 도시건 산간오지건 길은 집으로, 집은 길로 연결되어 있다. 모든 길은 집으로 통한다. 그리고 길이 있는 곳은 어디나 사람이 살고 있다.

사람은 길을 만들었고 길은 사람을 만나게 해주고 사랑을 꽃피게 한다.

필자 주: Terimbere의 사전적 의미는 발전(Progress or Develop), 향상(Improve or Go up)을 뜻한다. 또는 사람이 모여 사는 마을, 읍, 공동체를 의미하기도 한다.

여기서 Center of Terimbere는 농업, 보건, 경제, 교육 분야의 협력과 발전을 도모하기 위한 협동조합과 비슷한 조직으로 본부는 수도인 키갈리에 있다고 한다.

◆ 르완다 새마을운동 '우무간다' 전 국민 참여

비안가보 면 단위 우무간다 공동작업 광경   우무간다로 텅텅 빈 키갈리 정부청사가 있는 중심가

르완다에는 한국의 새마을운동과 비슷한 우무간다(Umuganda)가 있다. 매월 마지막 주 토요일 오전 8시부터 11시까지는 우무간다라 하여 18세에서 65세까지의 국민들은 의무적으로 모여 공동 작업(Community work)을 한다. 이때 정부정책이나 새로운 소식 등도 전달하며 지역 현안을 토론하여 대책을 찾기도 한다.

이때에는 모토, 버스, 택시 등의 모든 차량 운행이 통제되고 시장과 상점, 음식점도 문을 닫는다. 따라서 우무간다가 있는 날에는 이 점을 감안해서 일정을 짜는 게 좋다.

단 하나 예외가 있다. 우무간다 법을 제정하여 시행할 때, 제7일 안식일 예수재림교(Seventh-Day Adventist)는 정부에 토요일 예배를 보아야 한다는 점을 들어 예외로 해달라고 요구하였다. 르완다 정부는 교회 측의 건의를 받아들여 교회가 신도에게 신분증을 발행하고 신분증을 소지한 사람에 한하여 활동을 허용하고 있다. 대신에 이 사람들은 일요일에 우무간다를 별도로 해야 한다. 르완다에는 재림교 신도가 100만 명을 넘는 것으로 알려졌다.

원래 우무간다는 르완다의 전통이었다. 이 전통을 2007년 11월 17일에 '기본법 제53/2007호 (Organic Law Number 53/2007)'를 제정 공포하여 법제화하고, 이어 2009년 8월 24일에 '총리령 58/03호(Prime Ministe-rial Order Number 53/03)'로 우무간다를 구체화 시켰다. 총리령에는 우무간다의 특성과 권한, 기구와 조직, 공동작업의 역할과 감독위원회, 이들과 다른 기관과의 상호관계 등을 규정하였다.

우무간다는 공동의 목적을 이루기 위해 함께 모이는 행위다(Coming together in common purpose to achieve an outcome). 주민들이 함께 모여 공동 작업을 통해 공동체나 사회를 개선한다. 한국의 60~70년대 새마을운동과 비슷하다.

예를 들어서 마을 길을 만들거나 넓히고 집이나 건물을 지으며 도랑을 만들어 배수를 좋게 한다. 제노사이드로 분열된 민심을 화해하고 통합하는 역할을 하기도 한다. 우무간다 활동에는 우무간다 감독위원회 직원(Umuganda Supervising Committee), 지역지도자(Local Leaders) 등이 참석한다. 물론, 대통령과 영부인도 거의 빠지지 않고 따로따로 다른 지역의 우무간다 행사에 참여하여 국민과 함께 활동하는 것이 일반적이다.

르완다 정부의 자료에 의하면 2011년 7월~2012년 6월에는 이러한 우무간다 활동에 연인원 1억 8,800만 명이 참여하고(참여율 80.1%), 그 활동으로 인한 경제적 효과는 125억 RF(약 213억 원)로 나타났다.

르완다 정부는 한국에서 새마을운동과 ICT 분야의 기술과 전문성을 배우기를 기대한다. 이런 기대에 부응하기 위하여 르완다 정부와 KT가 르완다를 아프리카의 ICT 허브, Smart Rwanda로 만드는 데 필요한 사업을 추진 중인 것으로 알고 있다.

새마을운동 분야도 한국은 르완다 공무원이나 적격자를 초청하여 새마을 교육 훈련을 시키는가 하면 KOICA와 새마을 봉사단원들이 르완다 현지에 와서, 열악한 환경에서 새마을 시범 사업을 펼치고 있다.

아직은 초기 단계인데도 새마을운동을 알고 있는 르완다인들을 만날 수 있을 정도로 파급효과가 크다.

앞으로 우무간다가 새마을운동과 잘 접목되어 발전했으면 한다. 이에 힘입어 르완다가 부강하고 평화로운 나라, 제노사이드의 아픔을 넘어 화해의 모범국가가 될 것을 믿어본다.

◆ 르완다 젊은이들의 소원은 취직

도서관 부족으로 식당에서 공부하는 학생들

청년실업 문제는 세계적 현상이다. 르완다 정부 역시 청년 일자리 창출에 온 힘을 쏟지만, 오히려 청년실업률은 2006년 1.2%에서 2012년 3.4%로 증가했다(2015. 7.

22. 『The New Times』). 이러다 보니 대학졸업자는 말할 것도 없고 석사학위 소지자도 취직이 힘든 탓에 45%가 실업자다(2015. 1. 27. 『The New Times』).

르완다는 지금이 대학교 졸업시즌이다. 유일한 국립대학교인 르완다대학교(University of Rwanda, UR)는 7월 27일부터 8월 1일까지 6일간 졸업식을 했다. 6개 단과대학이 있는데 졸업식을 단과대학별로 하루씩 하기 때문이다. 나도 29일 키갈리에서 개최된 농과대학 졸업식에 참석하여 졸업생들을 격려하였다.

올해 르완다대학교의 졸업생은 8,000명이 조금 넘는다. 사립대학까지 합치면 르완다에서는 매년 15,000여 명의 대학생이 배출된다.

졸업 축제는 졸업식 날 하루도 안 되는 것 같다. 졸업식장을 나서기 무섭게 졸업생들은 취직 걱정에 신음한다. 일자리는 적고 대학졸업자는 늘어나는데 갈수록 취직이 어려워지기 때문이다. 학생들 말에 의하면 공공기관에 취직하기는 하늘의 별 따기만큼이나 어렵단다.

대학졸업자 초임은 월 70,000~350,000RF이다(2015. 1. 27. 『The New Times』). 이것은 석사 학위 소지자에 준하는 일을 하는 대학졸업자의 봉급이다.

그러나 취직이 되어도 여전히 걱정은 크다. 월급이 적기 때문이다. 가끔 제자들이 취직했다고 찾아온다. 월급을 물어보면 개인 회사라 적다면서 50,000프랑(약 80,000원)이라고 한다. 학생에게 직장을 옮기라고 하면 어렵단다. 기관이나 큰 기업에 취직하려면 일하고자 하는 분야에서 일한 경력(인턴 과정 포함)이나 자격증이 있어야 하기 때문이다. 그래서 그런 조건을 충족하기 위해서 힘들어도 현 직장에서 일한다고 이구동성으로 말한다.

그런가 하면 고용주들은 대학졸업생들이 실무지식, 기술과 경험이 부족하다고 불만이다. 바로 현장업무에 투입할 자격이 안 갖추어져 있다는 말이다.

이런 고용주들의 불만을 덜기 위하여 르완다 정부는 직업기술 교육훈련(TVET, Technical and Vocational Education and Training)을 확대하고 있다. 이것을 담당하는 인력개발청(WFDA, Work Force Development Authority)에 따르면 2017년까지 60%의 학생을 6개월 정도의 단기 교육훈련을 통해서 구직자(Job seeker)보다는 일자리 창출자(Job Creator)로 양성할 계획이다. 이렇게 되면 비농업 분야(Off-farm)에서 200,000개의 일자리가 창출될 것으로 보고 있다.

그러나 시설, 장비, 강사 등의 뒷받침이 충분히 이루어지지 않으면 탁상행정에 그칠 수 있다. 실제로 현실은 녹록지 않아 보인다.

취직 걱정을 하는 학생들을 보면 나의 대학졸업 때의 모습을 보는 것 같다. 밤잠을 설치며 고민하고 괴로워하던 일이 눈에 선하다. 그러나 취직에 왕도는 없다. 혈연, 지연, 학연, 빽, 돈 등의 영향이 적다고 본다면 목표를 정하고 남보다 더 노력하여 경쟁에서 앞서는 길이 최선이다.

르완다대학교 졸업생들이여! 여러분은 르완다 미래의 희망이다. 현실이 어려우니 그만큼 여러분의 노력이 더 필요하다. 큰 꿈을 품고 도전하고 포기하지 말고 최선을 다하라. 그러면 분명 여러분의 앞날은 밝다. 시련 없는 성공은 없다.

르완다를 떠나 한국에 오니 한국이라는 거대한 건물 안에 들어와 사는 기분이다. 귀국한 지 3주가 넘었지만, 흙다운 흙을 밟아보지 못했고 이렇다 할 새소리를 듣지 못했다. 흙을 밟고 싶고 새들의 노래도 그립다.

시골 길과 어린이들

르완다에 있을 때는 집 문을 열고 나가면 바로 흙을 밟을 수 있었다. 흙이 아닌 곳은 건물 안뿐이다. 새소리는 집 안에서도 맘껏 들을 수 있고 문을 열어놓으면 새가 겁 없이 문 안으로 들어오기도 했다. 아침 5시 30분경이면 어김없이 새들이 일어나라고 노래를 불러줬다.

르완다의 전체 도로 길이는 14,008km다. 이것은 국도(National Road) 2,860km, 구도(區道, District Road) 1,835km, 자갈길(Gravel Road) 3.5km이며 나머지 9,309.5km는 분류가 안 되어있다. 분류가 안 된 도로는 아마도 자갈도 깔지 않은, 마을과 마을을 이어주는 아주 좁은 흙길이 태반이라고 본다. 어쨌거나 도로포장률은 전체 도로 14,008km 중 2,662km로 19%에 지나지 않는다(Rwanda, Fortune of Africa 2015).

한국은 어떤가? 전체 도로 길이는 미개통도로 7,754km를 포함하여 105,673km다. 이중 고속도로 4,139km(3.9%), 일반국도 13,950km(13.2%), 지방도 18,058km(17.1%), 특별시와 광역시도로 4,758km(4.5%), 시도로 27,170km(25.7%), 군도로 22,202km(21.0%), 구(區)도로 15,396km(14.6%)로 구성되어 있다. 이중 미포장도로는 8,218km여서 도로포장률은 99.92%로 거의 모든 도로가 포장되었다고 보아도 될 정도여서 흙길이 별로 없다(국토교통부 2015년 도로 현황 조서).

도로포장률이 100%라고 보아도 되는 한국이라 그런지 논밭이나 산속으로 가지 않는 한 흙을 밟기가 어렵다. 이해가 안 될지 모르지만, 흙길을 걷고 싶은데 그러지 못하니 이 또한 때론 스트레스로 다가온다. 흙길을 걸으며 흙냄새를 맡고 싶다. 이런 욕구는 '인간은 흙, 흙으로 돌아가야 하는 존재'이기 때문인지 모른다.

그뿐만 아니다. 집을 나가 어디를 가려면 전철, 버스, 승용차 안에 갇혀야 한다. 가까운 곳을 걸어갈 때는 대체로 빌딩 숲 아래를 걷게 된다. 어느 것이나 감옥에 갇힌 듯 답답하고 속박당하는 기분이 들며 더러는 자신이 아주 왜소하게 느껴진다. 그저 대자연 속에서 자유스럽고 자연스럽게 맘대로 걷고 뛰놀고 싶다.

어디 그뿐이랴! 소리는 시끄러운데 듣고 싶지 않은 소음이 거의 다다. 자동차 소리, 기계 돌아가는 소리, 너무 많은 말이 난무해 알아들을 수 없는 시끌벅적한 지껄임… 대부분이 짜증 나거나 귀찮은 소리다. 이럴 때는 아이들의 웃고 떠드는 소리, 갖가지 새들이 지저귀는 새들의 합창, 바람 부는 소리와 나무 흔들리는 소리가 듣고 싶어진다.

이런 생각과 느낌을 떨쳐내고 르완다에서의 자연과 함께 한 삶에 대한 그리움을 잊는 데는 아마도 상당한 세월이 지나야 할 것 같다.

세상이 선진화가 될수록 인간은 문명의 이기에 의존하고 자연과 멀어진다. 그런데 인간은 문명의 이기에 의존할수록, 자연과 멀어질수록 그만큼 더 피곤하고 세상에 시달린다.

전철과 버스 시간에 맞추기 위해 서둘러야 하고, 일하기 위해 어쩔 수 없이 닫힌 좁은 공간으로 들어가야 하고, 실시간으로 타자와 연결 가능하니 언제 어디서든 감시당할 수 있고, 기계에 익숙해지지 않으면 일을 할 수 없다 보니 사람보다 기계 곁에 더 있게 된다. 이런 것들은 인간으로 부터 여유, 자유, 인간성과 같은 것을 빼앗아 가고 대신에 초조와 불안, 구속감과 삭막함, 그리고 숨 막힘 같은 것을 준다.

사실 이런 삶은 인간이 원하는 삶이 아니다. 인간이 원하는 삶은 쾌적한 곳에서 자유와 여유를 즐기며 편리하게 사는 것이다.

이런 점에서 르완다 국민에게는 편리함을, 한국인에게는 쾌적함, 특히 자연이 주는 쾌적함을 더 누리도록 해야 한다. 그래서 두 나라 모든 국민이 쾌적함과 편리함을 두루 즐기면서 행복해지기를 기대한다.

....

필자 주: 2012년 기준 위키피디아에 따르면 르완다 전체 도로 길이는 4,700km로 되어 있는데, 이것은 14,008km 중 도로 종류로 분류된 4,698.5km로 보인다.

04
농림축산업
노동력 의존율이 높고 낙후되어 있어 개발 여지가 큼

🏷️ 농업 기계화 없는 농업 발전은 허구

르완다의 농업기계화율은 0.1%, 축력 이용률은 1.4%에 불과하다[2]. 르완다 농업은 인력, 특히 여성 노동력과 괭이와 호미 등에 의존하고 있다. 농업기계화 없이 르완다의 농업 발전은 기대하기 어렵다. 농지 이용률과 농업 생산성을 높이기 위

괭이로 감자를 수확하는 여자들

해서라도 농업기계화는 빠를수록 확대될수록 좋다.

현재 르완다의 농업기계화 상황은 1960년대 초의 한국과 비슷하다. 한국도 1960년 이전에는 농민이 축력과 괭이, 삽, 호미 등을 이용하여 농사를 지었다. 그러다 1963년에 처음으로 동력경운기(Power Tiller)가 농업에 사용되었다[1].

누가 뭐래도 0.1%의 농업기계화로는 르완다 농업이 발전하기 어렵다. 농업 발전을 위해 농업기계화가 선행되어야 하는 이유는 이렇다.

▪ 농업인구의 감소와 고령화에 대한 대비: 현재 르완다 인구의 84%가

농업에 의존하고 있다. 농업의 기계화가 미흡해도 농업이 유지될 수 있는 이유다. 그러나 도시화·산업화가 진행되면 빠른 속도로 농촌의 젊은 인구가 감소하고 농촌인구는 고령화된다. 이러면 현재의 농지 이용률 52.5%보다 더욱 떨어질 것이다. 이런 문제는 농업기계화만이 해결할 수 있다.

■ 농업 생산성과 농산물 품질 향상으로 식량 확보: 2009년 르완다 인구는 1,020만 명인데, 2020년에 가면 1,400만 명으로 증가할 전망이다[2]. 이렇게 늘어나는 인구가 먹고살 식량을 확보하는 일은 르완다 안보와 직결되어 있다.

그런데 농지는 제한되어 있고 산업화 도시화로 농지의 감소는 불을 보듯 분명하다. 인구 증가, 한정된 농지, 산업화 도시화로 인한 농지 감소를 극복하고 국민의 식량을 확보하기 위해서는 농업의 생산성과 품질을 증진하는 길밖에 없다. 수입도 한 방법이 될 수 있으나, 이는 국민의 생명을 외국에 내맡기는 거나 같은 위험천만한 일이다.

르완다가 필요로 하는 식량을 안전하게 확보하기 위해서는 농업 생산성과 농산물 품질을 올리는 것이 선행되어야 하며, 이를 위해서는 농업기계화가 최적(最適)이다.

■ 농지 이용률 증진: 르완다는 총 농지(Arable land) 2,294,380ha 중 농작물 재배면적(Cultivated area)은 1,205,090ha로 농지 이용률은 52.5%로 낮다[2]. 이처럼 농지 이용률이 낮은 이유는 농작물 생산이 노동력과 손 농기구에 98% 이상 의존하고 동부를 제외한 남, 서, 북부의 농지 중 45% 이상이 경사도가 16% 이상인 산악지역에 분포하기 때문이다. 따라서 농업기계화를 이루면 이들 유휴농지(遊休農地)를 활용할 수 있어 농지 이용률 증대만으로도 농업 생산량을 크게 높일 수 있다.

▪ 수입농산물 대체와 수출농업 강화: 현재 르완다는 농업국이면서도 농산물 수출보다 수입을 더 하고 있다. 2012년에 수출은 감자, 카사바, 옥수수, 쌀, 콩 등 2,783만 9천U$이며, 수입은 감자, 카사바, 옥수수, 쌀, 콩 등 3,642만 1천U$에 이르러 수입이 수출보다 858만 2천U$가 많았다[3]. 수입농산물을 대체하고 수출농업을 육성하기 위해서도 농업 기계화가 필수적이다.

▪ 농업의 규모화와 전업기업농 육성: 르완다의 농가 호당 경지규모는 0.76ha로 영세하다[2]. 농업을 발달시키기 위해서는 농업 규모를 크게 하고 전업기업농을 육성하는 것이 필요하다. 이것은 농업의 기계화 없이는 불가능하다.

이처럼 르완다의 농업 발전을 위해서 필요한 농업기계화는 어떻게 할 것인가?

▪ 농기계 종류: 르완다는 동부 등 일부 지역을 제외하고는 산악지대다. 따라서 농기계는 콤바인, 트랙터 같은 대형 농기계보다는 중소형 다목적관리기가 적합하다. 이들 중소형 다목적관리기는 용도에 따라 부품 일부를 탈. 부착(脫. 附着)하여 사용할 수 있고 크기가 작아 르완다 지형에 알맞다. 따라서 중소형 다목적관리기를 농가에 공급하는 것이 효율적이다.

▪ 농기계 확보: 현재의 르완다 산업 현황으로 보아 이들 농기계를 직접 생산하기 어려우므로 1차적으로 완제품을 수입하고, 2차적으로는 부품을 수입하여 조립하였으면 한다. 부품을 수입하여 조립하면 가격도 싸고 조립생산으로 인한 2차 산업 발달과 일자리 창출로 일석삼조의 효과를 거둘 수 있다.

▪ 재원: 재원은 정부예산이나 민간기업 투자로 한다. 동시에 해외 원조사업을 하는 국제기구에 다른 사업에 우선하여 농기계를 지원해주는 방

안을 협의·추진했으면 한다. 한국도 르완다 농업을 지원할 때 농기계 공급 방안을 심도 있게 검토하면 좋을 것 같다.

■ 전문인력 양성: 농기계 분야의 전문인력을 양성하여 농기계가 제대로 활용이 되어야 한다. 농업지도 공무원과 선도농민을 중심으로 농기계 교육을 하는 게 효과적이다.

르완다는 사계절 농사를 지을 수 있는 기후와 비옥한 땅을 가진 나라다. 농업기계화 하나만이라도 착실하게 추진하면 농업 생산성 향상에 큰 도움이 될 것이다. 거창한 계획이나 전략을 그저 죽은 종이로 묻어두기보다는 작아도 실천 가능한 일부터 수립해서 실행하였으면 한다.

자료: 1. Kang Jung-il, Agricultural Machinery Industry of Korea, Korea Agricultural machinery Cooperative

2. Minagri, 2010. Agricultural Mechanization Strategy for Rwanda

3. Minagri, 2013. Country STAT(hhttp://www.countrystat.org)

🏷️ 만능 농기구 괭이

르완다는 농업국이지만 농기구는 다양하지 않다. 농촌에서 사용되는 농기구는 대부분이 괭이다. 괭이 이외의 농기구라고 해봐야 낫과 큰 칼이 있을 정도다.

르완다의 경작 가능 면적은 국토 26,336㎢의 약 52%인 1,400

등에 아기를 업고
괭이로 감자를 심으려 밭을 파는 여인

만ha이다(Strategic Plan for the Transformation of Agriculture in Rwanda. 2009). 전체 인구의 약 80%가 그들의 생계를 농업에 의존하고 있다(Minagri Annual Report FY 2010/2011: 2010/2011 농업부 연보). 2006~2010년의 5년간 르완다의 연평균 농업성장률은 4.9%다. 농업은 국내 총생산(GDP)의 약 36%를 차지한다. 노동력의 79.5%가 농업 분야에서 활용되며 농업 분야가 총 수출액의 45% 이상을 달성하고 있다(Rwanda Economic Update. Spring Edition April 2011, The World Bank). 이처럼 르완다에서 농업의 중요성과 역할은 크지만, 농업의 기계화는 거의 이루어지지 않고 인력에 의존하고 있다.

농업기계화는 경제, 공업, 기술 여건상 이루어지기 어려운 건 이해한다. 그러나 농기구는 좀 더 개발할 수 있을 텐데, 농기구 역시 종류도 다양하지 않고 질도 떨어진다. 지금까지 르완다에 머무르면서 주변의 농촌을 둘러보았다. 수도인 키갈리를 오가면서 도로 주변의 농촌이나 논밭을 보아도 한결같이 괭이가 가장 많이 사용되는 농기구였다.

르완다에서 괭이는 만능 농기구이다. 우리나라 농촌에서 사용하는 호미, 삽, 쇠스랑 등의 농기구는 보이지 않는다. 소도 일을 시키지 않으니 쟁기 등은 더더구나 생각조차 할 수 없다. 채소밭의 풀을 메기 위하여 호미를 사려고 무산제 시장을 몇 번 돌아다녀 보았지만 찾지 못해 사지 못했다. 삽이나 쇠스랑도 마찬가지다.

괭이의 역사는 길다. 기원전 18세기경의 함무라비 법전과 기원전 8세기경 구약성경의 이사야 서에도 괭이가 언급되어 있을 정도다. 괭이 날의 모양이나 크기도 나라마다 다르고 독특하다. 르완다 괭이 날은 우리나라 야전삽처럼 넓적하나 끝이 뾰족하지 않고 편평한 편이다. 크기는 자루 길이가 약 1.5~2.0m로 길다. 자루에 달린 날은 길이 15~30cm, 너비

15~20cm, 두께는 0.5~1.0cm 정도이다. 이런 괭이로 그 넓은 땅을 파고 두둑을 만들며 작물을 심는다. 옥수수, 감자, 당근밭의 풀도 괭이로 맨다. 자갈밭 길의 풀도 괭이로 뽑는다. 흙벽돌을 만들기 위하여 흙을 이길 때도 괭이로 한다. 괭이가 없으면 농사를 못 짓고 제초를 포기해야 할 지경이다.

주로 여자들이 그 크고 무거운 괭이로 농사를 짓는다. 남자들도 농사를 짓지만, 이 경우는 자기 농사를 짓기보다는 돈을 벌기 위한 때가 많단다.

가녀린 여자들이 아기를 등에 업고 괭이를 하늘 높이 들어 올려가며 농사일을 하는 것을 보면 너무 불쌍해 보인다. 그런데 그들이 불평하거나 인상을 쓰는 모습을 보지 못했다. 손을 잡아보니 굳은살이 박이고 손이 솥뚜껑처럼 두툼하고 컸다.

그들은 행복할까, 아니면 불행할까? 지금까지 경험으로는 그들이 크게 불행하다고 생각하지는 않는 것 같다. 왜냐면 얼굴엔 그늘 대신에 웃음과 밝음이 있기 때문이다. 오히려 나보다 그들의 얼굴이 더 환하다.

아이가 있는 아낙네는 일하다가 아기가 보채면 잠시 쉬면서 가슴을 내밀고 젖을 먹인다. 아기는 고사리 같은 손으로 엄마의 젖을 주물럭거리며 평화롭게 젖을 빤다. 엄마는 흙 묻은 손으로 아이의 눈곱을 닦아주고 머리를 쓰다듬는다. 그런 모습이 너무나 평화로워 보인다.

이런 착한 사람들을 위해서라도 다양한 농기구가 개발되어 보급되었으면 한다. 더 나아가 농업의 기계화가 가까운 미래에 실현되기를 기대한다. 트랙터 등 큰 농기계보다는 다목적 관리기 같은 것이 좋겠다. 르완다는 평야가 아니고 1,000개의 언덕을 가진 산악지대이기 때문이다.

밭에서 일하는 아낙네와 악수를 해볼 때마다 손대신 마치 마른 장작을 잡는 느낌이 든다. 그런 느낌이 나로 하여금 삶에 불평하지 못하게 한다.

인생이 고통스럽다고 생각하는 이들이여. 고생을 더 해보라. 스스로 고생을 하기 어려우면 정말 고생고생하며 살아가는 사람들의 삶을 보기라도 해라. 그러면 지금의 삶이 얼마나 행복한지 알게 될 것이다.

🖋 몽둥이로 밀 타작(打作), 탈곡기를 보내줘요

몽둥이로 밀 타작하는 아낙네들 　　　　　밀 알곡을 고르려 채질하는 장면

괭이로 땅을 파고 손으로 밀 씨를 뿌린다. 호미나 괭이로 풀을 매고, 낫으로 이삭만 싹둑 벤다. 몽둥이로 이삭을 두들겨서 탈곡한다. 그런 후 바람결에 검불이나 껍질 등을 날려 보낸다. 다시 그것을 소쿠리에 담아 흔들어 알곡을 골라낸다. 르완다 농부가 밀을 심어 알곡을 생산하는 과정이다.

르완다의 기후와 토양은 밀 재배에 적합하다. 주요 재배지역은 서부의 콩고-나일 지역의 산등성이(Congo Nile Crest), 북부의 화산지대와 부베루카 고지대(Buberuka highlands)인 해발 1,900~2,500m의 산간지역이다.

밀 재배면적은 2007년 24,000ha에서 2012년에는 75,000ha로 많이 늘어났다. 이것은 르완다 농축산부에서 추진하는 작물생산 강화사업

(((CIP; Crop Intensification Program)의 효과로 보인다.

ha당 수량도 같은 기간에 0.9톤에서 2.1톤(2012년 기준 한국 3.9톤)으로 증가했다. 이처럼 단위당 수량이 증가한 한 것은 개량 종자 보급률이 46.3%로 높아지고, 비료 사용량이 2008년 8kg/ha에서 2010년 23kg/ha로 증가하였기 때문이다.

재배면적과 단위당 수량 증가로 밀 생산량은 2007년 24,000톤에서 2012년 160,000톤으로 크게 증가했다. 그러나 자급이 안 되어 매년 15,000톤의 밀을 수입한다. 2013년 세계의 밀 총생산량 7.13억 톤에 비하면 극미량이다.

르완다에서는 주로 연질 밀(Soft wheat)을 재배한다. 이것은 글루텐(Gluten, 또는 Protein) 함량이 낮은 대신에 전분(Starch) 함량이 높은 게 특징이다. 이 때문에 빵(Bread)보다는 케이크(Cake)나 반죽용에 적합하다.

큰 밀 가공공장은 4개가 있다. 1일 가공능력이 250톤인 Bahkresa Grain Milling Rwanda Ltd.(BGM), 200톤 규모의 케냐를 기반으로 한 Pembe Flour Mills Limited, 47톤이지만 가장 오래된 Sotiru와 200~250톤인 키갈리 경제 특별구역에 있는 Mikoani Traders가 그것이다.

기후와 토양이 밀 재배에 적합하며 수요(需要)가 있고 가공공장이 있다. 따라서 우량 종자 보급 확대, 재배기술 개선, 탈곡 등의 부분 농기계화, 수확물 관리 개선 등을 하면 르완다의 밀 산업은 발전 여지가 크다. 가장 큰 문제는 르완다는 농업 기계화율이 0.1%에 지나지 않아 한국의 60~70년대처럼 밀 생산을 파종부터 수확, 탈곡까지 인력에 의존하고 있는 점이다. 농업 기계화율이 높아 농사짓기가 수월해진 선진국과는 전혀 딴판이다.

아무튼, 당분간은 파종이나 수확은 인력으로 한다고 하자. 허나, 막대기로 타작하는 광경을 보니 농민들이 너무 힘들어 보였다. 따라서 우선 간편한 수동탈곡기라도 공급이 되었으면 하는 마음 간절하다. 한국을 비롯한 외국의 원조기구나 단체, 기업가, 복지사업가 등이 관심을 갖고 지원해주었으면 한다.

그리고 또 한 가지! 밀 한 알을 생산하기 위하여 뙤약볕 아래서 온종일 괭이질, 호미질, 낫질, 몽둥이질, 키질 등을 셀 수 없이 반복하는 농민을 생각하여 한 톨의 밀이라도 허비해서는 안 되겠다.

자료: 1. Daphrose Gahakwa, 2012 The Current State and Trends of Wheat Production in Rwanda

2. I. Habarurema 외 7명, 2012. Potential for Profitable Wheat Production in Rwanda, RAB(Rwanda Agriculture Board)

3. RDB, 2015, Investment Opportunity: Wheat Production&Processing

농기계 전시장   박람회장 입구

르완다 농업부(MINAGRI: Ministry of Agriculture and Animal Re-
sources) 주관으로 제8회 농업박람회(Agriculture Show)가 수도 키갈리
가사보구(Gasabo District)의 무린디(Mulindi) 전시장(Show Grounds)에서
2013년 6월 11일부터 18일까지 열렸다. 이번 박람회의 주제는 농업 생산
과 농산물 부가가치의 증대라고 한다.

6월 15일 자문관 몇 분과 같이 박람회를 둘러보았다. 부스에 붙어 있
는 번호로 보아 참가업체는 100개가 넘는 듯했고 전시장 규모는 어림잡
아 7ha 정도 되어 보였다. 참여업체나 전시장 규모에 관한 구체적인 자료
가 없어 아쉬웠다.

전시 물품은 1차 농산물, 그 가공품, 농산물을 원료로 만든 화학물질
과 그 제품, 농산물 생산과 가공에 필요한 농기계, 비료와 농약 등이 주
를 이루었다. 1차 산물로는 콩, 옥수수, 수수, 밀 등 곡류와 이들 종자 류,
감자, 고구마, 카사바 등 서류, 제충국(Pyrethrum) 등 약용작물, 커피, 차
등 기호작물, 버섯 등 특용작물, 가지, 토마토 등 채소, 파인애플, 마라꾸

자 등 과일, 소, 돼지, 양 등 축산물, 꿀, 닭, 민물고기 등 다양했다.

농기계로는 벼 탈곡기와 정미기, 트랙터 등이 전시되어 르완다 정부의
농업기계화의 의지도 엿볼 수 있었
다. 농기계는 중국산이 많았다. 중
국의 르완다 농업에 대한 영향력의
단면을 보았다.

전시된 농산물은 1차 산물이 많
았지만, 가공품도 상당한 수준이었
다. 제충국으로 만든 살충제와 곤

일반농산물 전시장 모습

충 물린 데 바르는 약, 과일로 만든 주스와 같은 음료, 우유로 만든 유제
품, 버섯가루, 커피 등이 눈길을 끌었다. 농약과 비료도 여러 종류가 눈
에 띄었다.

잠업은 누에 알에서부터 고치 생산, 고치에서 명주실을 뽑아내는 과
정, 그리고 실을 가지고 천을 짜는 과정을 한 장소에서 볼 수 있어 좋았
다. 흰 고치와 더불어 노랑, 금색 고치도 함께 전시되어 있었다.

특이한 것은 기관이나 기업뿐만 아니라 개인 농가도 출품하고, 르완다
농업박람회지만 인접국인 콩고, 우간다 등에서도 일부 참여한다는 점이다.

박람회는 11일부터 시작되었지만, 개회식은 6월 13일에 있었다 한다.
보도에 따르면 개회식 축사를 통해 Kalibata 농업부 장관(여성이다)은 농
업 생산과 농산물의 부가가치를 증대시키는 것이 중요하다는 것을 강조하
면서 5년 전까지만 해도 볼 수 없었던 개인 회사가 출품한 농산물 가공
품에 의미가 크다고 했다. 개회식 날은 민속춤 공연 등 여러 행사를 벌여
관람객의 흥을 돋우었으며, 임시식당과 같은 편의 시설을 설치하여 관람
객의 편의를 도모하고 있었다.

박람회장은 대중교통인 버스, 택시, 오토바이 등을 이용하여 가면 되는데, 키갈리 시 외곽에 떨어져 있는 위치에 비해 교통편은 그리 좋지는 않았다.

박람회를 마친 지금 들리는 소식에 의하면 이번 농업박람회는 성공적이었다 한다. 앞으로 해를 거듭할수록 르완다 농업박람회가 번창하고, 농업은 물론, 가공업과 같은 관련 산업 발전의 르완다의 풍요를 앞당기는 견인차 구실을 해줄 것을 기대한다.

....

필자 주: 2014, 2015 농업박람회를 갈 때마다 발전된 모습을 보고 기뻤다. 2015년 박람회에는 나도 학생들과 시험 재배한 배추를 출품하였다.

🏷️ 르완다 소엔 코뚜레가 없다

르완다대학교 농대 교정에서
한가로이 풀을 뜯는 소 떼

뿔이 크고 아름다운 르완다 전통 소
(Inyambo-traditional Rwandan cows famous for
their long horns)

한국인과 르완다인은 다르다. 소도 한국과 르완다가 많이 다르다. 같은 점은 울음소리와 모양, 풀을 뜯어 먹는 모습이다. 음매 하는 울음소리는 아주 비슷하다. 그 탓인지 소 울음소리를 들으면 나도 모르게 고향 생각이 난다. 같은 울음소리를 듣고 소를 보면 왜 이리 다른 것이 많은지 흥미로워서 다른 점을 찾아보았다.

■ 코뚜레가 없다.

자유가 무엇인가? 얽매이지 않는 것이라면 르완다의 소들은 자유로운 편이다. 아이들이나 주인이 허락하는 풀밭에서 풀을 뜯어 먹으며 놀면 된다. 그렇게 자유롭게 놓아두어도 달아나거나 농작물을 거의 해치지 않는 것이 신기하다. 그들을 통제하는 것은 아이들이나 주인이 가진 작은 막대기가 다다. 이런 점에서 보면 일정 기간이 되면 코를 뚫어 코뚜레를 낀 채 평생 얽매여 사는 우리 소보다 행복한 편이 아닐까?

■ 뿔이 거의 없다(동부지역 전통 소는 뿔이 있다).

뿔을 제거(除角, De-horning)하면 동물은 성질이 순해지고 관리가 안전해진다. 그래서 르완다에서는 인위적, 의도적으로 소의 뿔을 제거하는 것 같다. 르완다의 소들이 고삐가 없어도 안전하고 통제가 가능한 것은 뿔이 없기 때문으로 판단된다. 내가 지금까지 본 소들의 약 90% 이상은 뿔이 없다.

뿔의 제거는 대체로 어린 송아지 때에 이루어진다. 그런데 운이 좋게도 지난 수요일 오전에 학교에서 큰 소의 뿔을 제거하는 것을 보았다. 마취 주사를 놓고 제각기(Horn shears)를 사용하여 뿔을 제거하는 것으로 보였다. 수업을 받는 학생들도 신기한 듯 교실 창 너머로 구경을 하려고 야단이었다. 수업시간이지만 잠시 강의를 멈추고 휴식시간을 주어 구경을 하도록 하였다.

뿔을 제거하는 이유는 치료목적, 사고방지, 안전관리가 있다. 제거하는 방법은 화학약품을 사용하는 방법, 불로 지지는 소락법, 제각기 등으로 뿔을 잘라내는 외과적 방법이 있다.

그러나 동부지역의 전통 소들은 제각하지 않고 뿔이 길고 아름답다.

■ 일을 하지 않는다.

고삐나 멍에가 없으니 일도 하지 않는다. 평생 코에 고삐를 꿰고 멍에를 멘 채 논밭을 갈고 달구지를 끌며 일을 해야 하는 우리나라 소와는 형편이 전혀 다르다. 소의 형편은 르완다가 훨씬 좋은 편이다. 소 팔자가 상팔자다. 짐을 운반하거나 논밭을 가는 소를 보지 못했다. 이곳 사람들에게 물어보아도 소는 일하지 않는다고 한다.

소가 일을 하지 않는다는 것은 농기구를 보아도 알 수 있다. 이곳엔 쟁기, 멍에, 고삐, 달구지 등의 농기구가 없다.

소는 여기서도 큰 재산이다. 현 대통령인 Paul Kagame(폴 카가메)가 '한 집 한 마리 소 갖기 운동 (One family One cow)'을 정부 역점사업으로 적극 추진하고 있을 정도다.

■ 젖소와 비육우의 구별이 없다.

고기를 목적으로 키우는 비육우가 없다. 모두 우유를 생산하기 위해 키우고 있다. 먹는 소고기도 젖소를 잡은 것이다. 그래서인지 소고기에는 우리나라 소고기와 달리 마블링이 거의 없다. 그리고 엄청나게 고기가 질기다. 르완다 식당의 포크 끝이 대부분 휘어져 있는 이유란다. 실제로 고기를 사다가 먹었는데, 한 번 삶아서는 질겨서 먹기가 힘이 들었다. 사골을 고듯 오래 삶아서 먹으니까 좀 나았다.

■ 색깔이 다양하다.

흰색, 적갈색, 황갈색, 검은색, 알록달록 무늬 등 우리나라보다 색깔이 다양하다. 크기는 우리나라 소보다 약간 작아 보인다. 사람은 모두 검은데 왜 소들은 저리도 색이 다양한지 모르겠다.

■ 전적으로 풀에 의존하여 산다.

사료를 주는 일이 없다. 사료 공장이 있으나 생산량이 적고 비싸기 때문이다. 소죽을 끓여서 주는 일도 없다. 들이나 산에서 풀과 나뭇잎을 뜯어 먹으며 산다. 100% 생식인 셈이다. 옥수수를 수확한 밭에 소를 데리고 가서 남아 있는 옥수수 대와 그곳의 풀을 뜯어 먹이기도 한다. 이른 아침에 산책하다 보면 소를 끌고 와 길가의 풀을 뜯어 먹이는 모습을 쉽게 본다. 그런 모습은 옛날 우리 시골 풍경을 보는 듯해서 친근감을 갖게 한다. 대학교 교정 안에서도 소들은 한가로이 풀을 뜯어 먹는다.

사람 살기 힘들다고 소 살기도 힘든 것은 아니다. 사람이 살기가 힘들면 소도 살기가 힘들 줄 알았는데 전혀 그렇지 않다. 생각과는 달리 전혀 반대다. 오히려 소는 대접을 받으며 여유롭게 산다. 농가에서 소는 첫 번째 보물이자 큰 재산이기 때문이다. 아이러니하다.

르완다 소는 뿔을 빼앗긴 대신에 고삐와 멍에 등의 얽매임에서 해방되어 자유를 얻었다. 소들은 이것을 잘했다고 여길까? 아니면 불평불만을 할까?

르완다인은 한국인을 부러워한다. 그런데 여기 르완다 소들이 코뚜레를 끼고 멍에를 메고 힘들게 일을 하는 한국 소를 보면 어떤 생각을 하고 어떤 행동을 할까? 사람처럼 부러워할까? 아니면 냉랭할까? 자못 궁금해진다.

◆ 대나무로 새끼를 꼴 수 있을까?

대나무로 새끼를 꼬아 줄을 만든다는
것은 상상조차 힘들었다. 그러나 현실은
달랐다. 르완다에서는 대나무로 새끼줄
을 꼬아 여러 용도로 사용되고 있다.

지금과 같은 밧줄(Ropes)이 없을 때,
르완다 사람들은 대나무를 꼬아 밧줄
대신 사용했단다. 시골에서는 지금도
대나무로 만든 새끼줄을 이용한다. 집
을 지으면서 나무와 나무를 묶을 때, 소

대나무껍질로 새끼를 꼬는 모습

를 잡을 때 앞발을 묶는 데 사용한다. 대나무로 만든 끈이 질기고 튼튼
하고 비교적 구하기 쉽기 때문이다.

새끼를 꼬아서 줄을 만드는 데 사용하는 대나무는 오래된 것보다 푸르
고 싱싱한 어린 것이 좋다. 늙은 나무는 단단하고 유연성이 떨어지며 끊
어지기 쉬워서 새끼를 꼬기가 힘들다.

대나무 새끼줄 만드는 방법은 이렇다. 먼저, 푸른 어린 대나무를 자른
다. 칼로 이것을 세로로 길게 여러 조각으로 쪼갠다. 그런 다음 이들 조
각의 겉(껍질)과 속을 분리한다. 분리한 껍질을 가지고 새끼를 꼰다. 이때,
보통 짚으로 새끼를 꼴 때처럼 손바닥으로 비비고 비틀어 꼬지 못하고 손
가락으로 엮듯이 꼰다.

알고 보니 르완다뿐만 아니라 다른 나라에서도 대나무 새끼줄을 만들
어 사용하고 있다. 일부 나라에서는 대나무껍질뿐만 아니라 속을 얇게
썰어 새끼를 꼬아 끈을 만들고 있다.

중국에는 대나무 끈을 생산하여 판매하는 회사가 있다. 이름은 Fujian

Jianzhou Bamboo Technology Development Co. Ltd.이다. 이 회사는 대나무 섬유를 이용하여 일반 밧줄이나 끈처럼 굵기가 다양한 색색의 대나무 끈, 밧줄 등을 대량 생산하여 세계 시장에 유통하고 있다. 생대나무로 새끼를 꼬거나 100% 대나무로만 만들지 않고 마(麻), 플라스틱 성분 등을 섞어 공장에서 기계로 대나무 줄이나 끈(Ropes, Strings)을 만든다. 월 10,000톤까지 공급할 수 있는 생산 능력을 갖추고 있다. 가격은 마(삼)를 섞어 만든 지름 10mm의 대나무 줄은 본선인도가격(FOB Price)으로 kg당 1~6U$로 거래되고 있다.

상상하는 것과 실제는 다를 수 있다. 대나무로 새끼를 꼰다는 것은 상상하기 어렵다. 그러나 실제로는 대나무로 새끼를 꼬고, 심지어 기계화까지 하여 대나무 끈을 생산한다.

상상하는 것은 이루어질 수 있다고 한다. 물론이다. 더 나아가 상상하기 힘든 것도 고정관념에서 벗어나 창의적 사고와 노력을 하면 이룰 수 있다.

🔖 대나무 삽목(揷木) 가능하다

국내에서는 대나무 삽목 하는 것을 한 번도 보지 못했다. 누구한테서도 대나무 삽목 방법을 배운 일이 없으며 그것이 가능하다는 말도 듣지 못했다. 그래서 르완다에 오기 전에는 대나무 삽목은 안 되는 것으로 알았다. 그렇

Mother cutting method로 묘를 기르는 모습

다면 과연 대나무 삽목이 안 될까?

결론부터 말하면 어떤 종(種)은 대나무 삽목이 가능하다.

르완다 수도 키갈리에 한국인이 운영하는 한식과 일식을 하는 사카에라는 식당이 있다. 값은 조금 나가는 편이지만 분위기도 좋고 맛도 괜찮다. 그곳을 몇 번 갔는데 저녁

Whole mother column method로 묘를 기르는 모습

에 갔을 때는 못 보던 대나무를 점심을 먹으러 가서 보았다. 줄기 색은 노랗고 아래 부위의 겉 마디 사이에 녹색의 가는 줄이 한 개씩 그어져 있어 멋있다. 가는 녹색 선은 아래서부터 위로 올라가며 순차적으로 생긴다. 같이 간 자문관이 그 대나무는 삽목을 한 것이라고 귀띔해주었다. 그땐 설마 설마 했다.

그런데 운 좋게도 그 의문을 대학교에서 말끔히 풀었다. 학교에서 대나무를 삽목해서 증식을 하고 있었기 때문이다.

삽목이 가능한 대나무의 학명은 Bambusa vulgaris이다. 우리말 이름은 아직 들어보지 못했으나 대나무의 노란 색과 녹색 줄의 특징을 살려 녹색줄노란대나무로 부르고 싶다. 삽목 증식방법은 3가지가 있다.

첫째, Mother cutting으로 줄기를 잘라서 심어 어린 묘를 만든다. 줄기를 마디 하나가 포함되도록 하여 약 20cm 정도 길이로 자른다. 비닐포트에 흙을 채우고 자른 줄기의 아랫부분과 마디가 흙에 들어가도록 꽂는다. 마디 위의 빈 통에는 물을 채워준다. 그렇게 해서 차광이 된 온실에서 약 2개월 기르면 뿌리와 싹이 난다. 그런 다음 밖으로 내놓아 약 2~4개월 경화를 시킨다. 뿌리가 잘 내리고 키가 1~3m 되면 포장이나

원하는 곳에 옮겨 심으면 된다. 이 방법은 비용이 많이 드는 게 흠이다.

둘째, Whole mother column으로 여러 마디가 포함되도록 줄기를 길게 잘라 흙 속에 옆으로 묻어서 어린 묘를 만든다. 긴 줄기를 흙 속에 묻은 뒤 마디 사이의 흙을 조금 걷어 낸다. 그리고 마디 사이에 구멍을 뚫고 물을 채운다. 약 2~3개월이 지나면 마디 부위에서 뿌리가 나고 싹이난다. 그러면 구멍 낸 마디 사이를 잘라 한꺼번에 여러 개의 묘를 만든다. 비용은 적게 되나 묘 생산율이 떨어진다.

셋째, Offset method로 원 대나무를 캐와 묘 포장에 심어 주위에 나는 어린나무를 분주한다. 원 대나무 주위에 여러 개의 어린 대나무가 생기면 어린 대나무와 원 대나무 사이의 땅속줄기뿌리가 어린 묘목용에 붙도록 자르면 한 개의 어린 묘가 된다.

대나무는 묘한 식물이다. 풀 같기도 하고 나무 같기도 하다. 나무 분류기준의 하나인 부름켜(形成層)가 없어 부피 생장을 하지 않는 점으로 보아 풀(草本)로 분류하는 편이다. 그러나 어린 묘목이 세월의 흐름에 따라 줄기가 굵어지고 키가 커지니 부름켜 유무를 떠나 나무에 가깝다는 생각을 지울 수 없다. 더구나 유관속(維管束)이 있고 겨울에도 지상부가 죽지 않고 여러 해를 사는가 하면 목재처럼 여러 가지 생활용품을 만들어 사용하는 것으로 보면 대나무는 나무로 보기에 별 하자가 없다.

그래서 그랬나? 일찍이 고산 윤선도는 오우가(五友歌: 물(水), 돌(石), 소나무(松), 대나무(竹), 달(月)을 다섯 친구로 여기고 이들에 대해 쓴 시)에서 대나무를 이렇게 노래했다.

"나무도 아닌 것이 풀도 아닌 것이

곧기는 누가 시켰으며 속은 어찌 비었는가?

저러고 사철을 푸르니 그를 좋아하노라."

풀이면 어떻고 나무면 어떤가? 윤선도처럼 친구삼아 즐기면 된다.

아무튼, 대나무는 종에 따라서 삽목이 가능하다. 직접 대나무의 삽목 증식을 보니 무엇이든, 무슨 일이든 다 안다며 우길 일이 아니다. 좁은 지식을 가지고 다 안다고 고집 피우고 거만하기보다는 겸손하게 더 배우려 함이 마땅하다.

....

필자 주: 2014년5월 15일 자 르완다 『The New Times』에 의하면 제7차 르·중 경제기술무역협력위원회의에서 중국은 대나무 재배, 가공과 이용을 위해 르완다에 50억 RF(약 7,700만U$)를 지원하기로 합의했다.

◆ 햇불이 운집한 듯 붉은 수수밭

수수(Sorghum, 르완다어로 Amasaka)는 르완다 국가 문장(國家紋章, Coat of arms)에도 나올 만큼 르완다에서는 중요한 작물(作物)이다. 수수가 익을 즈음엔 넓은 들판에 전투를 앞둔 수천수만의 병정들이 햇불을 들고 있는 듯하다. 한국의 수수 이삭은 익으면 고개를 숙이는데, 르완다의 수수는 익어도 고개를 쳐들고 곧추서기 때문이다.

이삭이 고개를 쳐들고 있는 붉은 수수밭

웃으며 수수 싹을 말리는 귀여운 어린이

근무하는 대학교와 무산제 사이에 유난히 수수를 많이 심는 지역이 있다. 어쩌다 저물녘에 그곳을 지나노라면 석양에 붉게 물든 수수밭이 발길을 멈추게 한다. 버스에서 내려 걸어보고도 싶지만, 농촌 지역은 해가 지면 버스가 끊어지고 가로등이나 보안등도 없어 온통 암흑천지가 된다. 맘만 먹고 해보지 못한 이유다.

　작년에도 그랬지만 올해도 그랬다. 붉은 수수밭이 펼쳐진 곳을 지날 때마다 1987년에 개봉된 중국 장이머우 감독의 영화『붉은 수수밭(Red Sorghum, 紅高粱)』의 한 장면을 보는 것 같았다. 그러나 추알(여주인공, 궁리 출연)은 안 보이고 나는 외로웠다.

　이 영화는 1988년 제38회 베를린국제영화제에서 '황금곰상'을 수상하였다. 이로써 장이머우 감독과 궁리 배우는 데뷔작인 이 영화로 일약 국제적 스타가 되었다. 한편 영화의 원작『홍까오량 가족』을 쓴 모옌도 중국인으로는 처음으로 2012년에 노벨문학상을 받았다.

　한국 수수는 이삭이 길고 알갱이가 성글게 붙는다. 그래서 익으면 익을수록 고개를 숙인다. 이에 비해 르완다 수수는 이삭이 짧고 알갱이가 다닥다닥 붙어 굵다. 이삭은 익어도 고개를 숙이지 않고 하늘을 향해 꼿꼿하다. 그 때문에 이리 봐도 저리 봐도 횃불처럼 보인다.

　수확한 수수는 밭에 세워 말리거나 이삭만 따서 멍석 같은 것에 널어 말린다. 마른 이삭은 막대기로 두들기거나 손으로 비벼서 알갱이를 빼낸다. 수확과 탈곡은 기계로 하지 않고 사람이 한다.

　르완다의 연간 수수 생산량(자료: 미국 농무성)은 2005년 228,000톤을 분기점으로 감소 추세에 있다. 그 결과 2013년에는 140,000톤에 그쳤다. 감자, 양배추 등 보다 소득이 낮고 수확과 탈곡이 어렵기 때문으로 보인다.

　미국 등 선진국에서는 수수를 가축 사료나 에탄올(Ethanol), 시럽(Syrup) 생산과 같은 산업용으로 주로 사용한다. 하지만 르완다에서는 곡실(穀實, Grain)용 수수를 재배하고 있어 수수 대부분은 식용이나 술 만드는 데 쓰인다.

사용방법은 여러 가지다. 그냥 쪄서 먹거나 가루를 만들어 죽을 끓이거나 음식을 만들어 먹는다. 싹(르완다어로 Amamera라 함)을 길러 말린 뒤 가루를 내어 아기 이유식을 만들기도 한다. 수수나 수수 싹 가루는 서양인들이 먹는 포리지(Porridge, 한국의 미숫가루와 비슷함)처럼 완전식품으로 가공되지 않아 끓이지 않으면 먹기 어렵다. 수숫가루만 먹는 것보다는 카사바 잎 가루를 섞어서 물과 함께 끓여 먹으면 맛이 더 좋다고 하나 먹어보지는 못했다.

농가에서는 직접 수수를 이용하여 맥주를 만들어 즐겨 마신다. 농민의 이야기로는 큰 철제 통에 수숫가루와 물을 넣고 12시간을 끓인 뒤 2~3일간 놓아두면 발효가 되어 맥주 맛이 난다고 했다. 실제 마시는 것을 보니 거르지 않고 그냥 마셨다. 바나나 와인을 만들 때도 색과 빛깔을 곱게 하려고 수수를 사용한다.

농촌 어린이들은 수수를 생으로 먹기도 한다. 옛날에 내가 밀 이삭을 손에 놓고 비벼서 먹던 모습 그대로 수수를 비벼서 알곡을 날로 먹었다. 이런저런 방법으로 수수를 먹어서 그런지 르완다인들은 하루 필요열량 2,444kcal의 10%를 수수로부터 얻는다고 한다.

추억은 세월이 지나면 사라지는 것이 아니라 무르익는다.

아름답거나 특별한 추억은 더욱 그렇다. 잊으려 할수록 잊히기는커녕 생생해진다. 다만, 코앞에 닥친 일들 때문에 잊은 듯 지낼 뿐이다.

그러다 추억과 연관이 있는 사물을 보거나, 이야기를 듣거나 하면 어김없이 추억이 만들어지던 시간보다 더욱 뚜렷하고 실감 나게 되살아난다.

르완다의 붉은 수수밭을 보며 느낀 것 중의 하나다.

자료: 『The role of beans and sorghum in Rwanda's food production:
Current availability and projections for the future』 by Scott
Loveridge

◆ 갓을 심었더니 노란 꽃밭이 되었네!

갓을 심은 밭이 노란 꽃밭이 될 줄이야!

지금 집 앞은 갓꽃이 한창이다. 노란 달맞이꽃이 시샘하는지 덩달아 낮에도 피어 아름다움을 뽐낸다.

이들 갓은 꽃을 더 보고 즐기다가 씨를 받으려 한다.

꽃이 한창인 갓

내친김에 가능하면 겨자까지 만들어 먹을 생각이다.

2013년 12월 31일 학생들의 졸업 논문용 시험을 하기 위해 집 앞 텃밭 약 50㎡에 갓 씨앗을 뿌렸다. 심은 갓은 농우종묘의 청갓이다. 파종한 지 약 2개월이 되는 2014년 3월 5일에 수확을 하여 조사를 마쳤다.

시험 조사 결과 갓은 여기 기후와 토양에 잘 맞는다. 잘 자라고 품질도 좋은 편이다. 특이한 점은 온도 탓인지 갓이 크다. 뒷면의 잎자루와 잎맥에는 가시털이 많고 억세다. 손으로 쥐면 아파서 꽉 못 쥘 정도다.

지역 적응 시험을 마친 갓 중에 일부는 수확해서 나눠주고 나머지는 밭에 그대로 놓아두었다. 시간이 지나면서 갓은 꽃대를 뽑아 올리더니 노란 꽃을 피워 주변을 온통 노랗게 물들여 놓았다. 노란 갓꽃들은 앞뜰의 노란 달맞이꽃과 어울려 더욱 멋지다.

꽃나무가 피우는 꽃만 아름다운 게 아니다. 이른 아침에 이슬을 머금은 갓꽃들 위로 햇살이 내려앉으면 영락없는 꽃 구슬이다. 몇 개 따서 사랑하는 사람에게 선물하고 싶어진다. 그런가 하면 작은 새들이 찾아와 꽃 위에 앉아 무엇인가 쪼는 모습은 자연 다큐멘터리의 한 장면 같다.

꽃은 노랗다 못해 노란 물감 같다. 갓꽃을 한 움큼 따서 쥐어짜면 노란 물이 툭툭 떨어질 것 같다. 꽃의 지름(花冠)은 1cm도 안 된다. 꽃잎과 꽃받침은 각 4개다. 수술 6개가 암술 1개를 둘러싸고 있다.

갓은 지금 키가 1.5m가 넘는다. 어린 열매도 맺었다. 녹색 열매는 지름 1~2mm 정도의 가는 둥근 기둥처럼 생겼다. 일찍 맺힌 열매에는 덜 익은 녹색 씨도 들어 있다.

집 앞을 오가는 사람들은 갓을 보고 무슨 채소냐고 묻기보다는 꽃 이름이 뭐냐고 묻는다. 꽃으로서 충분한 가치를 인정받은 셈이다. 얼핏 보기에는 유채꽃과 엇비슷하다.

집을 드나들면서 갓을 볼 때마다 기분이 좋다. 학생들의 졸업 논문을 쓸 수 있어 좋고 나는 그것에 더해 아름다운 꽃을 즐길 수 있어 좋다. 작은 나비들이 꿀을 따는 모습도 놓칠 수 없다.

새들은 꽃대와 꽃자루를 자유자재로 밟고 다니며 먹이를 구한다. 그래도 그들 꽃대는 물론 여린 꽃자루도 끊어지거나 상하지 않는다. 이런 모습은 새들이 흔들거리는 꽃가마를 타는 모습을 연상하게 한다. 불안해하며 가슴을 졸이는 것은 한낱 나의 기우에 불과할 뿐, 새들이나 갓들은 안전하고 여유롭게 서로 반기며 즐길 뿐이다.

◆ 르완다에서 차(茶) 산업의 위치는?

르완다에서 차(Tea)는 제1의 수출환금(Cash&Export Crop, 輸出換金) 작물이다. 2013년 차 수출액은 5,624만 4천U$로 르완다 총 수출액 573,029천U$의 9.8%를 차지한다. 수출액으로 보면 광산물(Mining)에 이어 2번째다.

차 공장 가는 길

차 재배면적은 15,000ha(2010년)이며, 2013년의 경우 녹색 찻잎 생산량은 93,048톤이다. 이것을 가공하여 22,185톤(2010년 23,149톤)의 차를 생산하여 이월량과 함께 21,344톤을 수출하고, 생산량의 1.6%도 안 되는 334톤을 국내에서 소비하였다. 수출가격은 kg당 평균 2.64U$이었다.

차 협동조합은 13개가 있으며 회원은 30,334명이다. 차 재배농가의 70%가 0.25ha의 소농이며, 연간 찻잎(Green Leaves) 생산량은 ha당 7,000kg이다. kg당 찻잎 가격은 70RF 이하다. 따라서 0.25ha 차 농사로 농가가 1년간 벌 수 있는 돈은 122,500RF(189U$) 정도로 소득이 매우 낮다. 르완다 정부도 이를 알고 2020년까지 농가당 차 경작규모를 0.5ha, 연간 ha당 찻잎 생산량을 10,000kg, kg당 찻잎 가격을 100RF으로 끌어올리기 위해 노력하고 있다. 이를 위해 비배관리, 찻잎 따기 기술 등을 개발 보급하고, 운송방법 등을 개선하여 찻잎의 품질 개선을 추진하고 있다.

이런 노력에 힘입어 1995년 차 생산량이 5,414톤에 불과했던 것과 비교하면 르완다 차 산업은 빠른 속도로 발전하고 있다.

세계시장에서 르완다 차는 품질이 우수함을 인정받아 수요가 증가

추세에 있다. 르완다 차의 세계시장 점유율이 증가하는 이유는 ❶ 연중 10~20℃의 기온에 연간 2,000mm로 강우량이 충분하고, ❷ 해발 1,800m 이상의 pH4.5~5.5 산성토양에서 재배되어 잎의 색깔 선명도, 강도(强度), 향기가 좋고, ❸ 노동력이 풍부하여 품질과 가격 면에서 경쟁력이 있기 때문이다.

르완다에는 11개의 대규모 차 공장이 있다. 생산량 점유율 순위로 보면 Sorwathe 13.63%, Mulindi 13.13%, Pfundi. T. C. 9.92%, RMT Rubaya 9.41%, Gisovu 9.14%, Gisakura 8.48%, Kitabi 8.28%, Shagasha 7.96%, Mata 7.47%, Nshili-Kibu 5.36%, RMT Nyabihu 5.03%, Karongi 1.86% 순이다. 그러나 2013년 9월 4일 UK-based Borelli Tea Holdings Limited가 Gisovu와 Karongi 공장을 인수 합병하여 Karongi Tea Factory Ltd.가 되었다.

합병 후 생산 점유율 11.0%로 3위에 오른 Karongi Tea Factory를 지난 2월 25일 방문하여 차밭과 공장 가동 현장을 둘러보았다.

마치 차밭 세상에 온 느낌이었다. 공장은 차밭 가운데 산 위에 있었다. 차밭 가운데로 나 있는 공장 가는 길은 구불거리는 비행기 활주를 연상케 했다. 보이는 세계는 온통 차밭이었다.

카론기 차 공장 전경

공장은 수백 평이 넘어 보였다. 1~2층으로 된 건물 안에서는 10명도 안 되는 인부와 함께 기계가 쉼 없이 돌아갔다. 기계 소리를 빼고는 너무 한산하고 조용했다. 찻잎을 따서 공장으로 가져온 뒤부터 가공 공정의 90% 이상이 자동화된 탓이었다. 가공과정은 찻잎 품위 검사-무게측정-1~14단계를 거치는 음건(wilting)–덖기(rolling)–파쇄–발효(fermentation)–건조–선별–품질검사–포장으로 되어있다.

현재 르완다마트나 슈퍼에서 차는 50봉지 한 곽에 1,500~2,000RF이면 산다. 한국의 홍차와 거의 비슷하나 르완다 사람들은 차에 우유와 설탕을 타서 즐겨 마신다. 이런 차를 르완다 차 또는 아프리카 차라고 부르기도 한다.

발효 후 건조

한기가 느껴지는 을씨년스러운 밤에 나는 르완다 차에 꿀을 넣어 즐겨 마신다. 하얀 컵에 담긴 적갈색 또는 선홍빛이 보기 좋고, 약간 떫은 듯한 향과 달콤함이 어우러진 느낌이 좋고, 따끈함이 시나브로 온몸을 녹여주는 게 좋아서다.

누군가는 식민지 산물이라고 말하지만 차는 르완다의 발달과 자립(Self Reliance)을 위해 꼭 필요한 작물이다. 생산성과 품질을 향상하고 가공기술을 개선하면 세계인은 더욱 좋은 차를 즐길 수 있어서, 르완다인은 돈을 많이 벌어서 좋을 것이다.

찻잎을 따던 남루한 옷차림의 가녀린 소녀가 눈에 선하다. 앞으로 르완다 차 산업이 번성하여 그 소녀가 꼬까옷도 입고, 좋은 음식도 먹고, 대학에서 공부도 하고, 가까운 곳이라도 여행을 다니는 날을 상상해본다.

꽃

재배포장과 열매(희거나 연녹색 열매는 덜 익은 것)

열매의 횡(왼), 종단면

나무 토마토의 르완다이름은 '이비뇨모로(Ibinyomoro)'다. 달걀 모양의 열매로 익으면 붉다. 맛은 시큼 새콤하고 열매 살(果肉)과 씨를 함께 먹는다. 손에 즙이라도 묻으면 피를 흘리는 양하다.

르완다에 도착한 2012년 12월 13일 키갈리에 있는 레미고 호텔에서 첫 점심을 먹었다. 그때 나무토마토를 처음 먹었다. 워낙 과일을 좋아하는데다 맛을 떠나 처음 보는 과일이라 호기심이 겹쳐 단숨에 몇 개를 먹어치운 기억이 새롭다.

학명(學名)은 Solanum betaceum Cav. 또는 Cyphomandra betacea Sendt.이고 영어로는 Tamarillo, Tomarillo, Tree tomato라고 한다.

영어 이름 중의 Tamarillo(Tomarillo)는 뉴질랜드 나무토마토 진흥 이사회(New Zealand Tree Tomato Promotions Council)가 열매는 토마토와 유사성이 있으나 일반 토마토와 차별화하고 외래(Exotic) 과일이라는 매력을 높이기 위하여 지은 이름이다. 이것은 토마토의 영어 'tomato', 스페인어의 노랑을 뜻하는 'amarillo', 마오리어의 리더십 또는 태양 아들을 뜻하는 'tama'의 합성어다.

이름과는 달리 나무토마토는 가지과에 속하는 것을 말고는 일반 토마토와는 큰 관련이 없다. 나무토마토란 이름엔 사람의 호기심을 자극하고 약간의 신비함을 불러일으켜 소비를 확대하려는 상술(商術)도 다분히 숨어 있다.

남미가 원산지이며 8~15년까지 산다고 하나, 여기서는 묘목을 심은 지 2년 차에 수확하고 나니 생육이 크게 안 좋아졌다. 씨와 삽목으로 번식을 한다.

키는 품종과 지역에 따라 4~7m 되는 것도 있다고 알려졌지만, 여기서 재배되는 것은 2~3m이며 대체로 줄기 하나에 몇 개의 가지가 달린다. 생육 초기와 줄기 윗부분과 가지는 녹색이나 오래된 아래 줄기는 흰색에 가깝다. 줄기 속은 하얗고 단단하나 가지나 윗부분의 수(髓)는 스펀지 같다.

뿌리는 천근성(淺根性, 옆으로 얕게 뻗음)이다. 강풍에 넘어지기 쉬워 바람이 많은 지역에서는 수확기에 넘어지는 것을 막기 위하여 지주를 세우기도 한다.

잎은 손바닥보다 크다. 어긋나며 넓은 타원형이고 가장자리는 얕은 물결을 이룬다.

꽃은 희거나 연분홍이며 지름이 1cm 정도다. 꽃받침은 아래는 붙어 하나이나 위 끝은 얕게 5조각으로 갈라져 있다. 꽃잎은 5조각이며 암술 1개가 수술 5개에 둘러싸여 있다. 수술 꽃밥 색은 노랗다.

열매는 달걀 모양이며 크기는 길이 4~10cm, 지름 3~6cm이다. 색은 초기에는 녹색 또는 녹회색이며 익으면 붉거나 적자색이다. 품종에 따라 노랗거나 오렌지색을 띠기도 한다. 열매 살은 후숙(後熟)하면 연하고 연노랑, 주황 또는 주홍이며 즙은 붉다.

뉴질랜드에서는 1ha당 15~17톤을 수확할 수 있다고 하나 여기서는 아직 수량이 그에 미치지 못하는 것 같다.

씨는 열매 살 속에 수백 개가 촘촘히 박혀 있다. 한천 같은 붉은 물질이 씨를 둘러싸고 있으며 거기서 붉은 즙이 나온다. 열매를 옆으로 자르면 씨가 붙어 있는 모습이 마치 C자 2개가 마주 보고 있는 것과 같다.

씨는 먹을 수 있어 발라내지 않고 그냥 먹는다. 색은 열매에 박혀 있을 때는 검거나 적자색으로 보이나, 둘러싸고 있는 물질을 제거하여 말리면 갈색에 가깝다. 납작한 원형으로 크기는 지름 1~3mm, 두께 0.2~0.5mm 정도다.

나무토마토는 비타민 A, C, E와 칼륨과 철분이 많이 들어 있고, 먹고 나면 입안이 개운하여 기름진 음식의 후식으로 좋다. 호텔 등 식당에서는 먹기 좋게 씨가 박힌 채 열매 살을 잘라서 놓는다. 그러나 일반인들은 열매 끝을 이빨로 살짝 물어 떼어내고 쪽쪽 빨아 먹는다. 어찌나 맛있게 먹는지 보기만 해도 군침이 돈다.

집에서는 대체로 한 개를 반으로 잘라서 티스푼으로 파서 먹는다. 샐러드를 만들어 먹을 때는 열매 살만 파내어 채소 위에 얹으면 보기만 해도 멋지다. 먹으면 입안이 상큼해져 가끔 식사 전후를 가리지 않고 먹는 편이다. 200프랑(약 350원)을 주면 시골 시장에서도 큰 열매 4개는 살 수 있다.

한국에서도 겨울철만 온실재배를 하면 생산이 가능할 것 같으니 시도해보았으면 한다. 현재 재배를 하는 분이 있다면 포기 않고 계속하면 틀림없이 성공할 것으로 생각한다.

한국의 양팟값은 르완다의 1/3 수
준밖에 안 된다. 700달러가 안 되는
르완다의 국민 소득을 감안하면 한국
의 양파 가격은 싸도 너무 싸다. 양파
생산 농민에 대한 정부의 대책이 절실
하다. 양파는 건강에도 좋으니 국민들
도 소비를 늘려주었으면 한다.

600프랑 주고 산 양파 18개(1.5kg)

뉴스에 따르면 지금 한국에서는 양파 20kg들이 한 망이 4,500원을
밑돈다. 양파 농사만 20년을 해온 농민은 "세상에 이런 일은 처음이다."
라며 탄식했다. 농민들은 생산비라도 건지려면 최소한 1만 원 이상은 받
아야 한다며 울상이다.

2014년 7월 8일에 이곳 비안가보 재래시장에서 양파 18개(1.5kg)를
600RF(약 1,020원) 주고 샀다. kg당 400RF(680원)으로 20kg 한 망이면
8,000RF(13,600원)이다. 수도 키갈리의 대형마트 등에서는 이보다 비싸다.

이곳 시장에서는 양파를 무게단위로 거래하지 않고 개수로 한다. 보통
큰 것은 3~4개, 작은 것은 5~6개로 묶어 200RF에 판다.

르완다의 양파는 한국 양파와 달리 하얗지 않고 적청색으로 대체로 크
기가 작은 편이다. 맛은 별반 다르지 않다.

농림수산부 채소계장으로 근무하던 때의 일이다. 양팟값이 크게 올라
사과 가격과 맞먹었다. 물가 당국인 기획원에서는 수입해서 양팟값을 안
정시키라고 닦달이었다. 주요 신문에서도 "양팟값 폭등, 금값"이라며 연
일 농림수산부를 질타했다.

욕을 먹어가며 기진맥진하면서도 수입은 하지 않았다. 이유는 수입산

양팟값이 국내산보다 싸지 않았고 수입할 물량이 외국에 없었으며 4~5월이 되면 제주도의 조생종 양파가 출하되기 때문이었다. 더 나아가 지금처럼 농산물 가격이 땅바닥으로 떨어져도 물가 당국은 이들의 가격 지지에는 소극적이었던 일을 여러 차례 경험한 영향도 있었다.

또 다른 이유는 농산물 가격의 특성을 알기 때문이었다. 농산물은 공산품과 몇 가지 다른 특성이 있다. 생산기간이 길어 단기간에 대량생산이 힘들다. 기후와 환경의 영향을 받아 겨울철 등에는 노지(露地) 생산을 할 수 없어 시설 재배에 의존한다. 자연재해에도 취약하여 예상치 않은 피해로 생산이 크게 줄 수 있다. 재배 농민이 불특정 다수여서 적정 재배 면적의 유지가 어렵다. 이런 이유로 공산품과 달리 수요 변동에 탄력적으로 대처하기가 어려워 연도별·계절별 농산물 가격을 적정하게 지속적으로 유지하기는 불가능에 가깝다.

그 해 감사원 정기 감사를 받을 때, 양파를 수입하지 않아 물가 안정에 역행했다며 혹독한 고생을 당한 일이 생생하다. 그러나 감사가 끝날 무렵에는 감사관이 오히려 일을 잘했다며 우수사례로 보고하겠다고 했다. 참으로 기뻤다.

물론, 양파가 생산되어 출하되자 양파 가격은 정상으로 되돌아왔다. 만약에 수입을 했으면 분명히 가격이 폭락했을 것이다. 그러면 수입해서 가격이 떨어졌다며 농민은 정부에 대한 불만불평과 함께 시위로 이어졌을지도 모를 일이었다.

어느 나라나 농민은 약자다. 힘이 적다. 농협이 있어도 지금처럼 가격이 폭락할 때는 농민의 시름을 덜어주기엔 힘이 달린다. 정부가 농산물이 오를 때 수입만 하지 말고 가격이 떨어진 지금 같은 때에 좀 더 적극적인 가격지지 정책을 펼쳤으면 한다.

정부뿐만 아니라 양파를 원료로 사용하는 기업도 이런 때 수매를 많이 해서 원료확보와 가공량을 늘리고, 국민은 한 개씩이라도 양파를 더 많이 먹어 소비를 확대하여 농민의 아픔과 슬픔이 하루빨리 말끔히 씻겨졌으면 한다. 어쨌거나 2013년 기준 1인당 국민 소득이 25,977U\$(세계은행 자료)인 한국의 양팟값이 633U\$에 불과한 르완다의 1/3수준으로 싸다는 게 말이 되는가? 비정상적인 양파가격의 정상화가 시급하다.

🏵 보리가 어떻게 생겼어요?
　– 봄보리 재배는 식량 부족 문제 해결의 한 방법

르완다인은 보리를 잘 모른다. 대학생도 보리가 어떻게 생겼느냐고 묻는다. 처음엔 이상했지만 알고 보니 이상한 일이 아니다. 르완다에서는 보리가 재배되지 않기 때문이다.

보리는 세계 4대 곡류(穀類) 작물이다. 재배기간이 짧고 가뭄에 견디는 힘과 염류(鹽類)에 대한 저항성이 강하여 세계 100여 국에서 재배된다. 주요 생산국은 러시아, 독일, 프랑스, 호주 등 주로 온대지역에 위치하며 세계 생산량(2013)은 14억 4,800만 톤에 달한다.

보리가 주요 곡류로 이처럼 세계적으로 넓게 재배되는데, 왜 르완다에서는 보리가 재배되지 않는가?

보리는 꽃을 피우기 위해서는 초기 생육의 일정 기간 동안 저온(0~10℃) 상태를 거쳐야 한다. 이처럼 식물이 겨울의 저온 상태를 지나면서 봄에

보리밭은 없고, 밀밭 샛길로 학생들이 학교에 간다

꽃을 피울 수 있는 능력을 얻는 것을 춘화작용(Vernalization)이라 한다. 그런데 르완다에는 겨울이 없어 보리를 심어도 꽃이 피지 않아 알곡을 수확할 수 없으므로 보리가 재배되지 않는다.

한편, 보리와 마찬가지로 춘화작용(春化作用)을 필요로 하는 밀은 겨울이 없는 르완다에서 많이 재배되고 있다. 이것은 춘화작용이 약해도 수확이 가능한 봄밀(춘파형 밀)을 심기 때문으로 알고 있다.

따라서 르완다에서 보리를 재배하려면 봄보리(춘파형 보리)를 심으면 가능하다고 본다. 토양 조건은 보리 재배에 알맞으므로 걱정할 필요가 없다. 누군가 시도해보았으면 한다. 르완다 식량 부족 문제의 해결에 도움이 될 것이다. 보리가 밀보다 단위면적당 수량이 다소 높기 때문이다.

르완다에서 보리가 재배되는 날을 기대해본다. 그때는 르완다인도 보리가 어떻게 생겼느냐는 질문을 하지 않을 것이다.

보리나 밀 등이 찬 겨울을 지나야 꽃을 피우고 열매를 맺을 수 있듯이 사람도 시련을 피하지 말고 이겨내야 큰 인물이 될 수 있다. 일부러 시련을 만들 필요는 없더라도, 살아가는 동안 맞부딪히는 시련쯤은 성공을 위해 필요한 것이라 여기고 즐거이 극복해내는 삶의 자세가 우리에게 요구된다.

🖋 들국화가 살충제로 변신

꽃 속에 독(毒)이 있다. 독은 인간에 의해 살충제로 변신한다. 살충제에 의해 벌레는 맥없이 죽어 나간다. 꽃일 때야 아름답지 살충제로 변하면 꽃의 아름다움과 화려함은 온데간데없고 벌레를 죽이는 무서운 독극물일 따름이다.

살충제로 쓰이는 독을 품은 꽃은 들국화이다. 학명은 Chrysanthe-mum cinerariaefolium이며 영어로는 Pyrethrum이다.

제충국 꽃을 건조하는 모습

제충국 재배 밭과 수확장면

한국에서 늦여름부터 가을까지 호젓한 산길 외딴곳에 듬성듬성 핀 하얀 꽃을 보았는가? 그 꽃이 들국화의 하나로 불리는 제충국(除蟲菊)이다. 어린 시절에 이것을 꺾어다가 모깃불을 피웠던 기억이 새롭다.

목이 길고 여려서인지 잔바람에도 하늘거리고 약간 수줍은 듯 고개를 숙인다. 가을밤 달빛 아래서는 유난히 외로워 보인다. 아마도 그 꽃 앞에서 누구나 한두 번은 감상에 젖었으리라. 말초신경을 자극하는 향기에도 취했으리라.

세계의 주요 제충국 생산국은 케냐, 탄자니아, 르완다, 호주다. 이들 나라에서는 제충국을 농작물로 재배한다. 호주(태즈메이니아 섬이 주 재배 지역)는 아프리카 국가들과 달리 제충국을 농기계로 재배하고 수확한다.

제충국 가공 공장 전경

르완다의 제충국 재배 면적은 3,200ha이며 재배농가는 약 8,000(약 50,000명)호다. 연간 제충국 생산량은 700톤(2011년 기준)으로 세계 생산량의 15%를 차지한다.

농민이 생산한 제충국은 조합이 kg당 1,160RF으로 수매한다. 이 중에서 조합 운영비, 수송비를 뺀 1,080RF이 농민에게 주어진다. 건조한 제충국 꽃은 ha당 250kg 정도 생산된다.

현재 제충국 재배 농민들로 조직된 조합은 7개가 있다. 조합은 조합원에게 종묘를 공급하고, 재배기술을 가르친다. 농민이 생산하여 건조한 제충국을 수매하여 가공 회사에 전량 납품도 한다.

제충국 가공 회사는 르완다에 Sopyrwa Horizon 1개가 있고, 공장은 무산제에 있다. 연간 가공능력은 3,000톤이며, 현재 연간 1,000톤(2015년, 가공공장 담당자의 설명)의 건조한 제충국을 가공한다.

가공 공정은 대략 이렇다. 농가에서 수매한 건조 꽃을 공장에 싣고 오면 무게를 먼저 단다. 다음 선별기로 보내져 돌, 모래 등 이물질(異物質)을 제거한 뒤 분쇄하여 가루를 만든다. 용매제(petroleum ether 또는 petroleum ether+aceton+ethanol)를 사용하여 가루에서 피레트린(Pyrethrins)이라는 살충 성분을 추출한다. 이 추출물과 80% methanol을 80:20으로 혼합하여 흔들어 노란색의 피레트린과 기타 물질의 층을 만든 뒤 노란색의 피레트린층만 모으고 나머지는 버린다. 이 추출액에서 메탄올을 휘발시켜 농축액을 만든다.

이 농축액은 조잡하며 반고체나 점액성 액체 상태다. 이것을 더 정제하여 식물성 왁스, 수지(Resins), 색소체 등을 제거한다. 이렇게 정제하여 추출한 최종 추출액은 호박색의 맑은 액체로 20~55%의 피레트린을 함유한다. 건조한 제충국 60kg에서 약 1kg의 고농도 피레트린(PI과 PII 2

종류가 혼재) 추출액을 얻는다. 르완다에서 생산하여 건조한 제충국 꽃은 1.4~1.8%의 피레트린을 함유한 셈이다.

결국, 제충국 가공은 제충국의 건조한 꽃에서 고농도의 피레트린을 추출하는 것이다. 이 과정에서 주의할 점은 살충성분의 농축물이 발효되거나 열에 과도하게 노출되지 않고 추출이 충분하게 이루어지게 하는 것이다.

정제한 피레트린 추출물 약 27톤(2012년 기준)은 미국, 영국 등으로 거의 전량 수출되고 극히 일부가 르완다 현지 Agropharm Ltd.에 판매되었다. 현지 회사는 'Prevent', 'Pyrethrum 5EW', 'INKUYO'같은 제품을 생산하여 판매하고 있다. 수출액은 1.63백만U$이다.

이처럼 르완다에서 들국화 재배가 농가소득과 부를 창출하는 사업으로 각광을 받고 있는 데는 르완다 제충국 사업(RPP, Rwanda Pyrethrum Program)의 역할이 크다. RPP는 USAID(United States Agency for International Development), SC Johnson사(미국의 세계적 살충제 제조회사), 그리고 노먼볼로그 국제 농업 연구소(Norman Borlaug Institute for International Agriculture, 미국 텍사스 A&M 대학교 부설 연구소임)가 공동으로 2009년부터 2,400만 달러를 투자하여 추진해오는 사업이다. 사업 담당 기구들은 이 사업 추진으로 제충국 생산량은 2009년에 비하여 2014년에 371%까지 증가하고, 제충국 재배농가가 얻은 소득은 2014년에 1,300만 달러로 2009년에 비해 264%가 증가했다고 홍보하고 있다. 그러나 아쉽게도 이 사업은 2015년 6월에 끝날 예정이다.

아름다운 꽃이 독을 품고 있다니! 하지만 사실이다. 아름다움만 보고 꽃을 함부로 먹어서는 안 되듯 사람도 외모만 보고 쉽게 판단할 일이 아니다.

꽃은 자기를 보호하기 위해 독을 품는다. 인간은 그 독을 찾아 살충제로 변신시켜 인류를 벌레의 공포로부터 해방한다. 거기다 꽃을 길러 돈을 벌고 꽃의 아름다움까지 즐길 줄 알다니! 사람은 참으로 대단하다.

✔ 르완다 농촌에서 많이 듣는 3가지 소리
– 새들의 숲 속 음악회 초대

시골 교회

우르르 몰려온 아이들

동생을 업고 있는 맨발의 어린이

르완다 농촌에서 많이 들을 수 있는 소리는 아기 울음과 어린이들의 떠드는 소리, 새들의 노랫소리, 교회의 예배 보는 소리다. 이런 소리들이 농촌의 적막을 깨고 농촌을 활기차게 한다. 다만, 일부 교회(이슬람교 포함)의 찬송가, 설교 등이 소음공해에 가까운 점은 고쳐졌으면 한다.

한국의 농촌에 노인들이 많다면 르완다 농촌에는 아기와 어린이들이 많다. 한 집에

5~10명의 자녀가 보통이다. 엄마는 아이를 안고 보듬고 업고 걸리고… 엄마 대신 형, 누나, 오빠, 언니가 동생들을 업거나 데리고 다니기도 한다.

마을 골목을 걸으며 아침 산책을 가끔 한다. 아이들 우는 소리가 골목을 울린다. 그런 아이들은 대개 말을 안 들어 엄마에게 혼나는 아이, 젖을 달라고 보채는 아이, 밥이 적다고 투정하다 꾸중 듣는 아이들이다.

조금 큰 어린애들은 마당을 청소하기도 하고 여러 애들과 어울려 놀기도 한다. 그러다 나를 보면 무중구(백인) 하며 몰려온다. 순식간에 수십 명이 된다. 예전과 달리 지금은 콧물, 먼지 등으로 범벅된 손을 아무 거리낌 없이 내민다. 일일이 악수를 한다. 손을 잡아주면 무척 좋아하고 자랑스러워한다. 그러나 사실은 어린이들이 나에게 행복을 준다.

단, 돈을 달라고 할 때는 주지 않는다. 누구는 주고 누구는 안 주고 할 수는 없고, 다 주자니 버겁고, 한 번 주면 으레 돈을 주는 줄 알게 되어 감당하기 어려워서다. 대신에 "퀴가(Kwiga), 고쿠라(Gokura)."라고 말한다. 공부하고 일하라, 그러면 돈을 벌 수 있다는 뜻이다.

한국의 60년대도 그랬다. 나의 부모도 4남 2녀를 두었다. 르완다의 농촌을 다니다 보면 조그만 초가(草家)에서 살을 부딪치며 동생들과 같이 먹고 자면서 생활하던 나의 어린 시절이 생각난다. 나도 그때 그 시절엔 여기 어린이들처럼 남루했고 흙투성이였다. 그런 체험과 추억이 여기 어린이들과 더욱 잘 어울리게 해서 편하고 좋다.

아기 울음소리와 어린이들의 왁자지껄한 소리 못지않게 새들의 노랫소리가 사방을 울린다. 르완다는 새들의 천국이다. 시골 어디를 가도 새들이 노래하며 반긴다. 노랫소리가 구슬 굴러가는 소리 같기도 하고, '좋아 좋아'하는 소리 같기도 하고, 정말 아주 다양하다. 엄지손가락만 한 크기에서부터 한국의 매 크기의 새까지 크기도 다양하다. 색도 검정, 빨강, 노랑, 파랑, 흑갈색 등 여러 가지 색을 하고 있어 예쁘기도 하다.

장소도 별로 가리지 않는다. 집, 숲, 가로수, 들판 할 것 없이 새들은 돌아다니며 장난치고 지저귄다. 걸어가면 길 앞, 옆에서도 새들이 지들 하고 싶은 짓을 두려워하지 하고 다한다. 회의하는 학교 강당에도, 시험을 보는 교실에도 새들이 들어와 먹이를 잡아먹고 배설을 하기도 한다.

학교는 없어도 농촌 시골 오지에 교회는 있다. 복음을 전하고 지역 발전과 생활 개선에 기여하는 등 교회의 순기능도 많다. 그러니 찬송가를 부르고 기도를 하며 예배를 보는 일은 누가 뭐라 하지 않는다.

문제는 이른 새벽부터 저녁 늦도록 확성기를 틀어놓고 예배를 보아 그것이 주변 사람에게 스트레스로 작용한다. 신성한 예배가 소음공해로 변하는 셈이다. 교회만 생각하지 말고 이웃도 배려하는 멋진 교회가 되면 얼마나 좋을까 하고 예배가 가끔 소음으로 느껴질 때면 혼자 중얼거린다.

가능하면 교회의 예배가 소음이 아닌 조용히 영혼을 구원하는 촉매제가 되어준다면 더할 나위 없이 좋겠다.

농촌은 평화롭다. 그곳에 가면 아이들의 울음소리에 젖어도 보고 어린이들이 장난치며 노는 시끌벅적함에 만사를 잊은 채 즐거움에 빠져도 본다.

르완다의 농촌과 산간은 그 자체가 새들의 노래마당이다. 자연이 만든, 자연 속의, 자연과 함께하는 아름다운 공연장이다. 그저 돌아다니며 다양한 새들의 자연스러운 오케스트라와 공연을 감상하고 즐기면 된다.

그래서 시간이 나면 가끔씩 책 한 권 들고 농촌이나 숲을 찾아 새들이 벌이는 숲 속 음악회, 노래잔치를 즐긴다. 선선한 바람, 바람에 나뭇잎 흔들리는 소리, 100% 몸으로 하는 새들의 제멋대로의 연주와 노래를 맘껏 즐긴다.

난 르완다 농촌에서 정말 자연이 좋다는 것을 느끼며 즐겁게 살고 있다. 자연은 우리를 괴롭히지도 않고 우리와 경쟁도 하지 않고 그저 주기만 한다. 맑은 공기, 아름다운 빛깔, 감미로운 소리….

산소가 없으면 한시도 살 수 없는데 산소를 공급해주는 숲에 대한 고마움 없이 살고, 자연의 멋짐과 편안함, 그리고 아름답고 찬란한 빛과 색을 감상하면서도 선진국 사람들은 그런 자연에 미안해하기는커녕 더 가지고 더 올라가고 더 앞서 가려고만 한다. 하지만 여기는 그런 사람들이 적어서 좋다. 이들은 그저 자연을 즐기고 동시에 자연에 고마워하며 살고 있다.

◆ 아이들의 간식? '두더지'잡아 구워먹기

잡은 두더지를 유심히 보는 아이들

땅속에 덫과 유인 먹이 설치

두더지는 르완다나 한국이나 별반 다르지 않다. 모양, 색깔, 크기, 사는 곳… 거의 같거나 비슷하다. 다만, 잡는 목적과 방법이 다르다. 한국에서는 농작물의 피해를 줄이거나 약으로 쓰기 위하여 잡는 데 반하여 르완다에서는 먹으려고 잡는다. 잡을 때는 한국에서는 철제 덫을 사용하는 게 보통이지만, 여기서는 철사와 나무껍질로 만든 가는 줄을 이용한다.

학교를 오가면서 가끔 길에서 두더지를 들고 가는 어린이들을 만난다. 그때마다 어떻게 잡는지 궁금하여 물어보고 설명을 들었으나 이해가 안 되었다. 그러다 여러 마리를 잡아서 들고가는 어린이를 만나 약속하고 시간을 내어 같이 잡아보았다.

먼저, 밭이나 풀밭을 돌아다니며 흙이 수북이 솟아나온 곳을 찾는다. 다른 방법은 끝이 뾰족한 긴 막대기로 땅을 쑤셔보아 잘 들어가는 곳을 알아낸다. 그런 곳에 두더지가 다니는 땅굴이 있다.

두더지가 다닐 것으로 추정하는 자리를 찾으면 그곳에 구멍을 약 15~30cm 깊이로 판다. 그런 다음에 구멍 아래 땅바닥에 나무껍질이나 풀줄기를 갈라서 만든 가는 줄을 묻고 작은 감자 조각을 구멍을 뚫어 줄에 꿰어 땅바닥에 놓는다. 줄의 나머지 끝은 나무막대기에 꽁꽁 묶는다.

두더지의 유인 먹이를 설치하고 나면 가느다란 철사의 한쪽 끝에 올가미를 만들어 먹이 앞에 세워 놓고 흙으로 덮는다. 철사의 나머지 한쪽은 땅 위로 연결된 가는 구멍으로 빼내 풀줄기를 동여맨 막대기 부위에 여러 번 감아서 꽉 맨다.

덫과 먹이 설치를 마치면 철사와 풀줄기가 묶인 부위의 막대기 끝을 올가미와 먹이가 설치된 위 옆의 땅속에 꽂아 고정한다. 그런 다음에 막대기를 활처럼 구부려 다른 한쪽 끝도 땅에 꽂아 고정하면 두더지 덫 설치 작업이 끝난다.

그런 뒤에는 다른 덫을 설치하거나 주위를 서성이거나 다른 곳에 갔다 오기도 하고 그러

굽기 전에 두더지 꼬치를
먹는 시늉하는 어린이

면서 시간을 보낸다. 그러다 보면 설치한 덫 중의 막대가 심하게 흔들리거나 뽑혀있거나 한다. 그런 막대기를 잡아당기면 올가미에 두더지가 걸려 발버둥 치거나 힘을 잃고 늘어져 있다.

감자를 매달아 놓은 끈은 끊고 철사로 만든 덫에 걸린 놈을 끌어 올리면 두더지 잡기는 끝난다. 덫에 걸린 지 얼마 안 되는 놈은 따뜻하고 오래된 놈은 차다. 털은 생각보다 부드럽고 촉감이 좋다.

이렇게 잡은 두더지는 가난한 어린이들에게 좋은 고기가 된다. 먼저 껍질과 내장을 제거한다. 살코기는 껍질을 벗겨 만든 나무꼬챙이에 꽂아 꼬치를 만든 뒤 구이를 해서 먹는다. 꼬치를 만든 것은 보았으나, 비위가 약해 차마 먹어보지는 못했다.

맛이 어떤지 궁금하지만, 말로만 들어야 했다. 아이들은 무조건 맛있다며 엄지손가락을 치켜세웠다.

하긴, 세상에 못 먹을 고기가 어디 있을까? 죽을 정도로 배가 고프면 먹게 된다. 독이 있으면 어떠하랴! 적당한 독은 약이 된다는 말도 있다. 무엇이든 먹고 사는 게 먹지 않고 굶어 죽는 것보다 낫다. 그러니 두더지를 잡아서 먹는 어린이를 이상하게 볼 일만은 아니다.

오히려 그런 어린이들을 보면 안쓰럽다. 측은하지만 그들을 그런 삶에서 구해내는 일이 쉽지 않아 괴로울 따름이다. 잘 사는 나라가 버려지는 음식을 줄여서 이들을 도와주는 방법은 없을까? 세상의 많은 사람들이 자기 일처럼 고민해보았으면 한다.

우리는 일상생활에서 나무
판자(板子)를 많이 쓰면서도
관심은 별로 두지 않는다. 나
무판자 자체나 그것을 사용하
여 만든 생활용품은 필요하
면 언제 어디서나 쉽게 얻을
수 있기 때문이 아닐까? 그러

계곡에서 큰 톱으로 통나무를 켜서 판자를 만드는 모습

나 르완다 농촌에서 나무판자 만드는 것을 보니 한 조각의 나무판자라도
귀중하게 여기고 아껴 사용해야겠다는 생각이 든다.

판자를 만들려면 처음에 판자를 만들 수 있는 나무를 잘라야 한다. 이
때는 우리나라처럼 전기톱 등을 사용하지 않고 큰 칼로 찍어서 자른다.
도끼가 있기는 있는데 도끼보다 칼을 사용하는 것 또한 이색적이다. 내
숙소 옆의 아보카도 나무가 무성하여 그늘이 많이 생겨 잘라달라고 했더
니 이때도 마테(Machete, 도끼 같은 큰 칼)를 사용했다.

자른 통나무를 가까운 계곡 같은 곳으로 옮긴다. 깊이 2~3m, 너비
2~3m 되는 계곡 같은 곳에 작은 나무를 1~3m 간격으로 걸쳐 놓은 후
그 위에 통나무를 올려놓는다. 통나무 양옆에 먹줄로 검은 선을 긋는다.
검은 선을 따라 톱질을 하여 잘라낸다. 그러면 2면은 편평하고 양 측면은
둥근 통나무가 된다.

다음엔 편평한 면의 양 끝에 일정한 간격으로 자를 위치를 표시한다.
그 간격이 판자의 두께가 된다. 이 간격에 맞추어 먹줄을 사용하여 검은
선을 긋는다. 먹줄을 칠 때는 통나무 양 끝에 한 사람씩 앉아 동시에 손
으로 먹줄을 위로 들었다가 세게 놓는다. 옛날 우리나라에서 나무에 먹

줄을 쳤던 것과 하나도 다름이 없다.

이 작업이 끝나면 나무껍질 부위를 잘라낼 때처럼 다시 한 사람이 계곡 아래로 내려가 나무 위에 걸쳐 앉은 사람과 마주 선다. 두 사람은 큰 톱(영어로는 a large hacksaw라고 하면 될 것 같다. 르완다어로 Urukerezo라 한다.)의 양 끝을 마주 잡고 박자를 맞추어 가며 검은 선을 따라 위아래로 톱질한다. 이때, 한 번에 끝에서 끝까지 톱질하여 자르지 않는다. 1차로 계곡을 가로질러놓은 나무까지 자른다. 그런 후 판자 길이에 따라 거기서 절단을 하거나, 절단하지 않고 이동하여 다시 더 잘라 긴 판자를 만든다.

큰 톱의 양 끝에는 두 손으로 잡을 수 있는 손잡이(탈부착이 가능함)를 달 수 있다. 톱니는 한쪽에만 있다. 톱날의 한쪽 끝은 넓고 다른 한끝은 좁다. 길이는 약 2m 정도 되고 톱날은 넓은 쪽이 20~30cm, 좁은 쪽은 10~15cm 정도다. 지금까지 내가 본 가장 큰 톱이다.

힘들 듯하지만, 그들은 시종일관 웃고 농담하며 즐겁게 일을 했다. 일하는 사람 어느 누구한테서도 우울함, 짜증, 불평 같은 것을 찾아볼 수 없었다. 오히려 두 사람이 호흡을 맞춰가며 톱질하는 모습에서는 수십 년간의 경험에서 얻어진 노련함이 묻어났다. 그리고 어쩌면 자기들이 일할 수 있고 그 분야의 전문기술자라는 자긍심을 엿볼 수 있었다.

판자를 만드는데 사용되는 나무는 주로 유칼립투스다.

이들 나무들은 판자를 만드는 노동자들의 행복한 모습을 보고 더욱 잘 자라는 것 같았고 일꾼들은 일거리를 준 유칼립투스에 감사하고 한편으로는 미안해하는 듯했다. 새들은 그들의 수고를 덜어주려는 듯 즐겁게 노래를 했다.

◆ 한국 시금치, 르완다에서 변신하다

한국 시금치가 르완다에 오니 몰
라보게 변신한다. 잎이 손바닥처럼
넓고 잎자루가 새끼손가락처럼 굵
다. 파종한 지 60일이 넘어도 바깥
아래 잎이 누렇게 변하거나 마르지
않고 계속 자란다. 한 포기가 잎은
70개, 무게는 500g을 넘는다. 시금

시금치 재배 시험포장

치가 맞는지 의심스러울 정도로 한국에서와는 전혀 딴판이다. 슈퍼 시금
치, 골드 시금치로 새로 태어난 것이다.

르완다에 올 때에 몇 가지의 채소 종자를 가져왔다. 그중에 ㈜농우종
묘의 사마리아 시금치 종자도 들어있다. 종자를 가져오는 데 도움을 주
신 모든 분들에게 감사드리며, 고 고희선 국회의원(농우종묘 회장)님의 명
복을 빈다.

학생들의 졸업 논문 작성을 위해 한국 시금치 재배 시험을 했다. 올해
1월 3일, 학교 포장 80㎡에 2㎡의 시험구 27개를 만들고 시험설계에 맞
추어 종자를 심었다. 시험목적은 지역 적응성을 알아보고, 알맞은 파종
방법, 주당 간격, 적정 시비량을 찾아내는 것이다.

지금까지 르완다에서 한국 시금치를 재배한 기록이나 문헌은 찾지 못
했다. 따라서 이번 한국 시금치의 재배 시험은 알지 못하는 길을 처음 가
는 기분으로 했다. 처음 하는 것이라 호기심과 흥미도 있고 시험 결과가
궁금하기도 했다. 다른 한편으로는 혹시 잘못되면 학생들의 졸업 논문을
망칠 수 있어 불안하기도 했다.

다행히 파종한 시금치는 1주일이 안 되어 땅 위로 초록 싹을 내밀었다.

그리고 처리에 따른 차이를 보이며 잘 자랐다. 물도 주지 않고 농약도 하지 않았다. 한 일은 풀 매기가 고작이었다. 이래도 특별한 가뭄 피해, 병충해 피해도 없었고 특별한 생리 장해도 나타나지 않았다. 이런 탓인지 학생들은 열심히 시금치가 자라는 과정을 조사하여 기록하였다. 일부는 수확도 하였다.

　수확한 시금치는 한국에서 재배한 시금치보다 잎이 크며 잎 수도 많고 전체 무게도 많이 나갔다. 큰 잎(잎자루 포함)은 길이 45cm, 너비 16cm나 되었다. 큰 것은 뿌리를 포함한 한 포기의 무게가 550g이나 되었다. 잎 수는 70개가 넘는 것도 있다. 한국에서는 상상할 수 없는 결과다.

　맛이나 품질을 알아보기 위하여 한 포기를 가져와 된장국을 끓여서 먹어보았다. 잎자루가 굵고 길어도 전혀 질기거나 억세지 않았다. 잎을 포함한 모두가 연하고 부드러웠다. 음식 솜씨가 좋지 않은 것에 비하면 맛도 괜찮았다.

　앞으로 재배 시험을 잘 마무리하여 학생들이 좋은 졸업 논문을 쓰도록 하려 한다. 더 나아가 일부는 뿌리째로 뽑아 수확하지 않고 상추처럼 어느 정도 크기의 잎만 따고 계속 재배하면서 수확을 더 할 수 있는지, 할 수 있으면 몇 번까지 할 수 있는지 등의 시험 연구도 할 계획이다. 시금치는 1년생 채소로 알려졌지만(드물게 2년생도 가능하다는 학설도 있다), 이곳의 연중 기온이 10~20℃여서 시금치가 1년 내내 생육이 가능할 것 같기 때문이다.

　기후, 토양 등의 환경만 좋으면 한국

시금치 생육 상황

시금치는 국경을 넘어 세계 어디에서든 잘 자랄 수 있다. 한국 종자의 우수성이 입증된 셈이다.

남은 문제는 생산물을 어떻게 처분하느냐는 것이다. 한국은 수요가 많지만 여기는 그렇지 않다. 생산만 하고 수요가 없으면 버려야 하고, 그러면 생산은 중단된다. 따라서 수요를 창출하여 시장 유통이 되도록 해야 하는데, 아직은 쉽지 않다. 그래도 어쩔 것인가? 생산이 가능하니 서두르지 않고 차근차근 요리법을 개발하고 보급하여 수요 확대를 꾀해보고자 한다.

불안하게 시작한 시금치 재배 시험이 목적을 달성한 것은 물론, 웃음과 희망, 그리고 행복도 함께 가져다준 셈이다. 이럴 수 있도록 한국의 종자 산업을 발전시키고 좋은 종자를 육성한 모든 분에게 고마움을 표한다.

◆ 겨울이 없어도 꿀벌은 꿀을 저장할까?
 – 르완다의 양봉 산업 현황

꿀벌은 겨울 양식을 위하여 꿀을 저장한다고 한다. 그렇다면 겨울이 없는 열대 지역에서는 꿀벌이 꿀을 저장하지 않는 게 맞지 않을까? 그런데 겨울이 없는 아프리카 열대의 르완다에서도 꿀벌은 꿀을 저장하고 꿀벌 농가는 꿀을 생산하고 있다. 꿀벌이 월동을 위하여 꿀을 비축한다는 기존의 이론에 대한 재검토가 필요한 까닭이다.

르완다의 꿀벌은 유럽꿀벌(Eu-

개량형 현대식 벌통과 작업복

ropean honey bee)이 아니고 아프리카꿀벌(African honey bee)로 알려졌다. 아프리카꿀벌은 유럽꿀벌에 비해 분봉(分蜂)을 자주 하며, 분봉 무리는 작지만 공격적이다. 유럽꿀벌이 지상의 마른 곳에 큰 집을 짓는 것과 달리 아프리카꿀벌은 건습(乾濕)을 가리지 않고 지하에 작은 집을 짓고 산다.

| 나뭇가지 위의 벌통 | 산 위의 벌통 |

르완다의 양봉 산업(養蜂産業)은 초기 단계로 조금만 투자해도 발전의 여지가 많다고 본다. 한국의 선진기술 이전이 도움될 것으로 믿는다.

르완다 양봉 농가는 약 8만 호이며 이들 농가가 연간 약 4,000톤의 벌꿀을 생산한다. 현재까지는 국내 소비가 주를 이루고 수출은 미미하다.

벌통은 크게 3종류다. 속을 파내어 만든 큰 나무통, 대나무나 나뭇가지 등을 엮은 후 진흙이나 소똥을 발라 만든 통이 있다. 이들은 재래식으로 통의 한쪽은 진흙과 소똥으로 막은 후에 2개의 작은 구멍(巢門)을 뚫어 벌들이 드나들 수 있도록 하고 나머지 한쪽은 통 안에 소비(巢脾)를 몇 개 넣은 후 나무껍질, 식물 줄기 또는 잎 등으로 엮어 만든 뚜껑을 덮게 되어 있다.

한국의 것과 같이 사각형 나무판자로 만든 현대식(개량형) 벌통(The

Cab Hive)이 있는데, 최근에 농가에 많이 보급되고 있다. 그러나 아직은 총 9만 개의 벌통 중 70%에 달하는 63,000개는 재래식 벌통이다.

재래식 벌통은 나무 위나 땅 위에 설치하고 비가 들어가지 않도록 겉을 천이나 나무껍질 등으로 싸고 위에 비 가림 물로 덮는다. 나뭇가지 위에 올려놓은 벌통이 야생동물의 집인 줄 알았다가 벌통인 것을 알고 머쓱해했다.

벌통 한 개의 연간 꿀 생산량은 재래식은 3~5kg으로 매우 낮다. 하지만 현대식 개량형 벌통은 90kg으로 한국의 14.6kg보다 높은 편인데, 한국과 달리 연중 꿀 생산이 가능하기 때문으로 보인다.

양봉 농가 규모는 아주 영세하여 호당 벌통 수가 1.2개에 불과하다. 이에 비하면 한국 양봉 농가 호수는 2만 호로 르완다의 8만 호보다 적지만, 전체 농가의 48%가 호당 50통 이상의 벌통(群)을 양봉하고 있어 양봉 농가 규모가 큰 편이다.

꿀의 정제와 유통 등은 한국과 큰 차이가 없다.

소매가격은 1kg에 3,000~4,500RF(4,500~7,500원)이다. 꿀 생산 및 가공 회사는 ABDC, The Hive Rwanda 등 5~7개가 있다. 이 중 The Hive Rwanda Ltd.는 양봉 농가 교육을 하며 양봉에 필요한 기자재도 취급하고 있다.

양봉 생산물은 벌꿀이 주(主)를 이루고 화분과 로열젤리는 극소량이다. 프로폴리스(Propolis)와 봉독(蜂毒)은 한국과 달리 르완다에서는 아직 기업 차원에서 생산하여 상품으로 유통되고 있지 않다.

르완다 정부는 양봉 산업을 농가의 주요 소득사업으로 육성하여 2018년까지 꿀 생산량을 현재의 3배로 증가시킬 계획이다. 이를 위해 올해 싱가포르와 꿀 수출 증대와 양봉 산업 기반 개선을 위해 3억 불 규모의 투자 협력을 모색하고 있으며 유럽 수출을 위해 꿀의 검역 기준을 개선하기도 했다.

왜 꿀벌은 겨울 양식이 필요 없는 열대 지역에서 꿀을 저장할까? 아무리 물어보고 자료를 찾아보아도 의문은 여전히 풀리지 않았다. 하지만 겨울이 없는 열대 지역에서도 꿀벌은 꿀을 열심히 저장하고, 인간은 그 꿀을 따서 이용하고 있는 것만은 분명하다. 이유를 알고 있는 분이 있으면 알려주기를 바라고 아직 없다면 이 분야의 관계전문가가 관심을 가지고 조사시험 연구를 하였으면 한다.

자료: 1. Minagri 2015. 08. Singaporean investor eyes Rwanda's honey
2. MK O'Malley 2013. Difference Between European and African Honey Bees, University of Florida IFAS
3. 한국농촌경제연구원 2014. 06. 양봉 산업의 현황과 발전방안

05
교 육
유능한 교사 양성과 예술 분야 교육 확대 절실해

🏷️ 르완다 교육, 사회경제개발을 위한 인재 육성에 역점
  – 학생들의 성취감, 창의성 고취와 국제 경쟁력 강화에도 관심을 가지길

비안가보의 G.S Busogo 1 중등학교 수업 광경

키갈리 Ecole Belge 초등학생 수업 광경

르완다 교육은 교육부(MINEDUC- Ministry of Education)가 총괄하고
있다.

교육부의 목표는 문맹률 감소, 과학기술 촉진, 비평적 사고와 긍정적
가치에 중점을 두는 양질의 교육을 균등하게 받을 수 있도록 함으로써
국민을 르완다의 사회경제개발을 할 수 있는 숙련된 인적 자원으로 변형
시키는 것이다.

교육부는 총괄장관(Minister) 1명과 직업기술 교육훈련 담당 장관(State
Minister in charge of Technical and Vocational Education and Training)

과 초중등교육 담당 장관(State Minister in Charge of Primary and Secondary Education) 등 2명의 전문 장관이 있다. 이 아래에 차관(Permanent Secretary) 1명과 교육기획국과 과학기술연구국 등 2국(Directorate)이 있다.

교육기획국(Directorate General of Education planning)은 기초교육, 기초교육 후 교육, 그리고 특수교육을 담당한다.

기초교육(Basic Education)은 초등학교 이전교육, 성인교육, 초등교육(Primary Education), 그리고 중등교육(Lower Secondary Education Department)의 4개 과가 맡고 있다.

기초교육 후 교육(Post-Basic Education)은 고등교육과(Upper Secondary Education Dept.), 대학교육과(Higher Education Dept.)와 직업기술교육훈련과(TVET Dept.)의 3개 과가 담당한다.

특수교육(Special Program)은 여성 교육, 특수 교육, 체육과 교양, 보건 교육 프로그램으로 되어 있다.

또 하나는 과학기술연구국(Directorate General of Science, Technology and Research)인데, 담당 과와 담당 업무에 대한 구체적인 설명이 없다.

르완다 정부는 상설조직 외에 중점 현안사업(Projects)을 담당하는 임시조직을 운영한다. 교육부도 현재 3개의 중점 사업을 추진 중이며, 이를 담당하는 조직이 있다.

첫째는 한 학생당 1대의 컴퓨터를 사용하는 수업(OLPC Project; One Laptop Per Child Project), 둘째는 USAID 자금으로 교육 분야에서 ICT의 효율적 이용을 증진하는 4개년 사업(REC; Rwanda Education Commons), 그리고 셋째는 학교의 질과 형평성, 학생수업, 교사업무, 학교환경과 생활조건, 학부모와 관계기관의 유대협력, 그리고 학교 리더십의 제도화의 향상을 위한 학교관리 운영사업(MINEDUC School Management) 이 있다.

교육부 산하에는 5개의 에이전시(Agencies)가 있다. 이들은 르완다교육 청(REB; Rwanda Education Board), 고등교육이사회(HEC; Higher Education Council)와 고등학문기관(HLI; Higher Learning Institutions), 인력개 발청(WDA; Workforce Development Authority), 유네스코 르완다 국립위원 회(CNRU; Rwanda National Commission for UNESCO)로 되어 있다.

르완다 교육청은 학교의 교육 과목과 교육 자료, 교육의 질과 표준화, 국가고시와 자격인증, 학자금융자, 이러닝과 원거리교육 등 ICT, 교사양 성과 관리업무를 담당한다. 고등교육이사회는 고등교육기관이 양질의 교 육을 할 수 있도록 지원하는 일을 맡고 있다. 고등학문기관은 르완다대학 교(유일한 국립대학교이며 6개 단과대학으로 구성), 15개 사립대학교, 3개 간 호학교, 1개 연구소(Institute of Legal Practice and Development), 그리 고 5개 기술전문대학으로 되어있다. 마지막으로 인력개발청은 르완다가 부딪히는 기술개발문제에 대한 전략을 짜는 업무를 맡고 있다.

르완다교육부 목표와 규모에 대한 이해를 돕기 위해 미국과 한국교육 부를 간단히 살펴보고자 한다.

미국교육부(United States Department of Education; ED)의 목표는 교 육의 우수성을 높이고 교육 기회를 균등하게 보장함으로써 학생의 성취 감과 국제 경쟁력 제고(준비)를 촉진하는 것이다. 이를 위해 장관(Secretary) 1명과 14개 실(Office), 부장관(Deputy Secretary) 1명과 5개 실, 그 리고 Under Secretary 1명과 8개 실 등에서 약 4,400명의 직원이 근무 하며 연간예산이 2011년 기준 699억 달러로 책정된다.

한국교육부의 목표는 '창의인재 양성을 통해 국민이 행복한 희망의 시

대를 연다'로 되어있다. 조직은 부총리(장관) 1명, 차관 1명과 3실, 14국
(관), 49과(담당관)가 있으며 562명의 직원이 근무하고 있다.

르완다교육부의 인력과 예산은 구체적인 자료를 얻기 어렵고 물어도 정
확히 아는 사람이 없어 아쉽다.

사회경제개발이 절실한 르완다 정부로는 교육을 통해 국민을 사회경제
개발에 필요한 숙련된 인적자원으로 양성하는 것은 타당하다고 본다. 하
지만 이와 더불어 학생들의 성취감과 창의성 고취, 그리고 국제 경쟁력
강화를 도모하는 교육정책도 수립하여 추진하면 르완다 교육에 보다 큰
진전이 있을 것으로 본다.

◢ 르완다엔 국립대학교가 하나뿐

르완다대학교 농대 본부

르완다대학교 후애 캠퍼스 교회

르완다에는 국립대학교가 르완다대학교(UR, University of Rwanda) 하
나밖에 없다. 본부는 수도 키갈리에 있다.

조직은 총장(Chancellor, Dr Mike O'Neal), 이사회(Board of Governors),
부총장(Vice Chancellor), 홍보실(Communications and Public Relations),

감사실(Internal Auditor), 부총장보(Deputy Vice Chancellor) 3명(학사.
연구 담당; Academic and Research Affairs, 학교진흥 담당; Institutional
Advancement, 재정·행정 담당; Finance and Administration)과 6개 단과
대학(College)으로 구성되어 있다.

르완다 정부는 오래전부터 One University 정책을 구상하고 추진해온
것으로 보인다. 그러다 2011년 키부에서 열린 국가 지도자 회의(National
Kibu Leadership Retreat 2011)에서 확정되었다. 이 회의에서는 교육이 경
제사회개발을 촉진하는 역할을 인정하고, 경제(사회)가 요구하는 양질의
대학생을 충족시키기 위한 전략으로서 연구 중심으로 이루어지는 우수한
교육을 할 수 있도록 대학을 하나로 통합하기로 했다. 르완다대학교의 설
립 목적은 대학교육의 질과 효율성을 향상해서 르완다대학교를 세계 수
준의 우수한 대학교로 만드는 데 두고 있다.

이에 따라 2013년 9월에 르완다 정부는 기존의 10여 개 국공립대학과
고등교육기관(Public Universities and Institutions of Higher Learning)을
통폐합하여 르완다대학교를 출범시켰다.

르완다대학교의 6개 단과대학은 사회과학예술대(CASS; College of Arts
and Social Sciences), 농축산수의대(CAVM; College of Agriculture, Ani-
mal Sciences and Veterinary Medicine), 경상대(CBE; College of Busi-
ness and Economics), 교육대(CE, College of Education), 보건의대(CMHS;
College of Medicine an Health Sciences)와 과학기술대(CST; College of
Science and Technology)로 되어있다. 각 단과대학에는 3~5개의 학교
(School; 예전의 Faculty임)가 있다.

단과대학의 장은 학교장(Principal)이라 하며 지난해에 르완다대학교
발족과 함께 임명되었다. 현재는 단과대학 안에 있는 학부(예전의 Faculty

로 현재는 School이라 함)의 학장(Dean)과 부학장(Deputy Dean)을 공모 중이다. 공모계획에 의하면 단과대학 내의 학부는 다음과 같다.

사회과학예술대학은 본부가 부타레에 위치하고 이전의 국립 르완다대학교(NUR; National University of Rwanda)가 바뀐 것이다. 여기에는 예술언어학교(School of Arts and Languages), 사회정치행정학교(School of Social, Political and Administrative Sciences), 언론정보학교(School of Journalism and Communication)와 법률학교(School of Law)가 있다.

내가 근무하는 농축산수의대(농대)는 본부가 무산제 부소고에 위치하고, 이전의 농축산대(ISAE; Institut Supérieur de l'Aéronautique et de l'Espace, Higher Institute of Agriculture and Animal Husbandry)가 바뀐 것이다. 농대는 Busogo 캠퍼스 외에 Huye, Rubilizi, Nyagatare와 Nyarugenge 등 4개의 캠퍼스로 되어있다. 여기에는 농업농촌 개발농업경제학교(School of Agriculture, Rural Development and Agricultural Economics), 수의축산학교(School of Animal Sciences and Veterinary Medicine), 식품과학기술학교(College of Food Science and Technology)와 농기계환경관리학교(School of Agricultural Engineering and Environmental Management)가 있다.

경상대는 본부가 키갈리에 있고, 이전의 금융재정학교(SFB; School of Finance and Banking)가 바뀐 것이다. 여기에는 기업경영학교(School of Business), 경제학교(School of Economics)와 관광학교(School of Tourism and Hospitality)가 있다.

교육대는 본부가 키갈리에 있고, 이전의 키갈리교육대(KIE; Kigali Institute of Education)가 바뀐 것이다. 여기에는 교육학교(School of Education), 수요(需要)교육학교(School of Inclusive and Special Needs Education)와 ODL 학교(School of Open and Distance Learning)가 있다.

보건의대는 본부가 키갈리에 있고 이전의 키갈리 보건대(KHI; Kigali Health Institute)와 이전의 후애(부타레)에 있은 국립 르완다대학교의 의학부(Faculty of Medicine)와 공중보건학교(School of Public Health)가 통폐합되어 만들어진 것이다. 여기에는 산부인, 간호학교(School of Nursing and Midwifery), 보건과학교(School of Health Sciences), 치과학교(School of Dentistry), 공중보건학교(School of Public Health)와 의약학교(School of Medicine and Pharmacy)가 있다.

마지막으로 과학기술대는 본부가 키갈리에 있고, 이전의 키갈리과학기술대(KIST; Kigali Institute of Science and Technology)가 바뀐 것이다. 여기에는 기술공학교(School of Engineering), 기초(순수), 응용과학학교(School of Pure and Applied Science), 건축환경학교(School of Architecture and the Built Environment)와 정보통신학교(School of Information Communication Technology)가 있다.

이처럼 과감히 구조조정을 하면서까지 르완다 정부는 르완다대학교를 세계 수준의 명문 대학으로 육성하기 위해 심혈을 기울이고 있다. 아무쪼록 모든 계획이 순조로이 추진되어 정부의 기대와 욕구가 충족되기를 갈망한다. 동시에 이를 통한 대학교육의 향상이 르완다의 발전으로 이어지기를 바란다.

✒ 고등학교는 이원화 되어있다

 – 영어, 기업경영, 컴퓨터, 논술을 못하면 성공하기 힘들어

르완다 고등학교는 Sec-
ondary school 4~6학년 과
정과 독립된 고등학교로 이원
화 되어있는 듯하다. 그러나
아직은 Secondary school
교육과정이 대세를 이루고 있
다. 독립된 고등학교는 사립학
교에 많은 것으로 알려졌다.

G.S Busogo 1, S4
(한국 고등학교1학년에 해당) 교실에서

Secondary school 4~6학년 과정(Advanced level, 1~3학년 과정은
Ordinary level이라 한다)은 PCM(Physics, Chemistry, Mathematics),
HEG(History, Economics, Geography), EFK(English, French, Kinyar-
wanda) 3그룹으로 나누어진다. PCM 반은 물리, 화학, 수학을, HEG 반
은 역사, 경제, 지리를, EFK반 은 영어, 불어, 키냐르완다어를 중점적으
로 공부한다. 굳이 이름 붙이자면 이공계, 경상계, 인문계로 할 수 있을
것 같다.

어느 전공 반이나 주당 수업
시간은 36시간으로 똑같다.

PCM 전공 반은 필수시험
과목(Compulsory and exam-
inable)으로 물리 7시간, 화
학 7시간, 수학 7시간, 기업경
영(Entrepreneurship) 5시간,

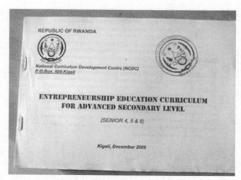

S4~6(한국 고등학교 1~3학년에 해당)
학년의 기업경영 커리큘럼 표지

General paper(우리나라 논술에 해당하는 것으로 사회, 정치, 외교, 경제 등의 중요주제에 대한 강의, 토론, 발표, 작문 등을 다룬다.) 2시간 등 28시간을 수업한다. 비시험과목은 설계기술(Technical drawing), 생물, 컴퓨터학, 키냐르완다어 4과목 중 1과목 2시간과 불어 2시간, 영어구사기술(English Language Communication Skills- ELCS) 2시간 등 6시간 수업을 한다.

HEG 전공 반은 필수시험과목으로 역사 7시간, 경제 7시간, 지리 7시간, 기업경영 5시간, General paper 2시간 등 28시간을 수업한다. 비시험과목은 컴퓨터학, 회계, 예능, 키냐르완다어의 4과목 중 1과목 2시간과 불어 2시간, 영어구사기술 2시간 등 6시간 수업을 한다.

EFK 전공 반은 필수시험과목으로 영문학(Literature in English) 7시간, 불어 7시간, 키냐르완다어 7시간, 기업경영 5시간. General paper 2시간 등 28시간을 수업한다. 비시험과목은 컴퓨터학, 비서학(Secretarial studies), 회계학의 3과목 중 1과목 2시간과 영어구사기술 2시간, 스와힐리어(Swahili) 2시간 등 6시간 수업을 한다.

나머지 보조과목 2시간은 PCM, HEG, EFK 전공반 공통으로 체육, 문예활동, 클럽, 종교, 도서관에서 자습과 연구(Study, research in library) 등을 하도록 되어있지만, 대부분 종교수업을 한다.

르완다에서 종교수업의 중요성은 2013년 12월 13일에 무항가(Muhanga) 지방에 위치한 Gahogo Adventist Academy에서 열린 '제2회 중앙동아프리카 Adventist Division Teachers Conference'에 참석한 교육부 장관(State Minister)의 축사에 잘 나타나 있다.

"교리를 배경으로 하는 평소의 학교 교육이야말로 도덕적으로 바른 시민을 양성하는 확실한 길이다. The usual school curricula backed by faith principles is a sure way of producing morally upright citizens." 이번 총회에는 아프리카 11개국에서 1,000여 명의 관련 교사가 참석하여 3일간 개최되었다.

교과목 편성에서 눈에 띄는 것은 전공과 관계없이 기업경영, General paper가 필수시험과목으로 되어 있는 점이다. 여기서 르완다 정부가 기업 활성화를 통한 산업발달을 추구함과 동시에 토론과 발표를 중요시하고 있음을 알 수 있다. 이 때문인지 르완다인은 토론을 즐기며 언어구사력과 발표력이 좋다.

그 밖에 공통과목은 필수 비시험과목인 영어구사기술과 선택 비시험과목인 컴퓨터학으로 되어있다. 따라서 영어와 컴퓨터를 못하면 르완다에서 성공하기 어렵다.

고등교육 역시 중학교육과 마찬가지로 예체능과 도덕·윤리분야에 소홀한 점이 있다. 주당 수업시간을 4시간 정도 늘려서라도 예체능과 도덕·윤리과정을 늘리거나 추가하면 어떨까? 그리고 전문화와 특성화된 고등학교를 설립하여 전문인력양성에 더 힘을 기울였으면 한다. 이런 면에서 보면 현재 르완다 정부가 교육부(Ministry of Education)에 TVET(Technical and Vocational Education and Training) 담당 장관을 두고 한국 등 여러 나라는 물론, 관련 국제기구와 협력하여 직업기술교육훈련(TVET)을 강화하는 정책을 추진하는 것은 높게 평가된다.

....

필자 주: 르완다 중앙부처 가운데에는 총괄장관이 있고, 그 아래 전문 분야별 장관(Minister of state)이 1~2명 있는 경우가 있다. 교육부의 경우 교육부 장관(Minister of Education)과 2명의 전문 분야별 장관(Minister of state in charge of primary and secondary education과 Minister of state in charge of technical and vocational education and training)이 있다.

　– 윤리 과목 없고, 예체능 소홀, 정치와 종교 과목 있다

　르완다에는 중학교가 따로 없다. Secondary school의 1, 2, 3학년이 한국의 중학생에 해당한다. 이들 학생의 주당 수업시간은 38시간이다. 이중 수학, 과학, 컴퓨터, 영어, 키냐르완다어가 총 26시간으로 전체의 68.4%를 차지한다. 특이한 점은 도덕이나 윤리, 예절 같은 과목이 없고 예체능 수업은 1시간으로 소홀히 하는 반면에 정치교육(Political education)과 종교 수업을 각 1시간씩 한다.

　중학생(S1~S3)의 교과목은 크게 3가지로 분류된다. 이들은 필수시험과목(Compulsory and examinable), 시험을 보지 않는 필수과목(Compulsory and non-examinable), 시험이 없는 선택, 보조과목(Electives, Co-curricular and non-examinable)이다.

　필수시험과목은 영어 5시간, 키냐르완다어 4시간, 수학 6시간, 과학 9시간, 컴퓨터 2시간, 역사 2시간, 지리 2시간, 기업(Entrepreneurship) 2시간이다. 이것을 보면 르완다의 중학교육은 수학과 과학에 역점을 주고 있음이 분명하다.

　시험이 없는 필수과목은 정치교육 1시간, 프랑스어 2시간, 음악, 드라마, 예술(Fine arts)과 같은 창작활동(Creative performance) 1시간이다. 그러니까 중학생은 주당 1시간 예능을 배우는 셈이다.

교무실과 수업시간표

　선택과목은 스와힐리어(Swahili)와 농업 중에서 학

교가 선택을 하며 주당 수업은 1시간이다. 보조과목(Co-curricular activities)은 체육, 문화활동(Cultural activities), 클럽(Club), 종교(Religious studies) 중에서 학생이 하나를 선택하고 주당 1시간이다. 학교 측에 따르면 보조과목의 경우 전체가 종교에 관한 수업을 한단다.

이 때문인지 르완다의 학생들은 대학교에 들어와서도 종교 활동에 열성적이다. 주말은 물론, 매일 아침저녁에 교실에서 성경공부를 하거나 예배를 보는 학생들이 많다. 교과서는 없어도 성경은 거의 가지고 있을 정도다.

Secondary school의 3년 과정을 마치고 4학년(한국 고등학교 1학년)으로 진학하기 위해서는 국가졸업시험을 보아야 한다. 이런 점에서는 한국학생들보다 르완다 중학생들이 시험에 더 많이 시달리는 셈이다.

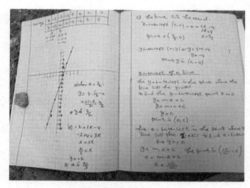
중 3학년의 수학노트

중학교육과정을 보면 르완다는 분명 과학기술국가를 지양하고 있다. 나라가 작고 농토가 적은 산악국가로 자연자원이 풍부하지 않지만, 아프리카에서는 인적자원이 우수하다는 평가를 받는 점을 생각하면 교육방향은 옳은 것 같다. 지금의 중학생 중에서 훌륭한 과학자가 많이 나오고, 르완다 국민이 과학기술의 발달에 힘입어 더욱 잘 사는 것을 보고 싶다. 그리고 앞으로 예체능과 도덕·윤리교육에도 좀 더 신경을 써 고유의 문화예술이 꽃을 피우고 예의 바른 나라로도 우뚝 섰으면 한다.

르완다에서는 초등학생(Prima-
ry School Pupils)도 6학년이 되면
국가졸업시험(Primary Leaving
National Examinations)을 본다.
올해는 10월 22일에서 24일까지
3일간 보았다. 시험과목은 영어,
과학기술, 사회, 수학, 키냐르완다

졸업시험문제지

어(Kinyarwanda) 5개이며 과목당 시험시간은 2시간씩이다.

이 시험은 우리나라 대입 수능시험과 같이 합격, 불합격은 없는 것으
로 알려졌다. 그러나 대체로 100점 만점 기준 평균 50점 이상이 되어야
Secondary School(한국의 중고등학교에 해당)에 갈 수 있다고 한다. 물론,
그해 졸업시험성적과 Secondary School의 정원에 따라 입학점수기준은
달라지기도 한단다.

시험문제는 키냐르완다어를 제외하고는 모두 영어로 되어 있다. 답도
모두 영어로 써야 한다. 시험문제는 모두 주관식인 서술형과 단답형이며
4~5지 선다형인 객관식 문제는 없다. 영어시험문제는 독해력 30점, 문법
40점, 어휘력 30점으로 구성되어 있다. 문제 수는 영어 83개, 수학 35
개, 과학기술 37개, 사회 50개, 키냐르완다어 20개이며 각 문제는 1~7개
의 작은 문제를 가지고 있다.

국가졸업시험 이외에 초등학교 졸업생이 Secondary school에 들어가
기 위하여 별도의 입학시험은 보지 않는다. 가고 싶은 희망학교를 적어내
면 대부분 희망학교에 입학할 수 있지만, 정원에 비하여 지원학생이 많
을 경우는 정부(교육부; Ministry of Education, 르완다 교육위원회; Rwanda

Education Board 등)가 다닐 학교를 조정해준다.

르완다의 부모들도 자녀교육만큼은 열성적이다. 학생들 역시 배움에 대한 열망은 높다. 그러나 가정적으로 경제적 어려움이 있어 자녀를 모두 학교에 보낼 수 없는가 하면 학생들 역시 마음 놓고 공부에 전념할 수 없는 현실이다. 더 나아가 학교의 교육환경 역시 아직은 만족스럽지 못하고 개선할 점이 많다.

나는 학생들에게 말해오고 있다.

"나도 어렸을 적에는 너희들과 같았다. 용기와 희망을 가지고 공부하고 일하라. 그러면 반드시 너희들의 미래는 밝다.

Being young, I also was as poor as you are now. Study and work hard taking a courage and a hope. And your future will be sure to be bright."

단 몇 명이라도 나의 말에 힘을 얻어 현재의 어려움을 이겨내고 훌륭한 사람이 되어주었으면 한다.

◆ 방학기간이 대학과 초중고가 다르다

– 책가방은 없거나 무겁지 않다

12~1월에 시험 보는 르완다대학교 농대 학생들

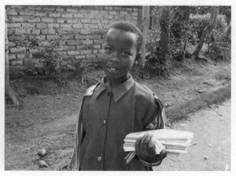
책가방 없이 책과 노트 몇 권 들고 다니는 학생

르완다는 대학과 초중고 방학기간이 다르다. 대학교는 9월에 1학기가 시작하기 전 7~8월에 한번 방학을 한다. 초중고는 1년에 3번 방학을 한다.

아프리카에 온 뒤에 친지들로부터 방학 때 놀러 오란 말을 가끔 듣는다. 더구나 겨울눈을 보러 오라는 말을 들으면 혼자 웃곤 한다. 대학교에는 한국의 겨울방학 같은 게 없기 때문이다. 12월 31일까지 수업을 하거나 시험을 본다. 해가 바뀌면 1월 첫째 월요일부터 수업하거나, 12월까지 보지 못한 1학기 수강과목의 시험을 본다. 내가 지난 1학기에 강의한 외래 채소 생산학(Exotic vegetable production science) 수강생들도 올 1월에 시험을 보았다.

한번 있는 지난해 방학(7~8월)에 나는 2주간의 휴가를 얻어 탄자니아와 우간다를 다녀왔다. 한국인이 아프리카를 여행하기가 쉬운 일이 아니어서 그런지 마냥 신나고 즐거웠다. 실제로 여행 자체도 유익했다.

지난해 초중고에 볼일이 있어 갔었다. 그런데 문이 굳게 잠겨 있고 학생들도 없었다. 그래서 하는 수 없이 고개만 갸웃거리다 그냥 돌아온 일이 있었다. 집으로 와서 알아보았더니 초중고는 대학교와 달리 그때가 방학 중이었다는 것이다. 헌데, 그걸 모르고 간 탓이다.

초등학교 6학년 수학 교과서

초중고는 방학이 1년에 3번 있다. 교육부의 2014년 초중고 학사 일정(School Calendar 2014)에 따르면 첫 번째 방학은 4월 5일부터 4월 27일까지 3주, 두 번째 방학은 7월 26일부터 8월 10일까지 2주로 되어있다. 11월 7일부터 12월 31일까지는 별다른 학사 일정이 없다. 이 기간의 약 8주가 세 번째 방학인 셈이다. 새해 첫째 주의 월요일이 시작하는 날짜에 따라 며칠의 차이는 있지만, 초중고 학사 일정은 매년 거의 비슷하다.

대학보다 초중고는 방학은 길고 수업 기간은 짧다. 더구나 초중고는 10월 21부터 11월 6일까지 3주간 국가 졸업시험 기간이다. 이 기간에 상급 학교로 진학을 위하여 해당 학생들이 시험을 보기 때문에 실제 수업 기간은 더 짧은 셈이다.

대학과 초중고가 같은 것 중의 하나는 한국과는 너무나 대조적으로 책가방이 없거나 무겁지 않은 점이다. 대학생들의 경우는 교과서가 거의 없다. 학생들은 거의 대다수가 교수의 강의 자료와 요약한 강의노트를 가지고 공부한다. 초중고는 교육부 산하의 국립 교육과정 개발센터(National Curriculum Development Center)가 편찬한 국정교과서가 있을 뿐이고 학생들은 아직 참고서 등을 엄두도 못 낸다. 학생들이 공부하는 이들 교과서도 졸업할 때는 학교에 반납한다. 책 표지에 '이 책은 르완다 정부소유다. 판매용이 아님(This book is a property of the Government of Rwanda. Not for sale)'이라고 명기되어 있다.

대학생들이 초중등학생들보다 공부를 많이 하는 것은 바람직하다. 그런데 르완다의 경우에는 학사일정 자체가 학년이 올라갈수록, 초중고에서 대학으로 갈수록 수업 기간이 길어 공부를 많이 하게 되어있다. 이런 면에서는 르완다 초중고와 대학의 학사 일정이 그래도 잘 짜졌다고 평가된다.

겨울방학이 없는 만큼 다른 나라의 대학생들보다 르완다 대학생들이 열심히 공부하고 연구하여 실력이 향상되기를 바란다.

🏷 4시간 동안 축제 속에 치러지는 대학졸업식

– 학생과 학부형 중심이 인상적

졸업식장으로 가는 행진행렬

졸업식 행진을 구경하는 사람들

축사하는 총장 직무대행

전통춤 공연 중 본부석으로 올라온 춤꾼

르완다 국립 농축산대학교 졸업식은 장장 4시간 동안 야외에서 진행되었다. 세상에 이보다 더 긴 대학졸업식이 있을까? 지금까지 이렇게 밖에서 길게 이루어진 졸업식은 듣지도 보지도 못한 것 같다. 여기서 이런 졸업식이 가능한 이유는 이렇게 추정해본다. 여기는 아직 대학 졸업생이 적고 귀하다. 대학 졸업생 배출은 가문의 영광이다. 우리나라 50~60년대와 비슷한 듯하다. 그 때문에 대학생들의 졸업을 축하하는 졸업식을 성대하게 치르는 것을 당연하게 여긴다. 더 나아가 더욱 거창하고 영광스러운 졸업식을 원하는지도 모른다. 동시에 학생과 학부형 편에서 축제 속에 치러지는 것도 한몫한다.

12월 28일, ISAE의 제6회 졸업식(6th Graduation Ceremony 2012)이 있었다. 나도 초대를 받아 참석했다. 녹색 바탕에 앞쪽에 붉은색(박사 학위) 단이 달린 가운을 입고 녹색의 둥근 모자를 쓰고 안팎의 색이 붉은색과 녹색으로 된 망토를 걸쳤다. 내 체격에 비해서 가운이 다 컸다. 듣던 바와는 달리 이곳 사람들의 체격이 다 큰 탓이다.

졸업식은 9시 50분경에 대학본부 앞에서 약 1km 떨어진 운동장에 마련된 졸업식장까지 행진하는 것으로 시작되었다.

제일 앞에 의장대 40여 명이 서고 그 뒤에 학교 상징 봉을 든 사람이 따른다. 그 뒤에 총장 직무대행, 교육부 장관 등 귀빈, 졸업생이 뒤따르고 교수들이 그 뒤를 이었다. 행진 행렬은 50m가 넘었다. 교문 밖으로 나오니 길 양쪽에는 많은 지역 사람들과 재학생들이 환영 겸 구경을 했다. 이렇게 사람들이 많이 모인 것은 TV 광고가 큰 역할을 하였다. 여기서는 대학교 졸업식 일정을 TV에 광고한다.

운동장에 마련된 졸업식장에 도착하니 졸업생, 학부형과 친지들이 좌석을 꽉 메웠다. 좌석이 모자라 서 있는 사람들도 많았다. 전체로 보면 수천 명이 되어 보였다.

본부석 역시 학부형과 관계자, 내외 귀빈들로 가득 찼다. 특이한 것은 주교가 참석한 것이다. 나는 교육부 장관 Dr. Vincent Biruta(Chancellor, Honorable Minister of Education)와 총장 직무대행 Dr. Laetitia Nyinawamwiza(Acting Rector and Vice-Rector for Academic Affairs)의 바로 뒷좌석에 앉았다. 진심으로 졸업생들의 졸업을 축하해주고 졸업식 사이사이에 펼쳐지는 전통춤과 노래를 관람했다.

4시간 동안 진행되었지만, 우리나라와 달리 축사, 환영사, 격려사 등은 적었다. 축사와 환영사는 총장과 교육부 장관 등 몇 명이 할 뿐이다. 대신에 1,057명의 졸업생 이름을 빠짐없이 다 불러 본부석 앞 아래로 나오게 했다. 그런 뒤에 교육부 장관이 그들의 졸업을 증명하는 선언을 하면 졸업생들은 모두 손에 든 사각모자를 썼다. 식이 진행되는 사이사이에 노래와 춤을 공연하여 지루함을 없애고 흥을 돋우었다. 우수학생들에 대한 상장과 부상 수여, 학생대표의 인사는 낯설지 않았다. 헌데, 부상 중에 컴퓨터가 든 상자가 눈에 들어왔다. 삼성 글씨와 마크가 보여서다.

이번 졸업생은 총 1,057명이다. 전문학교 과정 졸업생은 629명이며 여자 184명, 남자 445명이다. 대학교 과정을 졸업하여 학사 학위(Bachelor degree)를 받은 졸업생은 428명이며 여자 138명, 남자 290명이다. 전체 졸업생의 남녀 비율은 약 70:30이다. 이처럼 한 대학교에서 전문학교와 대학교 졸업생을 동시에 배출하는 것은 우리와 다른 점이다.

졸업식장에서 식이 끝나면 행사장으로 갈 때와 똑같은 방식으로 다시 행진하여 대학본부로 돌아오는 것으로 그날 행사는 마무리됐다. 그 뒤엔 어떤 특별한 행사가 없기에 학생들은 가운을 벗어 반납했다. 시계를 보니 딱 2시였다. 졸업식 행사가 4시간 걸린 셈이다.

다른 해 졸업식과 올해 다른 점은 식이 끝난 후에 무산제 시내에 있는 La Palme 호텔로 가서 뷔페 식사를 한 점이란다. 덕분에 즐거운 점심 식사를 할 수 있어 좋았다.

세상엔 같은 것도 많지만 다른 점도 많다. 이 다른 점을 틀렸다고 주장하거나 비웃으면, 그들과 친구가 될 수 없고 그들의 협력을 얻을 수 없다. 다른 것과 틀린 것은 분명 다르다. 상대의 다른 점을 얼마나 많이 받아들이느냐가 개인이든 기업이든 국가든 간에 성공과 실패를 결정짓는다.

참고로 교육부 장관과 총장 직무대행의 축사 요지는 아래와 같다.

Honorable Minister of Education : Dear graduates, as you celebrate today, hold your memories in one hand, but leave other open…. For your life is just beginning, and the world that awaits you is endless. With knowledge in your hands, and an open heart, you will have nothing but success. God bless you. Congratulations!

Acting Rector : Today, as you receive your qualifications, you will hold in your hands the key door of your future professional growth and success. Congratulations!

🔖 성경은 손에, 서점은 키갈리에

르완다에는 서점이 귀하다. 르완다 제2 도시라고 하는 무산제(Musanze, 옛 이름은 Ruhengeri이며 북도 도청 소재지)와 옛 수도였던 후애(Huye, 옛 이름은 Butare이며 남도 도청 소재지)에도 서점이 없다.

르완다에 와서 책을 사려고 서점을 찾았으나, 근무지 주변이나 가까운 도시에는 서점이 없었다. 교수들이나 학생들에게 물었더니 서점은 수도 키갈리에만 있고 그것도 책만 전문으로 파는 서점이 아니라 대형마트 등의 한 코너에 있다고 했다.

가사만 있고 악보가 없는 찬송가

르완다에 서점이 많지 않은 까닭은 책의 수요가 많지 않기 때문으로 추정한다. 문맹율(文盲率)이 29.33%로 아직도 선진국에 비하면 높은 편이다. 유네스코(UNESCO; United Nations Educational, Scientific and Cultural Organization)의 발표 자료에 의하면 2009년 르완다 15세 이상 국민의 문해율(문맹율의 반대로 일명 식자율, 識字率, Literacy rate)은 70.67%이다. 10명 중 7명만이 글을 읽고 이해하며 간단한 글을 쓸 수 있는 셈이다. 그리고 Primary school(우리나라 초등학교)과 Secondary school(중고등학교)의 학생들은 정부가 지급하는 국정교과서를 쓰고 있다. 대학생들은 대부분 교과서 없이 공부한다. 교수가 만든 30~100쪽짜리 교재를 복사하여 이용하는 게 다다.

국민들의 문화생활 수준 역시 낮아 거의 책을 사지 않는다. 그나마 책을 찾는 이는 교수, 선생, 특수전문직 사람들에 국한되어 있다. 이런 환경에서 누가 서점을 운영할까?

하지만 검은 표지에 빨간색 옆구리나 빨간 표지의 성경은 많다. 신기하다. 일요일 날 아침에 길가는 사람들은 대부분 성당이나 교회에 간다. 그들의 손에는 성경이 들려 있는 경우가 많다. 아마도 이것은 교회나 성당에서 성경을 무료로 주거나 종교 의존도가 높은 탓이 아닌가 한다. 찬송가는 가사는 있으나 악보는 없다. 악보 대신에 도레미파솔라시도를 르완다어로 적어 놓았다. 아직 악보를 볼 줄 아는 사람이 적어서다.

한국의 여유 있는 개인이나 르완다에 진출을 원하는 기업이 원조 차원에서 수도와 대도시에서라도 서점을 운영했으면 한다. 꼭 그

성경과 찬송가를 책상에 놓고
기도와 찬송가를 부르며 예배를 보는 학생들

랬으면 한다. 왜냐면 르완다 국민들에게 책을 가까이하고 책을 많이 읽게 하는 일이 어찌 보면 진정한 원조일 수 있기 때문이다. 원조 효과도 크고 사업성으로 보아도 미래엔 서점 전망이 밝다. 언젠가는 학생들이 교과서를 갖게 될 거고 독서 인구는 계속 증가할 일만 남아있기 때문이다.

르완다에도 서점이 집 가까이 있고 많은 사람이 손에 책을 들고 읽을 날이 분명 올 것이다. 르완다의 농촌에서 아기 울음소리와 함께 어린이들의 책 읽는 소리가 울려 퍼지는 모습을 보고 싶다. 그런 마을 길을 산책하고 싶다.

키갈리 신 나쿠마트 안에 있는 서점

● 배움의 열망에 불타는 대학생들

– 어둠도 배우려는 의지는 꺾지 못해

어둠도, 연말도 학생들의 배우려는 의지는 꺾지 못했다. 배움의 열망 앞에서는 어둠 속에 남아 있는 빛도 밝아지나 보다. 여기 학생들에게는 연말연시 자체가 없어 보였다.

12월 27일 이른 아침이었다. 우리나라 정자 모양의 3~4평의 원형 건물 안으로 남학생이 들어갔다. 어두워서 얼굴도 잘 보이지 않았다. 학생은 등받이가 없는 차가운 긴 의자에 앉았다. 난 궁금했다. 인사를 하고 안

6시도 안 되는 아침.
어두운 밖에서 공부하는 Angelique

으로 들어가 학생 옆에 앉았다.

"왜 이리 어두운 이른 아침에 여기를 왔는가?"

"공부하려고요."

건물의 지붕 한가운데에 작은 형광등이 보였다.

"왜 전등을 켜지 않느냐?"라고 물었더니 고장이 났다고 했다.

"어두워 얼굴도 구분하기 어려운데 글씨가 보이는가?"

"예, 보여요."

내 상식으로는 도무지 이해가 안 갔다. 하지만 문득 어린 시절 등잔불 밑이나 달밤에 책을 읽던 기억이 떠올랐다. 어둠 속에서 까만 손에 깨알같이 글씨를 쓴 종이 몇 장을 들고 공부를 하려는 학생이 측은하게 느껴졌다.

나는 플래시를 터뜨려 어둠 속 찬 의자에 앉아 공부하는 학생의 모습을 카메라에 담았다. 그리고 공부에 방해가 될 것 같아 일찍 헤어지면서 말했다.

"열심히 공부하라. 그러면 언젠가 좋은 날이 올 것이다. Study hard and then, you will also enjoy a nice life in the future."

학생의 이름은 Gatete Fred라고 했다. 5분여 동안 같이 있다가 산책을 계속 했다. 조금씩 어둠이 가시고 아침이 밝아왔다. 어둠 속에서 공부를 하는 학생의 모습이 어렴풋이 보였다.

12월 31일, 올해 마지막 날 아침이었다. 산책을 하는데, 한 여학생이 건물 밖 벽 앞 잔디밭 위 책상에 앉아 공부를 하고 있었다. 다가가 인사를 하고 물었다.

"올해 마지막 날인데, 이렇게 이른 아침에 밖에서 무슨 공부를 그렇게 열심히 하나요?"

어둠 속에서 공부하는 Gatete Fred

"오늘 시험이 있어요. 연구방법론(Research Methodology)을 공부 중이에요."

교실이나 방이 아니어도 좋다. 한 해의 마지막 날도 상관없다. 오직 이 학생은 시험을 잘 봐서 대학을 졸업하고 좋은 직장을 갖는 게 꿈이리라.

"공부를 방해해서 미안해요. 시험 잘 봐요. 새해 복 많이 받아요. Sorry for hindering your studying. Have a good score in an examination! And happy new year!"라고 말하고 헤어졌다.

Angelique라는 여학생은 손을 흔들며 인사를 하고 다시 공부를 했다.

저런 학생들이 있는 한, 르완다의 미래는 밝다. 르완다의 희망은 바로 저토록 배우려는 강렬한 의지를 가진 젊은 학생들이다.

1월 7일부터 2학기가 시작되었다. 나 역시 다음 주부터 강의를 시작한다. 저런 향학열에 불타는 학생들을 가르치게 되어서 기쁘다. 한편으로는 설레기도 한다.

✎ 공부하는 르완다 사람들… 르완다의 미래는 밝다

모자를 뒤집어쓴 아이가
땅에 1, 2, 3, 4를 쓰고 있다.

흥미로운 일이다. 르완다에서는 나이와 직업과 관계없이 공부하는 사람을 가끔 만날 수 있다. 82세의 노인, 모토 기사, 어린아이, 경비원도 공부를 한다. 그런 사람을 볼 때마다 학창시절 손바닥에 영어를 빽빽하게 적어서 다니며, 소먹이용 풀을 베면서 쉬는 짬을 이용하여 공부하던 일이 떠오른다. 그래서 그들을 더욱 진심으로 돕고 싶어진다.

82세의 Kabonye Amile은 지금도 초등학교 영어책과 노트를 들고 다니며 공부를 한다. 불어 실력은 유창하다. 전직은 중등학교(Secondary school) 선생이었고 불어와 스와힐리어를 가르쳤다. 학교에 가거나 산책을 할 때에 종종 만나 이제는 서로 알아보는 사이다. 만날 때마다 그의 손에는 항상 책과 글씨가 적힌 종이가 들려있다. 길가면서도 공부한다.

한 번은 길에서 만나 이야기를 하는 데 모자를 쓴 노신사가 지나갔다.

양과 함께 공부하는 아이들

집 앞마당에서 공부하는 아이들

영어 공부를 하는 82세의 Amile 씨

그 노신사는 노인에게 인사를 했다. 그의 제자라 했다. 73세로 1957년경에 내가 근무하는 대학교에서 약 2km 떨어진 Rwknkeli 중등학교 다닐 때에 이 노인한테 불어를 배웠다고 했다.

Amile 할아버지는 4남 7녀를 두었다. 이들 중 2명은 중등학교를 졸업했고 나머지는 초등학교와 중등학교에 다닌다. 대학을 졸업한 자녀는 없다. 이유를 물었더니 큰놈들이 공부하기를 싫어해서 그렇단다. 아이러니한 일이다.

11자녀 중 딸 4명과 아들 1명은 출가를 했다. 본처와는 사별하고 지금 새 부인과 한 집에서 6명의 자녀와 같이 산다.

가장 잘하는 것은 가르치는 것이라고 했다. 이렇게 나이 들어 왜 공부를 하느냐고 여쭤봤더니 새로운 지식을 얻기 위해서라고 했다. 알면 알수록 좋은 점이 많고 동네의 취학 전 아이들에게 영어를 가르치기 위해서라는 것이다.

그래서 나는 그에게 행복하냐고 물었다. 그는 서슴없이 참으로 행복하다고 했다. 소원은 일자리를 얻어 일하는 것이라며 도와달라고 했다.

키니기에 있는 사콜라 문화센터와 인근 마을을 구경할(Community walk) 때에 모토를 탔다. Ruzibiza Aloys라는 모토 기사는 10년 이상 모토 운전을 해오는 베테랑이었다. 영어를 잘하기에 대학교를 졸업한 줄 알았는데 초등학교만 다녔단다.

어떻게 영어를 그리 잘하느냐고 물었다. 영어를 못할 때는 외국 손님을 모시기 어려워 손해를 보는 경우가 많았다고 한다. 그래서 영어를 혼자 독학한다며 책이 있으면 달라고 했다. 그런 뒤, 그는 호주머니에서 영어 문장을 적은 종이를 보여주며 자기의 이메일 주소(ruzibizaa@gmail.com)를 알려주었다.

아침 산책을 할 때였다. 모자를 뒤집어쓴 어린이가 집 마당에서 무엇인가를 쓰고 있었다. 빨래하는 엄마는 딸아이가 아직 초등학교도 다니지 않는데, 매일 그렇게 글씨 연습을 한다고 했다. 가까이 가서 보니 작은 막대기로 1, 2, 3, 4를 쓰고 있었다. 쓰고 지우고 쓰고 지우고… 그랬다. 나도 어렸을 때 그랬다. 연필과 종이를 구하기 어려웠던 시절 땅을 평평하게 고르고 작은 나뭇가지로 글자를 쓰고 지우고 다시 쓰기를 되풀이한 기억이 가슴과 머리를 두들겼다.

　대학교 경비원도 근무하다 쉴 때면 짬짬이 영어 공부를 한다. 그런 모습이 보기 좋아 볼펜과 노트를 주었더니 고맙다며 엄지손가락을 들어 보였다. 나는 그의 손을 꼭 잡고 중단하거나 포기하지 말라며 격려했다.

　배우고 탐구하지 않는 민족이 부강한 나라를 만드는 일은 드물다. 학생들은 물론, 다양한 분야의 르완다 사람들이 때와 장소를 가리지 않고 공부하는 모습이 보기 좋다. 이런 사람들이 많아지는 한 르완다의 앞날은 밝아 보인다. 그런 르완다에 수도인 키갈리를 제외하고는 그 어디에도 서점이 없다니 참 안타까운 일이다.

🏷 Think Differently, Positively and Flexibly

집 벽에 기대어 공부하는 직업기술학교에 다니는
Jean Paul NIYONKUNDA 학생

들판의 나무아래서 모여 공부하는
농대학생들

The youth of Rwanda have said "My parents are poor. I am poor, too. So, there is no hope." This saying is one of the most often heard sayings since I came to Rwanda in December 2012.

Don't the poor people really have any hope? Yes, they do have.

I met Jean Paul NIYONKUNDA, who visited my office on 15th September 2014. He, a student of ESTB–Busogo School, appealed me to help himself. He continued to say, "I have no money to take the national examination and study furthermore."

I gave him some advices instead of giving money.

"Don't beg. Please change your thinking way. Try to get return for your efforts. Work and help your parent farm at day, and study hard at night. When I was young, I was in difficulty the same as you are now. There is a way where there is your will."

The student came back home in promising me that he will do his best to practice my advices. About 6 months later, he visited again and thanked me with bringing the good news of the pass of TVET national examination.

He promised me to study at a night–university while he will work ant make money at the day. I am sure that he will succeed and contribute to development of Rwanda.

Therefore, we need to change our mindset in place of complaining the poverty as follows;

First; Think a little differently and the way will be seen.

There is a saying that "Hope is nowhere." Maybe a lot of people seeing the sentence think that there is no hope anywhere. However, if you think a little differently it may be changed into

"Hope is now here." It is an important reason to change our mindset.

It is not without hope because we are poor. In contrast, we are poor because we have no hope.

Second; Think positively and it leads to a new power and creativity.

Here, there is a half a cup of water. Some people think that "The cup already is half empty."and are disheartened. The other people think that "The cup yet is half full."and take courage. Who is wiser and more successful? The latter, of course.

Even though poor, many of the Rwandan youth are studying in university with the help of the government and parents. Thinking this, those students should study harder to pay back the favor to the government and parents.

Third; Think flexibly and the efficiency would be maximized.

It was last year when the judges evaluated my students' thesis. Their papers had some interesting new research results. But the judges required that they should be deleted because of beyond research purposes. Eventually, the new findings were not put in the papers.

The paper deliberation seemed to be focused on more the form than the content. The over—formalism results in inefficiencies and the loss. In fact, many scientific theories and technologies that we use today were discovered by the flexible thinking. Alexander Fleming's discovery of penicillin is a good example of that.

For Rwanda to attain the self—reliant economic development and poverty reduction, it is essential to change people's mind—set. Kicking the stereotypes, Rwandans have better learn to think differently, positively and flexibly. Furthermore, doing is required, not just saying.

The beloved students of UR—CAVM! Hope is now in front of you, not just hopeless. And poverty in the young days may be a source of future success.

Please have a big dream and self—confidence.

You can do if you think you can.

06
교통, 보건, 체육
기차가 없고 축구가 인기

교통

🏷 한국의 지게에 버금가는 외발 손수레

머리에 벽돌 이어 나르기

외발 손수레로 무거운 돌을 나르는 인부

머리에 바구니를 이고 가는 남자

한국에 지게가 있다면 르완다에는 외발 손수레가 있다. 나무와 철제 2종류가 있다. 농촌에서 웬만한 짐은 이것으로 나른다.

르완다는 산악지대가 많으며 농촌의 대부분 길은 좁고 포장이 되지 않았다. 그 탓인지 가벼운 짐이나 물건은 머리로 이어 나른다. 그 밖의 무거운 짐이나 물건은 바퀴가 하나인 인고로파니(Ingorofani)로 나른다.

영어로 Wheelbarrow에 가까우며 우리말로는 외발 손수레로 부르면 될 것 같다.

철제로 된 것은 우리나라 철제 짐수레에서 바퀴 하나를 뺀 것과 비슷하나 크기가 좀 작다. 나무로 된 것이 흥미롭다. 전체가 나무인데 딱 바퀴 하나만 나무가 아니다. 바퀴는 고무 타이어와 철제 살로 이루어져 있다.

바퀴살이 철제로 되고 축 중심부위에 베어링이 들어 있어서 기름칠을 해주어야 잘 굴러간다. 할아버지 한 분이 외발 나무손수레 바퀴에 열심히 기름칠하길래 사진을 찍으려 하니 손을 내밀며 "아마 프랑가(돈을 달라는 뜻)"라고 했다. 그런 모습이 전혀 기분을 거슬리지 않았다.

크기는 길이 2~3m 정도, 폭은 1.0~1.5m 정도 된다. 작은 사다리 2개를 약간 각이 지도록 이어 붙이고 손을 잡는 것의 아래에 바퀴가 한 개 달려 있다. 땅에 놓으면 등이 많이 젖혀진 나무의자 같다. 물건을 실으면, 바퀴가 달린 윗부분을 손으로 잡아들어 올리고 뒤에서 밀고 가면 된다. 앞에서 끌고 가기는 어렵게 생겼다. 그 때문인지 아직껏 앞에서 끌고 가는 것은 보지 못했다.

머리로 이고 가거나 자전거에 싣고 갈 수 없는 무거운 짐은 대부분 외발 나무손수레로 나른다. 죽은 사람의 시신을 이걸로 나르기도 한단다. 시골의 좁고 울퉁불퉁한 길에는 운반수단으로 안성맞춤이다. 보기에는 하찮게 보여도 지금의 저 모습으로 발전하기까지는 많은 사람들의 아이디어와 노력이 들었을 것이다. 맨 처음 만들었을 때나, 아니면 옛날 모습이 문득 보고 싶었다.

왜 우리 선조들은 지게를 만들고 르완다 사람들은 외발 나무손수레를 만들었을까? 양국 모두 시골의 지형이 험하고 길이 좁으며 울퉁불퉁 구불구불한데 짐을 이동하는 수단은 다른 것일까? 생각할수록 궁금하다.

🔖 비행기는 있지만 기차가 없는 나라, 허전한 대중교통수단

국회의사당 앞을 달리는 시내버스(마타투)

키갈리 중심가를 달리는 모토들

르완다에는 기차와 지하철이 없다. 르완다에 가려면 비행기나 차를 타고 가야 한다. 바다가 없으니 화물선이나 큰 배 또한 없다. 이런 르완다 국내의 대중교통수단은 크게 버스, 오토바이, 택시다.

첫째, 버스는 크기로 보아 3종

무산제 출발을 앞둔 키갈리행 고속버스들

류가 있다. 우리나라의 버스와 같이 대형 버스, 좀 작은 중형버스, 봉고와 같은 소형버스가 있다. 큰 버스는 관광용이나 장거리용이다. 중형버스는 우리나라 미니버스 크기이며 주로 도시와 도시를 오가는 고속버스이다. 봉고와 같은 소형버스는 주로 시내나 시 주변을 운행하는 시내버스다. 시내버스는 일반버스로 도시와 도시를 오가는 장거리 운행은 거의 하지 않는다.

고속버스라고 하지만 버스가 오래된 데다 도로가 2차선이고 산악지대로 구불거려 시속 40~70km로 달린다. 승객은 통로까지 앉아 한 줄에 4

명씩 앉고 운전석 옆에도 2명이 앉아 30여 명이 탄다. 어쩌다 통로에 2시간 이상 앉아 갈 경우는 여간 고역이 아니다. 그래도 불평하거나 괴로워하는 손님을 보기 어렵다.

고속버스에도 아직 좌석이 지정되어 있지 않다. 좌석 지정제로 운영하는 버스는 키갈리에서 늉웨 숲을 거쳐 창(찬)구구까지를 오가는 버스가 유일한 것으로 알고 있다. 이것도 아직 잘 지켜지지 않는다. 그 밖의 버스는 고속, 시내버스를 가리지 않고 좌석이 정해져 있지 않다. 그래서 통로에 앉지 않으려면 20~30분 전에 미리 버스 안에 앉아서 기다려야 한다. 뜨거운 열대의 한낮에 냉방도 안 되는 작은 버스 안에서 30여 분을 기다리는 일이 그리 쉽지 않다. 그런데도 그것이 당연한 것으로 여기며 땀을 닦으며 웃고 떠들고 기다리고 있는 르완다인들이 가끔 이상하게 여겨지기도 한다.

시내버스는 마타투(마타투스, Matatus라고도 함)라고 한다. 왜 마타투라고 부르느냐고 물었더니 아는 사람이 없었다. 5년 이상 르완다에 산 한국인도 몰랐다. 우리나라의 현대, 일본의 도요타와 같은 자동차 회사 이름이냐고 물어도 모른다 했다. 내가 알음알음해서 알아낸 바로는 3을 뜻하는 스와힐리어 Tatu에서 마타투가 유래되었다는 것이다. 마타투는 3줄이 있고 한 줄에 3개의 좌석을 가진 버스라는 뜻이다. 12인승 봉고처럼 생긴 소형차로 한 줄에 3개 좌석, 운전석이 있는 곳을 제외하고 4줄(맨 뒷줄은 소파처럼 생김)이 있다. 그런데 실제는 한 줄에 4명이 타며 어떤 때는 5명에서 7명까지 타는 것을 보았다. 어쩌다 옆에 뚱뚱한 아주머니가 타면 엉덩이가 커서 살이 접히는 느낌이다. 타고 내릴 때도 힘들다.

시내버스 요금은 키갈리의 경우에 기본요금이 150프랑이며 거리가 멀어짐에 따라 조금 더 낸다. 내가 있는 UR-CAVM(옛 ISAE) 대학에서 무산제까지는 300프랑이다. 그런데 어떤 때는 400프랑을 내라고도 한다. 시내버스는 사람이 꽉 차야만 터미널에서 출발한다. 그래서 출발시각이 따로 정해져 있지 않다. 즉, 우리나라처럼 시내버스 운행시간이 정해져 있지 않고 손님이 만원이 되어야 출발하는 것이다.

고속버스 요금도 갈 때와 올 때가 다르다. UR-CAVM 대학에서 키갈리까지 갈 때는 1,700프랑인데 키갈리에서 돌아올 때는 2,500프랑이다. 왜 다르냐고 물으면 모른다며 웃기만 한다. 르완다 생활 중에서 힘든 일 중의 하나가 버스를 타고 어디를 다녀오는 일이다.

둘째, 모토다. 시내버스는 비용이 적게 들지만 노선을 따라 큰 도로로 다니므로 버스가 가지 않는 곳까지 가려면 내려서 먼 길을 걸어가야 하는 불편함이 있다. 그런 불편함을 겪지 않으려면 모토를 타는 게 좋다. 모토는 우리나라 오토바이를 말하며 여기서는 Motorcycle taxis, 또는 moto-taxis라 하며 줄여서 모토로 부른다.

모토는 목적지까지 쉽게 갈 수 있는 장점이 있지만, 요금이 보통 600~1000프랑으로 시내버스보다 4~6배가 비싸다. 또한, 운전사 등 뒤에 타고 우리나라 퀵서비스 하는 사람들처럼 자동차 사이를 가기 때문에 스릴은 즐길 수 있지만, 사고의 위험이 따른다. 그래서 모토를 탈 때는 몇 가지 확인을 타기 전에 할 필요가 있다. 무면허자가 아닌지, 술을 먹지는 않았는지 등을 확인하고 요금도 타기 전에 미리 결정하는 게 좋다. 면허증 소지 여부는 헬멧과 재킷(Jacket)의 번호 여부를 보면 알 수 있다. 그리고 운전자가 주는 헬멧을 반드시 착용해야 한다.

국내에서는 오토바이를 한 번도 타 본 일이 없었다. 그래서 처음에는 겁이 나 택시를 이용했는데 택시 비용도 만만찮고 모토를 타본 사람들이 괜찮다는 말에 요즘엔 급한 경우에 가끔씩 모토를 타기도 한다.

셋째, 택시는 편안하게 목적지까지 갈 수 있지만 요금이 비싸다. 모토와 마찬가지로 타기 전에 요금을 흥정해서 결정하는 게 좋다. 그렇지 않고 타면 바가지를 쓰기 쉽다. 택시는 흰색 바탕 차 옆에 오렌지색 줄이 있다. 키갈리 시내에서는 3000~5000프랑을 주면 웬만한 곳은 거의 갈 수 있다.

이런 대중교통수단이 있지만 농촌 지역에서는 걸어 다니는 사람이 많다. 몇 km는 웬만하면 걸어 다닌다. 길 양쪽으로 줄지어 걸어가는 사람들을 보면 나 역시 시내버스를 탈 돈이 없어 고무신을 신고 10여km를 걸어서 대학교에 다니던 시절이 떠올라 울컥하기도 한다.

그래도 사람이 이용하는 대중 교통수단은 견딜만한 하나 물류운송수단은 취약하다. 그래서 웬만한 물건은 가까운 거리를 이동할 때는 머리로 이어 나른다.

르완다는 공산품이 인접국에 비해 비싸다. 그것은 항구와 기차가 없고 물류운송수단이 취약하여 수입 공산품의 운송비가 많이 들기 때문이다. 산이 많고 1,000m 이상의 고산지대인 지형을 감안하면 기차 운행이 어렵다는 생각도 든다. 하지만 공산품 가격을 내리고 좀 더 편리한 대중교통수단을 제공하여 국민들의 생활 수준을 개선하기 위해서는 철도를 건설해 기차를 운행하는 것이 필수적이라고 본다. 머지않은 장래에 르완다에서 기차로 여행하는 날을 꿈꿔본다.

◆ 도로변 휴게소 사업, 전망 밝다

내가 본 르완다, 우간다, 그리고 탄자니아 3개국 도로변에는 휴게소가 딱 하나 있다. 그것은 르완다의 수도 키갈리와 무산제(루헹게리) 사이에 있는 SINA Gerard다. 생각보다 영업이 잘되고 인기도 높아 시설을 계속 확장하며 현대화하고 있다. 도로변 휴게소 사업 전망이 밝음을 입증하고 있다.

따라서 새로운 사업을 구상하고 있는 사람이 있다면 휴게소 사업을 검토해보았으면 한다. 설치 위치로는 르완다는 키갈리와 후예(부타레) 중간, 우간다는 캄팔라와 마라라(Mbarara) 사이의 적도 통과지점, 탄자니아는 아루샤

르완다 수도 키갈리와
무산제 사이의 휴게소 전경

시와 응고롱고로 자연보전지역 사이의 공예품 매점 부근이 좋아 보인다.

한국고속도로에는 깨끗하고 편리한 휴게소가 많다. 운전하다가 피곤하면 쉴 수도 있고 식사 때가 되면 맛있는 음식을 사 먹을 수도 있고 생리적 현상도 쾌적한 분위기에서 해결할 수 있다. 그뿐만 아니라 간단한 구급약, 생필품과 농산물도 살 수도 있다.

르완다는 나라가 작아 키갈리에서 버스로 2시간이면 웬만한 곳에 다 갈 수 있다. 그래서 휴게소 문화에 익숙한 나는 휴게소가 없는 것이 이상하긴 했으나, 그리 큰 불편은 없었다. 그러다가 우간다를 여행하였다.

우간다는 르완다와 달리 나라가 커서 버스를 타고 카발레에서 수도인 캄팔라까지 9시간, 마라라에서 기소로까지 8시간이 걸렸다. 그렇게 긴 시간을 버스로 가는데, 도로 어디에도 휴게소가 하나도 없었다.

버스는 손님을 태우거나 내릴 때에 잠시 정차하고 떠나갔다. 기사와 안내(차장)는 아무것도 말해주지 않았다. 심지어 기사는 점심시간 무렵에 버

스를 정차해놓고는 몇 분간 정차하니 식사를 하라는 등의 말도 하지 않고
어디론가 사라져버렸다. 차 안의 승객들은 그대로 앉아서 감자, 옥수수,
브로셰트(Brochette, 불어로 꼬치구이라는 뜻, 영어는 skewer), 바나나, 환타
등을 사 먹었다. 나는 내심 기사가 때가 되면 식사시간을 주겠지 하고 아
무것도 사 먹지 않고 버스 안에서 손님들과 같이 기다렸다. 곧 가겠지 하
고 그렇게 기다린 시간이 30분이 지났다. 기사는 혼자 식사를 했는지 이
빨을 쑤시며 천연덕스럽게 느릿느릿 왔다. 무척 얄밉고 미련해 보였다.

기사는 타자마자 버스를 몰았다. 얼마쯤 가다가 버스가 도로 옆에 섰

우간다 도로변 과일가게

탄자니아 아루랴시와
응고롱고로 사이의 공예품판매점

다. 손님들이 내리기에 물었더니,
웃으며 대소변을 보기 위해 내린
다는 것이었다. 휴게소가 없으니
기사는 운전하다가 손님들이 요구
하면 버스를 길가 아무 데나 세운
다. 그러면 손님은 남녀노소 가리
지 않고 각자 알아서 일을 본다.
보기 민망하고 볼썽사나운 풍경

우간다 버스 안 손님에게
물건을 팔려고 애쓰는 잡상인들

이 벌어진다.

　아무리 오랜 시간 버스를 타도 식사시간이 별도로 없다. 이것을 모른 첫 여행길에는 점심을 걸러야 했다. 손님을 내려주고 태울 때에 작은 읍 같은 곳에 버스가 정차하면 상인들이 벌떼같이 몰려오기도 하고 버스 안에 올라와 물건을 판다. 진풍경이 이만저만이 아니다. 이때, 음식을 사서 버스 안에서 먹어야 한다.

　휴게소를 운영하면 이런 불편함과 비위생적인 문제가 한꺼번에 해결된다. 이것은 분명 이들 나라의 문화위생생활 향상에도 기여할 것이다.

　휴게소 사업은 투자 전망이 밝다. 투자가는 이익을 얻고 승객은 쾌적한 여행을 하게 된다. 손해 보는 사람은 없고 많은 국민이 편리함과 쾌적함을 얻는 사업인데 하지 않을 이유가 없다. 민간인 투자가 어려우면 정부 차원에서라도 하였으면 한다. 특히, 우간다의 적도 통과지점은 휴게소 설치전망도 밝고 관광자원 개발 차원에서도 안성맞춤이다.

🔖 르완다수도 키갈리 누비는 서울 시내버스

　르완다의 수도 키갈리를 서울 시내버스가 누비고 다닌다. 서울에 있을

키갈리 시내를 누비는 서울 시내버스

때에 내가 타고 다녔던 버스인지도 모른다는 생각이 들자 친근감이 들면서 기분이 묘해졌다. 여기 르완다에서 서울 시내버스를 볼 줄을 꿈엔들 하였으랴! 그러나 현실인 것을 어쩌랴! 현실 같은

꿈이 아니라 꿈같은 현실을 살고 있다.

2013년 9월 이후부터는 3개 운수회사가 키갈리를 4개 권역으로 나누어 시내버스를 운행하고 있다. Remera, Kanombe 등이 속한 1권역(I Zone)은 Kigali Bus Service(KBS), Kicukiro, Gikondo 등이 속한 II권역은 Royal Express 회사, Kimironko, Nyarutarama 등이 속한 III권역과 Kimisagara, Gatsata 등이 속한 IV권역은 Rwanda Federation of Transport Cooperatives(RFTC)가 맡고 있다. 서울 시내버스는 Royal Express 회사가 II권역을 운행하고 있다.

버스는 출퇴근 시간 등 승객이 붐비는 시간대에는 5분, 그렇지 않은 시간대에는 15분 간격으로 운행하는 것을 원칙으로 하고 있다. 그러나 실제로 야부고고 등 버스터미널(여기서는 아직도 Taxi Park라고 많이 불린다)과 같이 상시 승객이 많은 노선은 5분 간격보다 짧게 운행하기도 한다.

교통체계를 바꾼 이후, 키갈리의 교통이 눈에 띄게 나아지고 있다. 대형 시내버스가 새로 생겼음은 물론, 공항전용택시도 나타났다. 스쿨버스 운행도 이전보다 활발해졌다. 그뿐만 아니라 낡은 시내버스가 새로운 버스로 많이 바뀌고 있고 좌석이 깨끗해지고 있다.

시외버스도 새로 도입한 버스가 많아졌다. 더 나아가 출발 시각을 지키는 비율이 높아지고 청결해져 키갈리를 오가는 데 편안해지고 쾌적해졌다.

그런 탓인지 벼룩과 빈대로 고생하는 일이 줄어든 것 같다. 2년 전만해도 버스를 탔다 하면 빈대나 벼룩 때문에 고생했다는 말을 많이 들었다. 그러나 지금은 그런 이야기를 하는 사람들이 많지 않다.

또 하나 반가운 것은 지난해 키갈리에 현대차 사무소가 개설되었다는 것이다. 직원들의 노력 덕분에 현대차의 판매실적은 괜찮은 것으로 알려졌다. 아직은 많지는 않지만, 가끔 현대 마크가 붙은 차가 르완다를 질주

하는 것을 보면 기분이 좋고 우쭐해지기도 한다.

　서울 시내버스가 키갈리 시내를 운행하기는 하지만, 아직은 몇 대에 불과한 것으로 알고 있다. 앞으로 관계자들이 지속적으로 노력하여 더 많은 버스, 승용차 등 한국 자동차가 르완다 전국을 씽씽 달렸으면 한다. 그리고 르완다 국민들에게서 한국 자동차가 최고(Best or Number One)란 소리를 듣고 싶다.

🏷 안경점을 찾아라!

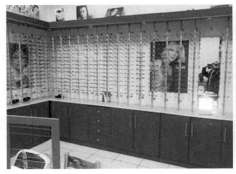
키갈리 구나쿠마트에 있는
NU vision optical 안경점 내부

안경 쓴 사람이 없다.

　르완다에서는 안경 쓴 사람 보기가 어렵다. 안경점도 거의 없다. 르완다 북도(Nothern Province)의 도청소재인 무산제에서도 안경점이 한군데 있다는 말을 들었으나 아직 찾지 못했다.

　르완다에 온 지 만 5개월이 넘었다. 안경 줄이 낡아 바꿀까 하여 안경점을 찾았으나 사는 곳은 물론, 르완다의 제2 도시인 무산제 시내에 가서 물어물어 찾았으나 찾지 못했다. 하는 수 없이 수도인 키갈리에 갈 때에 바꾸어야 했다. 아파트 단지 상가에도 몇 개씩 안경점이 있는 우리나라와 대조적이다.

르완다 사람들은 눈이 좋은 것 같다. 안경 쓴 사람이 거의 없다. 안경 쓴 사람을 보려면 발품을 팔아 일부러 찾아다녀야 한다. 수강생 139명 중 안경 쓴 학생이 한 명도 없다. 근무지인 국립농대 2,500여 명의 학생과 교직원 중에 안경 쓴 사람은 손으로 꼽을 정도다. 거리나 시내에 나가도 마찬가지다. 안경을 쓴 사람 만나기가 어렵다. 한 집에도 몇 명이 안경을 쓰는 우리나라와는 전혀 딴판이다.

여기 사람들은 안경을 쓰지 않고도 멀리, 가까이 잘 보는 것은 물론, 어두운 데서도 깨알 같은 작은 글씨를 잘 읽고 글씨도 잘 쓴다. 어쩌다 수도 키갈리에서 길 가다 안경 쓴 사람을 만나면 선글라스를 끼고 있다. 우습게도 여기서는 안경 쓴 사람을 부자로 본다. 안경이 부의 상징이라고 한다. 르완다 폴 카가메 대통령은 안경을 썼다.

우리나라도 60, 70년대에 안경 쓴 사람이 많지 않았다. 아무것도 모르고 나 역시 당시에는 안경 쓴 사람이 부러웠다. 어떻게 하면 안경을 쓸 수 있을까 고민하다, 수수깡으로 안경을 만들어 쓴 일이 아련히 떠오르자 혼자 웃었다. 요즘은 안경을 쓰지 않을 수 있다면 제발 그러고 싶다. 더운 날에 땀이 나도 안 좋고, 오토바이를 탈 때 헬멧을 쓸 때도 불편하다. 돌아다니면서 사진을 찍을 때 안경을 벗어야 하는 일도 여간 불편하지 않다. 안경을 쓰면 거추장스럽고 힘든 일이 한둘이 아니다.

그러나 1268년 이태리에서 안경이 처음 생긴 이래 안경은 인류의 소원하나를 풀어준 셈이다. 원하는 사람에게 나쁜 시력을 바로잡아서 잘 볼수 있게 해주었다. 안경의 순기능은 그뿐 아니다. 먼지나 작은 벌레 등이 눈에 들어오는 것을 막아준다. 태양이 작열하는 지역에서는 자외선 등으로부터 눈을 보호해주고, 3D 안경은 사물을 입체적으로 볼 수 있게 해준다. 요즘에는 멋을 창조하는 용도로도 쓰여 안경도 유행을 탄다.

르완다에서는 연예인 등 일부 특수층 사회를 제외하고는 아직 패션 안경은 시기상조다. 영화나 소설 속의 이야기다. 하지만 변화의 속도로 보아서 수도 키갈리에서는 멀지 않아 장식용이나 멋을 내기 위한 안경을 볼수 있을 것 같다. 소수지만 아가씨들이 옷차림이나 몸매에 신경을 쓰고 멋을 부리고 있기 때문이다. 그리고 TV, 인터넷, DVD, 영화, 휴대폰 등의 확산이 젊은이들을 현재 상태로 가만히 놓아두지 않고 있다.

안경은 어디까지 잘 보기 위한 보조 수단이다. 아무리 안경이 좋아도 눈을 감으면 볼 수 없다. 눈이 나빠도, 눈을 뜨면 안경을 쓰지 않고도 볼수 있다. 잘 보기 위하여 안경을 쓰는 거라면 안경을 쓰고 눈을 감아서는 안 된다. 그리고 눈이 좋을 때에 눈을 잘 관리하고 보호해야 한다.

나의 안경점 찾기는 당분간 계속될 것 같다. 지금은 이렇게 안경점 찾기가 힘들지만, 앞으로 안경 수요가 늘면 안경점 역시 가까운 곳에서도 이용이 가능할 것이다.

....

필자 주: 2015년 9월까지 무산제에서는 안경점을 찾지 못했다. 그러나 키갈리에는 안경점 걱정을 하지 않아도 될 정도로 좋은 안경점이 많다.

◆ 에볼라, 르완다는 아직 안전하다

한국의 가족과 친지들이 걱정했다. '뉴스를 보니 에볼라 전염병이 심각한 거 같은데 괜찮으냐?'는 전화나 메일을 여러 차례 받았다. 나뿐만이 아닐 것이다. 르완다에서 활동하고 있는 봉사단원과 교민들 거의 같은 처지일 것이다. 답은 한마디로 '아직은 르완다는 안전하다.'이다.

르완다 공항의
에볼라 예방을 위한 질문서

현재까지 르완다에서는 에볼라바이러스 감염자가 발생하지 않았다. 이 전염병으로 인하여 생활에 특별한 변화도 없다. 평온하고 안전하다.

하지만 안심은 금물이다. 주의하고 가능한 예방을 철저히 해야 한다. 르완다 주재 한국대사관과 코이카 사무소도 실시간으로 필요한 조치를 하고 만약에 대비하여 철저한 준비를 하고 있다. 안전 및 예방교육 시행, 비상연락망 가동과 긴급대피 소집훈련 등도 실시하였다.

르완다 정부 역시 이웃 나라인 DR콩고에서 2명의 에볼라바이러스(서아프리카에서 발생한 에볼라바이러스와 다른 변종 바이러스로 알려짐)가 발생한 이후 예방 조치를 강화하고 있다.

르완다 언론 보도에 따르면 예방 조치는 이렇다. ❶ 국경과 공항의 검역 강화, ❷ 에볼라바이러스 발생국인 시에라리온(Sierra Leone), 라이베리아(Liberia)와 기니(Guinea)를 다녀온 여행객의 입국 금지, ❸ 체온이 37.5℃ 이상인 여행객의 격리(21일) 및 검진 후 에볼라바이러스 감염이 아닌 것으로 판명될 경우에 입국, ❹ 에볼라바이러스 의심환자의 격리 및 진단 후 에볼라바이러스 감염이 아닌 것으로 판명될 겨우 입국, ❺ 동아프리카공동체(East African Community; 케냐, 탄자니아, 우간다, 부룬디, 르완다)와 긴밀한 협력(예: 에볼라가 발생한 서아프리카 나라에 대한 여행 규제와 같은 강력한 예방 조치) 등이다.

실제로 르완다 키갈리국제공항에서 에볼라 의심환자로 보여 격리 수용된 독일 대학생이 검사 결과 말라리아 환자로 판명되어 필요한 조치를 한 후에 입국한 일도 있었다. 그리고 공항에서는 모든 입국자가 에볼라바이러스 예방 질문서를 의무적으로 작성 제출하고 있다. 나도 지난 8월에 남부 아프리카 여행을 마치고 귀국할 때 질문서를 작성하여 제출했다.

의학의 발달은 눈이 부실 정도다. 그 결과로 곰팡이와 세균에 대해서는 어느 정도 예방과 치료를 할 수 있다. 하지만 아직도 바이러스에 대해서는 예방약과 치료 약이 거의 없을 정도다. 에볼라 전염병이 무서운 것도 바이러스에 의한 질병이기 때문이다.

바이러스가 얼마나 독한 것인가는 담배 모자이크 바이러스(TMV; Tobbaco Mosaic Virus)가 담배 필터에 묻어서도 식물에 감염되는 것을 보면 짐작할 수 있다. 화란에서 연수를 받을 때의 일이다. 담배 필터를 물과 함께 갈아서 명아주(바이러스 지표 식물)에 묻혔다. 일정 기간이 지나니 명아주에 TMV가 발생했다. 우리 모두가 알다시피 시중에 판매되는 담배는 증기로 찌고, 고온·고열 건조도 하는 등 여러 가지 가공 과정을 거쳐 만들어졌다. 그래도 바이러스는 살아남았다는 점이다.

그런데도 신기한 것은 실험할 때 사용하는 실험기구 소독 방법이 고작 비누로 씻는 것이었다. 다시 말하면 비누로 깨끗이 씻는 것이 바이러스 감염을 예방하는 좋은 방법이라는 것이다. 물론, 식물에 감염되는 바이러스와 동물, 사람에게 감염되는 바이러스가 같지는 않다. 따라서 모든 바이러스가 다 그렇다고 볼 수는 없지만, 에볼라 예방법 중에도 손을 깨끗이 씻는 것이 있다. 이때 이왕이면 비누를 사용하였으면 한다.

지나치면 부족함만 못하다(過猶不及)는 말이 있다. 이런 점에서 대한항공이 케냐 나이로비공항 운항을 중단한 것은 국제협력관계 측면이나 에볼라 예방 차원에서 좀 성급하지 않았나 한다. 에볼라 문제로 아직 케냐 나이로비공항의 운항을 중단한 항공사를 들어보지 못했기 때문이다.

지나친 과장이나 호들갑 떠는 것은 삼가는 게 좋다. 오히려 역효과를 가져올 수 있다. 하지만 예방은 철저히 할수록 좋다. 차분한 대처와 철저한 예방을 하면 에볼라바이러스 문제는 여름철 지나가는 한줄기 소낙비와 같을 것이다.

🏷️ 흡연율 낮지만 흡연 부작용 대두

노천시장에서 잎담배를 파는 장면　　　　　　파이프 담배 피우는 노인

르완다의 흡연율은 총인구의 7.5%로 동아프리카에서 가장 낮다 (Rwanda News Agency, 2013. 3. 29.). 세계 청소년 흡연율 조사(Global Youth Tobacco Survey, 2008)에 따르면 르완다 청소년 흡연율은 1.8%다. 이런 통계자료에 의하지 않아도 직접 살아보니 르완다 국민은 거의 담배

를 피우지 않는다.

하지만 담배는 의외로 사기 쉽다. 담배 간판은 없지만 일반 슈퍼, 마트, 상점, 터미널 가판대 등에서 담배를 팔기 때문이다. 가판대에서는 20개비의 곽은 물론, 낱개로도 판다. 아마 가난한 서민 고객을 겨냥한 상술인지 모른다.

담배 종류는 카멜(Camel), 말보로, 던힐, 인토레(Intore), SM, Impala, Premier 등 7종류를 확인했다. 국민 소득과 비교하면 값은 비싼 편이다. 카멜, 말보로가 20개비 한 갑이 3,000프랑(약 5,000원), 던힐 1,000~1,500프랑, SM 1,000프랑, Intore 800~1,000프랑, Impala 700프랑, Premier 500프랑이다. Impala(케냐)를 제외한 나머지는 르완다에서 생산된 것으로 되어있으나, 직접 담배 생산 공장은 보지 못했다.

르완다에서 판매되는 담배

이처럼 돈만 있으면 쉽게 담배를 살 수 있지만, 담배 피우는 르완다 사람 보기는 쉽지 않다. 르완다에서 2년 9개월간 사는 동안 담배 피우는 대학생을 보지 못했다. 대신에 시골노인들이 담배 피우는 모습은 가끔 본다.

담배꽁초 보기도 어렵다. 공원, 길, 시장, 터미널… 어디서도 버려진 담배꽁초 찾기가 쉽지 않다. 말할 것도 없이 땅에 떨어진 꽁초를 주워 피우는 사람을 만나기란 하늘의 별 따기만큼 어렵다.

식당, 커피숍, 술집 등에는 거의 재떨이가 없다. 담배광고도 보지 못했다.

공항 등 특수지역을 제외한 일반지역에서는 흡연 또는 금연 구역을 보지 못했다. 한국에서 같이 공원에서 담배를 피우면 벌금을 문다는 플래카드(현수막) 같은 것도 보지 못했다.

젊은이가 어른 앞에서 담배를 피우면 버르장머리 없다는 말도 들어보지 못했다.

한국의 많은 남자 애연가들은 아파트 베란다에서 혼자 쓸쓸히 담배를 피운다. 그런 반딧불족 이야기를 학생들에게 하면 믿지 않고 오히려 그런 이야기를 하는 나를 이상하게 쳐다본다. 남자가 집에서 흡연할 자유도 없느냐? 그렇게까지 하면서까지 담배를 피우고 싶은가? 학생들의 질문은 가지가지다.

르완다가 흡연율이 이처럼 낮은 이유는 담배통제법(Tobacco Control Law)이 있기 때문이다. 르완다 정부는 법으로 담배 판매를 위한 광고, 홍보 및 후원을 금하고 있다. 다음으로는 소득이 낮아 담배를 살 여유가 없기 때문이다. 먹고 살기에도 힘든 이들에게는 담배를 사겠다는 생각조차 버거워 보인다. 담배 피우는 자체가 사치다. 또 하나는 기독교의 영향인 듯하다. 르완다인 약 94%가 기독교를 믿는다.

흡연자 중 시골노인들은 궐련(Cigarets)보다 잎담배를 주로 애용한다. 궐련(Cigarets)에 비하여 잎담배가 싸고 파이프로 담배를 피우기 용이하기 때문이다.

담배는 농촌에서 재배되고 있다. 농민들은 담뱃잎을 말려 농촌 재래시장으로 가져와 판다. 외관상으로는 한국 잎담배와 비슷하다. 시골노인들의 담배 피우는 모습도 한국 노인과 닮아 보인다.

노인은 담배가 타는 파이프를 깊게 빨아들여 마셨다가 연기를 후 내뿜는다. 그렇게 번뇌, 망상, 욕심, 피곤과 지침, 가눌 수 없는 삶의 무거운 짐 같은 것들을 다 연기와 함께 날려 보내서일까? 노인들의 얼굴은 그늘지지 않고 맑고 환하다.

이렇게 흡연인구가 적은데도 최근 몇 년 전부터 흡연문제가 심심찮게 보도된다. 르완다의 암환자 30%가 흡연 때문이며, 청소년들이 술(알코올) 다음으로 담배를 남용하고 있다(English News Cn, 2013. 10. 16). 담배도 술처럼 중독성이 있고 간접흡연의 해도 크며 한번 중독되면 끊기가 어렵다. 15~25년 흡연한 르완다인의 약 7%가 폐암 위험에 노출되었다. 담배 제조회사는 흡연이 건강에 해로움을 소비자에 경고하고 홍보해야 할 필요성이 있다(2015. 4. 26, 『The New Times』).

이런 보도를 보면 르완다도 소득수준이 높아지고 도시화, 서구화가 진전되면 흡연 문제가 지금보다 심각해질 것이다. 따라서 WHO 등 관련 국제기구와 협력하여 지금부터 흡연의 위해함과 부작용을 홍보하고 교육하였으면 한다.

흡연은 순기능(順機能)도 있지만, 역작용(逆作用)이 크다. 나쁜 것은 시공(時空)을 초월하여 나쁜 것이다. 르완다 밖에서 나쁜 것이 안이라고 좋을 리는 만무하다.

체육

🖋 르완다 시골 아이들도 태권도를 안다

– 태권도의 세계적 보급을 위해 적극 지원하자

태권도의 힘은 어디까지인가? 르완다 시골 아이들이 한국은 몰라도 태권도는 안다. 태권도의 위력에 깜짝 놀랐다.

2013년 1월 1일에 교정 밖을 나가니 사람들이 줄지어 길을 올라갔

태권도 시범을 보이는 어린이들

다. 궁금했다. 물어보았더니 교회에 간다고 하였다. 별로 할 일이 없어 그냥 그들을 따라 올라갔다. 2km 정도를 걸어가니까 교회가 나왔다. 십자가도 없었다. 헌데, 이상한 일이었다. 일부는 교회로 가고 더 많은 사람들은 밭두렁 길을 걸어 올라갔다. 옛날 내가 살던 시골 길과 같았다. 나는 옥수수와 사탕수수밭을 지나서 대나무 숲 옆의 밭고랑 길을 걸어갔다.

그렇게 얼마쯤 더 가니까 큰 길이 나왔다. 사람들이 많아졌다. 앞을 보니 유칼립투스 숲이 보이고 그 뒤로 십자가가 있는 큰 벽돌 건물이 보였다. 가까이 가니 북소리가 요란했다. 성당이었다. 북 치는 소년소녀들과 인사를 하고 성당 안으로 들어갔다. 성당 이름은 찾을 수 없었다. 성당 안은 신도들로 꽉 찼다. 아마 1,000명은 넘어 보였다. 미사가 진행되어 조금 보다가 밖으로 나왔다.

밖에는 사탕수수를 파는 아이들이 있었다. 부피가 작으면 좀 사주고 싶은 생각이 들었다. 긴 옥수숫대같이 커서 그냥 돌아서 오려는데 한 아이가 "태권도!"를 외치며 시범을 보였다. 아이는 나보고 태권도를 할 줄 아느냐고 물었다. 하사관 학교에서 배워 4급 자격증이 전부인 나는 간단히 기본자세를 해 보였다. 아이들이 엄지손가락을 치켜세우며 따라 했다. 제법 잘했다. 방금 시범을 보인 어린이는 제법이었다.

어디서, 누구에게서, 언제 태권도를 배웠는지 알고 싶었으나 허사였다. 영어가 안 통하고 나는 현지어인 키냐르완다어를 모른 탓이다. 아무튼, 그 시골 아이들은 나를 보고 태권도를 외치며 따라붙었다.

성당이 있는 곳은 르완다 북도의 해발 2,200m에 있는 부소고라는 면 단위의 산 밑에 있는 시골 마을이다. 우리나라로 치면 무주. 진안. 장수 어느 면의 시골 마을처럼 산간오지 마을과 비슷하다. 이런 마을의 어린이들이 태권도를 알고 있다니, 태권도의 힘을 새삼 실감했다. 태권도가 국위 선양에 기여하는 바가 정말 크다. 태권도의 국제화에 정부의 적극적인 지원이 필요한 이유다.

🏷 르완다엔 골프장이 있을까?

내가 조사한 바로는 르완다에는 골프장이 2개 있다. 골프 인구는 통계가 없어 정확히 알 수 없으나, 골프를 하는 사람은 거의 르완다에 거주하는 외국인이다. 골프는 대부분의 르완다인에게는 아직은 사치스러운 운동으로 그림의

키갈리 골프장

떡(畵中之餠)과 같다. 그러나 2016년 브라질의 리우데자네이루에서 열리는 제31회 하계올림픽에 골프가 정식 종목으로 채택되고 소득수준이 향상됨에 따라 르완다의 골프에 대한 관심도 높아질 것으로 보인다.

골프장 2개는 수도 키갈리와 동부 무하지 호수 옆에 있다. 키갈리 골프장은 1987년에 개장하였고 18홀을 갖추고 있다. 회원이 아닌 경우는 1일 이용료가 25U$로 되어 있다. 회원의 경우는 저렴하다. 회원가입비는 6만RF(1RF는 1.7원 정도다)이고 회비는 월 4만RF으로 대체로 3개월 단위로 낸다. 회원의 경우에는 1일 그린피가 3,000RF, 캐디피(caddie fee)는 4,000RF 정도이다. 식음료 비용은 개인마다 다르지만 대체로 전체 비용의 35%(최 교수의 비용 분석치)를 적용하면 1일 라운드 비용은 약 11,000RF(약 17U$)으로 추정된다.

이것은 단국대 최준수 교수가 발표한 『골프 선진국들의 골프 산업 분석』에 나온 1일 라운드 비용(그린피, 카트피, 캐디피, 세금, 식음료 비용 포함)인 미국 55.85U$, 한국 236.00U$에 비하면 매우 낮다. 따라서 외국인은 르완다에서 골프를 부담 없이 즐길 수 있다.

골프장이 생긴 지 얼마 되지 않은 탓인지 모토 기사에게 골프장을 가자고 하면 아직은 잘 모른다. 대신 정구장을 가자고 하면 거의 안다. 골프장과 정구장은 다 같이 야루타라마(Nyarutarama) 지역에 붙어있다시피 하고, 그래서인지 그곳의 길 이름은 Tennis-golf club road이다. 한국 대사관과 코이카 사무소도 이 길을 따라 있다.

르완다 2번째 골프장인 Falcon Golf and Country Club은 2013년 8월에 개장하였다. 이 골프장은 동도 카욘자 지역의 무하지 호수(Lake Muhazi, Kayonza District in the Eastern Province)를 끼고 있다. 9홀로 규모는 작지만, 키갈리 골프장과 달리 결혼식장, 낚시터, 어린이 놀이터 등 위락 시설을 갖추고 있다.

2개 골프장 외에 무산제 키니기에 9홀의 Gorillas Nest Lodge&Resort Golf Course가 있다. 로지는 운영이 되고 있지만 골프장은 활성화되지 않고 있는 것으로 보인다. 이 골프장은 로지 부대시설로 로지 이용자의 여가 선용 차원에서 만들어진 것이다.

골프 기원은 스코틀랜드 목동들의 놀이에서 유래되었다는 게 현재까지의 정설이다. 그러나 좀 황당할지 모르지만, 나는 골프의 기원은 한국이라고 말한다. 우리 조상들은 아주 옛날부터 땅에 구멍을 여러 개 파고 손가락이나 막대기로 구슬을 쳐서 구멍에 넣는 놀이를 했다. 만약에 10개의 구멍을 팠으면 구슬을 10개의 구멍에 순서대로 가장 먼저 넣는 사람이 이긴다. 구멍 사이의 거리나 구멍 크기는 구슬의 크기나 모양, 지형에 따라 다르게 한다. 구슬이 없으면 작은 조약돌이나 사금파리를 둥글게 만들고 매끄럽게 갈아서 사용했다. 그것이 골프의 기원이라고 하면 억지일까? 하지만 한국의 낭자들이 골프를 잘하는 것도 이런 전래놀이 덕이 아닌지 모른다.

한국 최초의 골프장은 1897년 원산항에 영국 세관원 전용으로 만든 6홀로 알려졌다. 그 뒤로 1955년 현재의 어린이 대공원에 미군이 18홀의 정규 골프장을 만들었다. 이렇게 시작된 한국골프는 2009년 기준 골프장 410개(2013 기준 494개), 골프 인구 336만 명에 이른다. 이런 외형뿐만 아니라 질적 면에서도 골프 선진국 대열에 올라 매년 LPGA의 주요 대회에서 한국의 낭자들이 우승하고 있다.

이에 비하면 르완다의 골프 역사는 아직 아기의 걸음마 수준이라고 볼 수 있다. 언제쯤 르완다에서 한국의 박세리 같은 골프선수가 나와 르완다 국민을 환호하게 할 수 있을까? 한국이 르완다의 골프 분야 지원을 하면 그 시기는 분명 앞당겨질 수 있을 것이다.

◆ 팽이, 사방 치기? 옛날 한국 시골에 왔나?

맨발로 사방 치기 하는 어린이들

굴렁쇠 굴리는 어린이

르완다의 어린이들도 팽이치기를 즐겨 한다. 그뿐만 아니라 사방 치기 (돌 차기), 굴렁쇠 굴리기, 바람개비 돌리기 등 한국 전래놀이와 같은 놀이도 한다. 어린이들이 이런 놀이를 하면 나도 잠깐 끼어들어 같이 놀기도 한다. 그러면 애들이 엄지손가락을 치켜세우며 좋아한다. 그러다 보면 옛날 시골에서 살던 어린 시절로 돌아가 있는 나를 보게 된다.

먹고사는 일이 더 급한 르완다의 시골아이들에게 로봇 같은 장난감은 그림의 떡이다. 아직 마트나 슈퍼에서 산 장난감을 가지고 노는 시골의 어린이들을 보지 못했다. 그들은 장난감이 없어도 할 수 있는 놀이나 시골에서 만들 수 있는 간단하고 조잡한 물건을 가지고 논다.

장난감 없이 하는 어린이들의 놀이는 한국과 비슷한 게 많다.

땅바닥에 여러 모양의 금을 긋고 돌을 차는 사방 치기를 한다. 농촌 마을의 시골 길이나 집 앞마당에 금을 긋고 자그만 돌만 있으면 여럿이 즐겁게 놀 수 있다. 어린이들이 깨금발을 하고 돌을 차며 노는 모습은 한국과 같다. 다만, 다른 것은 금을 그은 모양이 네모 몇 칸으로 간단하고 아이들이 맨발이란 점이다.

종이로 바람개비를 만들어 가는 막대에 꽂거나, 바람개비 한가운데에 막대 끝을 살짝 대고 뛰어다니며 팔랑개비가 바람에 돌아가면 신이 난다. 종이와 가는 막대만 있으면 어디서나 할 수 있는 간단하고 쉬우며 재미있는 놀이다. 팔랑개비는 양 끝을 조금 넓게 만든 ―자형, ―자형 2개를 겹쳐 만든 ╋자형 등이 있다.

헌 고무바퀴나 둥근 철사를

팽이치기하는 어린이들

막대기 끝에 붙은 채(받치는 작은 홈이 파인 물건)로 굴리는 굴렁쇠 굴리기를 의외로 많이 한다. 돌이 많고 비탈진 산길이나 밭길을 굴렁쇠가 넘어지지 않게 잘 굴리는 것을 보면 절로 감탄하게 된다.

머슴애들은 여럿이 공차기를 많이 한다. 마른 풀이나 헝겊 등으로 둥글게 만든 다음, 끈으로 여러 번 묶으면 그럴싸한 축구공이 된다. 축구장에서는 물론, 넓은 공터만 있으면 맨발이나 슬리퍼를 신고 잘도 차고 논다. 옛날 어렸을 때, 한국에서는 돼지 오줌보에 바람을 넣어 풍선같은 공을 만들어 찼다. 그러나 아직 르완다에서는 동물의 장기(臟器)를 이용하여 만든 장난감을 가지고 노는 것은 보지 못했다.

아이들은 아무것도 없으면 덤블링 등을 하며 논다. 그런데 덤블링 수준이 보통이 아니다. 손을 짚고 하는 것은 식은 죽 먹기고 손을 하나도 안 짚고도 공중회전을 한다.

어린이들이 팽이치기하는 것을 보면 고향 생각이 나기도 해서 애들과 같이 쳐보기도 한다. 옛 감각이 살아있어서인지 애들 못지않게 팽이를 잘 치면 애들이 환호한다. 팽이치기에서 다른 것은 팽이가 작고 칼이나 낫으로 깎아 조잡하며 팽이채가 닥나무 껍질이 아닌 헝겊인 점이다. 그래서 채가 힘이 없다. 또한, 처음 팽이를 돌릴 때 직접 손으로 돌리는 일이 없고 채로 감아서만 돌린다는 점이다.

넘어질 듯, 넘어질 듯… 팽이는 쓰러지지 않고 어린이들이 바람에 날리듯 치는 맥 빠진 헝겊 채를 맞고 쉼 없이 돌아간다. 인생도 마찬가지리. 힘들어 넘어지려고 할 때 실낱같은 도움만 있으면 넘어지지 않고 견뎌낼 수 있으리라.

팽이를 칠 때면 '누군가에게 실낱같은 작은 도움이라도 주어야겠다. 우선 바로 옆에 있는 어린이들에게 먼저 그러자.'고 다짐하곤 한다.

헌데, 하늘 아래 자연 속에서 얻을 수 있는 하찮은 물건들을 가지고도 재미나게 노는 천진난만한 애들아! 너희들이 더 행복해 보이는 까닭이 왠지 모르겠구나!

◆ 르완다 젊은이의 가난과 꿈이 만나는 축구

빗속에 맨발로 헝겊 등을 뭉쳐 만든 공을 든 아이 　　루바부 시내의 축구장에서 축구를 하는 장면

르완다 사람들은 축구를 좋아하며 즐긴다. 마라톤도 인기 운동의 하나다. 축구와 마라톤은 르완다 젊은이들의 가난과 꿈이 만나는 운동이다.

축구와 마라톤을 빼고는 즐겨 하는 운동 종목은 다양하지 않다. 체육시설이 없거나 부족하고, 운동을 즐길 여유가 적으며, 의식주 해결에 먼저 신경을 써야 하기 때문이다.

그래도 버스를 타고 다니다 보면 길옆에 잔디 축구장이 곳곳에 있어 젊은이들이 축구를 하는 모습을 자주 본다. 그뿐만 아니라

키갈리 평화 마라톤 대회 모습

대학생들도 월드컵 등 중요한 축구경기가 있으면 대강당에 모여 축구경기를 밤늦도록 보며 열광한다.

르완다 사람들이 축구를 좋아하는 이유는 이런 것 같다. 축구는 공 하나면 누구나 즐길 수 있다. 어린이들은 공이 없으면 마른 풀이나 헝겊을 뭉치면 된다. 별도의 특별한 시설이 필요 없다. 골대가 없으면 막대기 2개를 꽂거나 돌 2개를 벌려 놓으면 된다.

마라톤도 인기 스포츠의 하나다. 대중화는 안 되었지만, 큰돈이 안 들고 별도 시설이 거의 필요 없어서인지 매년 국제대회가 열릴 정도로 각광을 받는다. 올해도 5월 24일에 키갈리에서 키갈리 평화 마라톤 대회(Kigali Peace Marathon)가 열렸다. 마라톤경기는 키갈리 시내의 일정구간에서 교통을 통제한 상태에서 실시되었다.

이 대회에서 케냐 선수 Ezekial Kemboi가 2시간 18분 15초로 1등을 하고, 2등은 르완다 선수 Jean B. Rububi가 2시간 19분 03초로 2등을 했다. 이를 두고 Rububi 선수가 르완다 마라톤의 새 역사를 썼다고 신문에 크게 보도되었다. 여자는 1, 2, 3등을 케냐 선수가 다 차지하고 르완다 선수 Jeanviere Musabimana가 2시간 56분 40초로 4등을 했다.

축구와 마라톤은 젊은이들에게 꿈을 갖게 한다. 공만 잘 차면 호나우두가 되고 달리기만 잘하면 맨발의 아베베가 될 수 있다는 꿈이 가난한 젊은이들에게 엄청난 힘이 되고 있다. 어린이들도 비 오는 날 맨발로 공을 찬다. 축구와 마라톤 선수는 그들의 우상이다.

축구와 마라톤에서 르완다 젊은이들의 헝그리 정신을 본다. 축구와 마라톤을 통해 가난에 절망하는 청춘의 꿈이 이루어져 르완다의 호나우두와 아베베가 나오기를 기대한다.

07

통신, 우편, 상하수도
4G 상용화, 우표와 우물이 없다

◆ 아프리카 대륙의 IT 강국 르완다

손에 아이패드와 스마트폰을 쥐고 있는 교육부 장관
(ISAE 졸업식에서)

2015년 키갈리 신심바 빌딩에 문을 연 4G Square

르완다는 아프리카의 IT 강국이다. 이 말은 수도 키갈리에서도 들었다.

내가 근무하는 대학교의 인터넷 속도나 원활함은 국내와 큰 차이가 나지 않는다. 졸업식장에서 교육부 장관은 종이가 아닌 아이패드를 보고 축사를 했다. 학생들은 휴대폰으로 문자메시지나 사진을 주고받는다.

옷차림은 남루해도 소수의 어린이는 라디오를 들고 다니며 방송을 들었다. 브랜드 이름 등을 알고 싶어 자세히 보았으나 아무 표시도 없었다. 그런데 신기하게도 한쪽은 손전등 머리 같았다. 어른들의 일부는 큰 라디오를 매고 방송을 들으며 일하러 가는 모습도 보인다.

우리나라를 떠나기 전, 스마트폰을 가지고 가면 국내에서처럼 사용할 수 있는지 염려가 되었다. 그래서 KT, LG, SK 등 우리나라의 스마트폰 대리점을 찾아다니며 물었으나, 속 시원하게 대답하는 곳은 한 곳도 없었다. 몰라도 너무 몰라 답답하기 그지없었다. 인터넷 검색을 해도 Country lock을 해제하고 오라느니, 4G가 사용이 안 된다느니, 삼성 제품보다는 아이폰이 좋다느니 뜬구름 잡는 식의 글만 있었다. 출국 준비하는 과정에 통신 문제가 사실 나를 가장 불안하게 했다.

그러나 르완다로 여행을 오거나 장기체류하는 분은 통신 문제로 전혀 걱정하지 않아도 된다. 국내에서 쓰던 스마트폰을 가지고 와서 유심(USIM)만 새로 사서 교체하면 그만이다. USIM 값도 10,000프랑(17,000원 정도)이면 된다. 더 다른 일을 할 필요가 없다. 그러면 르완다 전화번호가 주어진다. 나의 경우 078-739-6582가 주어졌다.

USIM을 바꾸고 전화번호가 새로 생겨도 쓰던 스마트폰에 저장된 전화번호는 그대로 다 저장되어 가족이나 친구의 전화번호 걱정도 할 필요가 없다. 르완다에는 MTN, Airtel, TIGO 통신 3사가 있어 스마트폰 사용이나 국내외 통화에 아무 불편함이 없다. 전화요금은 선불제로 Airtime 카드를 사서 충전하면 된다. 이 카드는 3사 지점이나 시골 거리에서도 아주 쉽게 살 수 있다. 내 경우 1개월에 15,000프랑도 안 들었다.

여기서 생활하다 보니 이런 통신이나 IT 분야에서는 아프리카라는 생각이 안 든다. 유선이 깔리지 않은 곳에서 노트북을 사용할 경우도 모뎀을 사서 끼우기만 된다. 모뎀은 기기값 15,000프랑, 3개월 사용료 15,000프랑(지난해 상반기만 해도 한 달에 45,000프랑이었는데 내렸다고 함)이어서 경제적 부담도 적다. 기기라고 해봐야 엄지손가락 크기의 USB와 비슷하다. 모뎀을 사용하는 경우는 물론 유선보다는 속도가 느리다.

다시 말하지만 르완다에 오는 분들은 통신문제는 전혀 걱정하지 않아도 된다. 맘 놓고 국내 출장 오듯 오면 된다. 르완다는 우리가 알고 있는 그런 미개한 아프리카가 전혀 아니다. 물론, 시골 사람들의 생활은 아직은 어렵다.

....

필자 주: 2015년 9월에는 4G LTE가 상용화되고 있으며 키갈리에서는 삼성 Galaxy 6가 판매되고 있다.

◆ 르완다 대학생에게 스마트폰과 컴퓨터를 기부하자

르완다 대학생은 스마트폰이 없어도 사용방법은 나보다 잘 안다. 내 스마트폰을 보더니 삼성제품이냐고 묻기도 했다. 놀라운 일이다.

2012년 12월 18일 국립 농축산 대학교(ISAE; 불어의 약자이며 영어 공식 명은 The Higher Institute of Agriculture and Animal Hus-

스마트폰이 없어도 사용법을 잘 아는 Gloriose 여대생

bandry)에 도착하여 총장 등과 인사를 나누었다. 관사를 내주어 그곳에 머무르면서 매일 아침 5시경에 일어나 교정을 산책했다. 가로수 같은 숲길과 새소리, 맑은 공기가 너무나도 좋다. 해발 2,200m의 고산지대지만 서울에서 사는 거와 다름을 느끼지 못한다.

오늘 아침도 이전과 같이 5시가 조금 넘어서부터 교정을 산책했다. 우연히 한 여대생을 만났다. 인사를 나누었다. 내 손에 든 스마트폰을 보더니 관심을 보였다. 보여주며 설명을 했더니 삼성 제품이냐고 물었다. 그렇다고 했더니 "굿."이라고 했다. 사진을 찍어도 좋으냐고 물었더니 좋다고 해서 한 장 찍었다. 스마트폰으로 자기가 자기 사진을 찍을 수 있다고 하면서 화면에 나타난 나와 여대생의 모습을 보여주었다. 같이 찍자고 해서 찍었다. 좋아했다.

사진을 보내주려고 하니 이메일 주소를 알려달라고 했다. 여대생이 말로 알려주어 스마트폰 연락처에 내가 저장하는데 그 학생이 자기가 입력하겠다고 하여 그렇게 하였다. 그런데 아주 능수능란하게 이름, 전화번호, 이메일 주소를 입력하고 저장하는 것이었다. 나보다 훨씬 잘했다. 영어 자판기에서 번호판으로 바꾸지 않고 자판기 위의 작은 숫자를 길게 눌러서 하는 법, 저장 후 정확하게 저장되었는지 확인하는 것, 어느 것 하나 어색하지 않고 손에 익은 것처럼 잘했다. 그런 확인으로 처음에 입력하고 저장하지 않은 것을 알게 되어 다시 입력하고 저장했다.

Gloriose 여학생은 토양과 물 관리(Soil&Water Management)를 전공하는 3학년이다. 이른 아침에 어디를 가느냐고 물었더니 시험공부를 하러 간다고 했다.

가난하여 문명의 이기를 이용할 수 없어서 그렇지 이들에게 컴퓨터, 스마트폰 등이 주어진다면 지금보다 훨씬 문명 생활을 할 수 있고 세계가 한 단계 빨리 문명화될 수 있음을 확신한다. 이 글을 보고 한 분이라도 쓰다가 새것으로 교체할 경우에 쓰던 컴퓨터와 휴대폰을 기부할 수 있었으면 한다.

중고 컴퓨터와 스마트폰이 르완다 대학생에게 꿈을 꾸게 하고 꿈을 이룰 수 있다는 믿음을 줄 것이다. 꼭 그렇게 하고 싶다.

✎ 빨간 우체통이 그립다

　– 르완다엔 편지 문화가 발달하지 않았다

　우체통이 없으니 길가다가 편지를
넣을 수 없다. 우체부(集配員) 아저씨
가 없으니 집에서 편지를 받아 볼 수
도 없다. 한 통의 편지를 보내거나 한
장의 카드를 찾으려도 1개 도에 2~5
개밖에 없는 우체국까지 직접 가야 한

무산제 우체국

다. 그래서일까? 편지를 주고받는 일을 일상생활에서 보기가 어렵다.

　그뿐만 아니다. 공공기관 등은 주소가 명확하나 개인 집 주소는 정비
과정에 있어 정확하지 않거나 없다. 편지 왕래가 어려운 또 다른 이유다.

　르완다에는 이포지타(Iposita)라 하는 우체국이 있으나 그 수가 너무 적
다. 수도 키갈리에 중앙우체국(National Post Office, 또는 불어로 Office Na-
tional des Postes, 약자로는 ONP라고 함)이 있고 전국에 18개의 지국(Agency,
또는 Guichet)이 있을 뿐이다. 국제 우편연맹(Universal Postal Union)이 권
고하는 인구 9,000명당 1개의 우체국 운영과는 아직 거리가 멀다. 이 또한
원활한 우편 업무에 장애가 된다.

　그러면 르완다인들은 어떻게 편지, 서류, 물건을 주고받을까?

키갈리의 국립 중앙우체국

　직접 우체국에 가야 하는 번
거로움은 있지만, 우체국의
EMS(Express Mailing Service)를
가장 많이 이용한다. 공공기관이나
회사는 우체국의 사서함(Post Of-
fice Box)을 배정받아 운영한다. 담

당 직원이 우체국에 가서 우편물을 발송하고 와 있는 우편물을 받아와 직원들에게 전달해준다.

EMS은 르완다 안에서는 발송한 날, 또는 24시간 이내 받을 수 있는 2가지가 있다. 발송한 날 받을 수 있게 하려면 11시 이전에 우체국에서 발송되어야 한다. 무게는 30kg 이내다. EMS가 가능한 지역은 마을 배달(Umurenge Mailing)이 인정된 416개 Sector(한국의 면에 해당)다.

국제우편물도 EMS 이용이 편리하고 안전하다. 국내우편과 같이 포장물 1개 당 30kg 이내까지만 가능하다. 한국에 600g의 물건을 보내는 데 공인(公認) 케이스 값 800RF, 발송료 27,250RF을 합하여 28,050RF(약 48,000원)이 들었다. 한국까지 가는 기간은 대략 10일 걸린다.

르완다의 우체국은 국내외 우편물 송수신 업무 외에 예금, 송금, 환전 같은 금융, 사이버 카페 운영, 우표수집 도우미 같은 일도 한다.

두 번째는 가까운 버스정류장 등에 가서 운전기사 편으로 우편물을 보내는 것이다. 소정의 수수료를 지불하고 받을 사람에게 미리 연락하여 버스터미널 등에서 서류나 물품을 찾도록 한다.

세 번째는 중요하고 급한 서류는 직접 가지고 가는 것이다.

공지사항이나 의사 전달은 대개 편지보다는 전화, 이메일, 게시판을 활용한다.

이 중에서 현재는 모바일 전화 이용이 가장 보편화 일상화 되어 있다. 직접 통화를 하거나 문자 메시지를 주고받는다. 대학생들은 거의 100%가 휴대폰을 가지고 있다.

다음은 이메일이다. 공공기관 직원들은 이메일 활용이 보편화 되어 있는 편이나, 일반인의 경우는 아직은 컴퓨터 보급률이 낮아 이용률이 기대에 못 미친다. 그러나 2012년에 비하여 2014년에 학생들의 컴퓨터 소지율이 눈에 띄게 높아진 점으로 보아 미래엔 확대될 것으로 전망된다.

마지막은 게시판에 알림 글을 부착하는 방법이다. 지정 게시판을 이용하거나 사람들이 많이 왕래하는 벽이나 정문을 활용하기도 한다.

어쨌든 르완다인은 편지를 많이 쓰지 않고 주고받는 일도 많지 않다. 그러다 보니 편지 문화가 발달하지 않았다. 우체국이 없던 옛날에도 서신 왕래가 활발했고 편지 문화가 발달했던 한국과는 대조적이다.

빨간 우체통과 우편 배달부 아저씨가 없다고 사는 데 큰 문제는 없다. 보내야 할 편지를 보내지 못할 일도 없다. 그러나 보던 것을 볼 수 없는 아쉬움이 진하다. 익숙했던 일을 하지 못하는 안타까움이 크다. 편지 한 통이 주는 역사적 교훈은 물론 웃고 울며 기쁨과 슬픔을 맛보고 감격할 수 없는 상실감이 허전하게 한다. 그런 아쉬움, 안타까움과 상실감이 모이고 쌓이니 그리움이 되는가 보다.

한국의 배달 제도 르완다에 도입되길

르완다에서는 집까지의 배달(宅配)은 아직 먼 이야기다. 집으로 배달되는 것은 거의 없다. 필요하면 직접 가져와야 한다. 결혼 청첩장은 대부분 직접 전달된다. 심지어는 신문도 직접 사서 본다.

이건 개인뿐만이 아니다. 시골에 위치한 공공기관도 마찬가지다. 근무하는 대학교에도 신문이 배달되지 않는다. 1주일에 2번 학교 직원이 무산제 우체국

카타르 항공사가 2015년 1월 11일에 발송하여 내가 2월 28일에 받은 편지(대학교 직원이 무산제 우체국에서 가져다줌)

에 가서 가져온다. 신문이나 우유 등을 배달하는 사람이 없기 때문이다.

신문을 정기 구독하는 일반인은 보지 못했다. 대개 상점이나 터미널 같은 데서 신문을 사서 본다. 르완다 최대 일간지인 『The New Times』는 발행일에는 1부에 700RF(1,190원 정도)이다. 날짜가 지난 것은 300~500RF이면 사서 볼 수 있다. 꽤 비싼 편이어서 사보는 사람은 많지 않다.

르완다 사람은 배달 문화에 생소하다. 일반인은 선진국에서 여러 가지 물건들이 집까지 배달된다는 사실을 알지 못하는 것 같다. 한국에서는 편지, 신문, 잡지, 각종 고지서나 알림장, 우유, 요구르트는 물론, 슈퍼 등에서 산 물건, 심지어 피자와 음식 등까지 정확히 집까지 배달된다는 이야기를 하면 신기해한다. 이런 면에서 한국인은 참으로 편리하고 쉽게 사는 편이다.

여기서는 배달이 안 되기 때문에 무거운 것은 짐꾼에게 돈을 주고 집까지 가져온다.

1km 정도 떨어진 곳에 재래시장이 있다. 물건을 많이 사서 무거운 경우에는 짐꾼에게 100~200RF을 준다. 그러면 자전거에 싣고 집까지 날라다 준다. 물론, 거리가 멀거나 물건이 크고 무거운 경우는 더 주어야 한다. 구입한 물건을 운반시킬 때는 반드시 동행하는 것이 필요하다. 부서지거나 분실될 우려가 있기 때문이다.

현재 르완다의 배달 제도는 한국의 70년대 이전과 비슷하다. 한국에서도 70년대 초까지는 부고(訃告) 같은 것은 직접 찾아다니며 알리거나 붓이나 펜으로 쓴 부고 글을 집집의 대문기둥이나 돌담 사이에 꽂아놓았다.

그런 한국의 배달 제도는 빠른 속도로 발전했다. 그 결과, 현재의 배달 제도는 다른 선진국 못지않게 발달했다. 오히려 더 우수하기까지 하다.

편리하게 살면서도 그것이 일상이 되면 편리한 줄 모르나 보다. 반면에 현재의 생활에 익숙해져 그런 생활이 정상인 줄 알면 불편함을 느끼지 못하나 보다. 편리한 배달 제도에 익숙해진 나는 불편한데 르완다인은 전혀 그런 불편함을 모르니 말이다.

르완다에 와보니 한국의 배달 제도가 너무 좋고 편리하다. 택배(宅配)와 물류운송제도를 포함한 한국의 우수한 배달 제도가 르완다에 도입되었으면 한다. 이것은 르완다의 발달을 한층 촉진할 것이다.

✎ 우물이 없고 식당서도 물을 사 먹는 나라

공동 물 공급소로 물을 사러 가는 사람들　　　　길가의 고인 물을 퍼 담는 아낙네

르완다에는 우물이 거의 없다. 소문에 의하면 우물에 독약을 풀까 두려워서라고 한다. 그러나 내가 보기에는 그보다는 우물을 파도 건기(乾期)에는 마르고 우기(雨期)에는 지표수가 차서 우물 역할을 할 수 없기 때문이라고 본다.

물은 공짜가 없다. 수돗물을 쓰는 가정은 수도세를 내고, 물을 받아다 먹는 주민은 공동 물 공급소에서 1L당 약 1RF을 주고 산다. 음식점에서도 물은 여지없이 사서 먹어야 한다. 한 잔의 물도 공짜로 주지 않는다. 한국과 사뭇 다른 모습이다.

르완다의 물 관리는 사회기반시설부(MININFRA)가 맡고 있다. 담당과로는 물·위생과(Water&Sanitation Division)가 있다. 얼마 전까지는 물 관련 실제 업무는 산하의 에너지·물위생공사(Energy, Water and Sanitation Authority- EWSA Ltd.)가 추진했다. 그러다 2014년 7월 29일 자로 EWSA를 르완다에너지그룹(Rwanda Energy Group Limited- REG Ltd.)과 물위생공사(Water&Sanitation Corporation Limited- WASAC Ltd.)로 확대하여 현재는 물 공급 위생 업무는 WASAC가 맡고 있다. 정부가 에너지와 물 관련 업무의 중요성을 인지한데다 이들 업무량이 증대되었기 때문이다.

농촌 지역 셀(2-5개 마을) 단위의 물 저장 및 공급시설   저물녘 공동 물 공급소에서 물을 사 가는 사람들

EWSA 물 정책(EWSA Water Policies, June 2013)에 따르면 2013년 현재 16개 정수처리장(Water treatment plant)에서 하루에 64,318㎥ 물을 생산하여 키갈리와 주요 도시에 공급하고 있다. 이른바 수돗물인 셈이다. 농촌 지역을 포함한 나머지 지역은 공동 물 공급소에서 사다 쓰는 수돗물 이외에 빗물, 자연수(지표수와 지하수) 등을 처리하여 사용하는 것으로

되어 있다.

현재의 시설로는 양질의 수돗물 공급이 충분하지 않다고 판단하여 현재 10여 개의 정수처리장을 보수하거나 신설을 추진 중에 있다. 이들이 완성되면 하루에 약 37,150㎥의 물을 현재보다 더 생산하여 공급할 수 있다.

2011년 현재 통계상으로는 르완다 국민의 69%가 향상된 수원(水源, Access to improved water source)을 이용하고 61%가 개선된 위생 처리를 한 물(Acess to improved sanitation)을 이용하고 있다.

르완다 물 사정은 지역에 따라서 다르다. 키갈리나 북부와 서부 지역은 괜찮은 편이나 남부와 동부는 조금 어려운 편이다. 그래서 후애(Huye, 남도 도청 소재지)에서 근무하는 봉사단원은 물 때문에 어려움을 겪는다는 이야기를 들었다.

대학교 주변 마을을 보면 2~5개 마을에 1곳씩의 공동 물 공급소가 있어, 주민들은 이곳에 와서 물을 사간다. 물은 대개 20L들이 플라스틱 통에 받아서 머리에 이거나 들고 간다. 어린이들이 힘겹게 들고 가는 것을 보면 가끔 측은한 생각이 드나, 그들에게서는 전혀 그런 느낌을 받지 못한다.

르완다에 온 지 만 2년이 되었다. 길을 가다가 보면 목이 말라 시원한 물을 한 바가지 꿀떡꿀떡 마시고 싶은 때가 있다. 그때마다 우물이나 샘물을 찾아보았다. 하지만 아직 한 곳도 찾지 못했고 그런 생수를 먹어보지도 못했다. 먼 길을 떠날 때는 생수를 가지고 다니는 이유다.

우물이 없으니 한국과 같은 우물에 얽힌 노래나 사랑이야기 역시 없다. 이런 점에서 한국은 멋이 있는 나라다. 아래의 우물에 얽힌 노래 하나만 보아도 한국인의 서정성을 높게 평가하지 않을 수 없다.

앵두나무 처녀(작사: 천봉, 작곡: 한복남, 노래: 김정애, 오복이 등)

앵두나무 우물가에 동네 처녀 바람났네.
물동이 호밋자루 나도 몰래 내던지고
말만 들은 서울로 누굴 찾아서
이쁜이도 금순이도 단봇짐을 쌌다네.

석유 등잔 사랑방에 동네 총각 바람났네.
올가을 풍년가에 장가들려 하였건만
신붓감이 서울로 도망갔으니
복돌이도 삼돌이도 단봇짐을 쌌다네.

서울이란 요술쟁이 찾아갈 곳 못 되더라.
새빨간 그 입술에 웃음 파는 엘레나야.
헛고생을 말고서 고향에 가자.
달래주는 복돌이에 이쁜이는 울었네.

물은 생명의 원천이다. 물이 없으면 지구는 물론, 우주 어디에서도 생명체가 살 수 없다. 생명체가 살아 숨 쉬는 지구를 보존하기 위해서는 물 관리를 잘하여 맑고 깨끗한 물을 유지하고 이용해야 한다. 이것은 국가와 지역과 관계없이 지구인의 절체절명의 과제다.

앞으로 르완다의 수자원 관리, 물 공급과 위생 관리에 큰 진전이 있어 모든 국민이 지금보다 더 맘 놓고 안전하게 물을 마시고 이용할 수 있었으면 한다.

08

문화와 풍습
독특하면서 단순해

🏷️ 르완다인, 결혼식을 3번이나 해

교회 결혼식

신랑이 신부 집에 와서 결혼식을 마치고
신부를 데리고 감

르완다인은 결혼식을 3번 올린다.

읍면(Sector)에 가서 혼인신고를 하고 거기서 첫 번째 결혼식을 한다. 그 뒤에 날짜를 정해 결혼지참금을 전달하고 신부를 데려오기 위하여 신부 집에서 2번째 결혼식을 한다. 3번째로 교회에서 종교적 결혼식을 올리고 피로연을 한다.

결혼식도 3번 하지만 결혼을 하기까지는 여러 가지 절차를 거친다.

첫째, Kuranga(To announce)로 총각 측이 신부 될 아가씨를 알린다. 그리고 대표(Umuranga)를 뽑고 그가 신부의 가문, 신부의 이력과 행실 등을 조사한다.

둘째, Gufata Irembo(To take the gate)이다. 조사 결과가 만족스러우면 총각 아버지나 대표가 아가씨 집을 방문하여 '아들이 당신 딸과 결혼하기를 원한다'는 것을 알리고 청혼을 한다. 아가씨 측에서 받아주면 결혼을 하게 된다.

셋째, 결혼이 결정되면 아가씨는 숙모(Aunt) 집에서 신부에게 필요한 여러 가지 교육을 받고, 화장을 포함하여 몸매도 관리한다. 그러나 지금은 옛날과 달리 숙모 집이 아닌 자기 집에서 부모와 같이 지내는 사람이 많다고 한다.

야외사진 촬영, 루바부 키부 호수 옆

넷째, 예비 신랑 신부는 먼저 읍면(Sector)에 가서 혼인 계획을 알린다. 최소한 21일 이상 예비 신랑 신부의 이름을 게시판에 고지한다. 이 기간에 많은 사람들이 예비 신랑 신부가 결혼하는 데 문제가 없는지를 검증한다.

이런 절차를 걸쳐 문제가 없으면 결혼식을 하게 된다.

첫 번째 결혼식: Civil wedding(법적 결혼)으로 결혼의 합법화다. 별도로 날을 정해 읍면(Sector)에 가서 그곳 책임자의 주관으로 성혼 선언을 포함한 결혼식을 올린다.

두 번째 결혼식: Gusaba(To ask)와 Gukwa(Payment of the dowry)로 신랑 측이 신부나 신부의 숙모 집에 가서 신부를 요구하며 양측이 합의한 지참금을 주고 신부를 맞이하는 의식이다. 다시 말하면 지참금과 신부를 교환하는 것이다. 지참금은 딸을 키워준 감사 표시이며 결혼 비용으로 준다고 한다.

이때, 신랑 측이 신부를 요구하면 그런 신부는 없다고 농담도 하며 양가 간의 지혜와 재치를 겨루며 흥을 돋운다. 하객들은 이들의 재담과 만담(漫談)에 즐거워한다.

지참금이 지급되면 창을 든 남자 4명의 호위를 받으며 우유가 든 호리병을 든 몇 명의 여자들과 함께 신부가 나온다. 신랑과 신부가 만나면 그들에게 재를 뿌리는데, 이는 교회에서 결혼을 할 수 있다는 것을 보여주는 것이라 한다.

본래 전통은 결혼식 때의 지참금으로 소를 주는 것이나, 지금은 소 대신 돈으로 미리 주는 추세다. 청첩장에는 Gusaba를 Introduction으로 표시하고 있다.

세 번째 결혼식: 교회에서 목사, 신부 주관으로 종교의식에 따라 올린다. 이 식은 전통혼례에 없는 것으로 보아 근세에 들어 생긴 것으로 보이나 사실 가장 성대한 결혼식이다.

교통이 불편했던 옛날에는 두 번째와 세 번째 결혼식이 다른 날에 따로따로 행해졌으나, 요즘은 오전에 두 번째 결혼식을 올리고 오후에 세 번째 결혼식을 올리는 게 보통이다.

교회결혼식이 끝나면 피로연이 있다. 피로연은 2번째 결혼식과 같게 'U'자형으로 자리 배치를 한다. 가운데에 작은 텐트를 쳐서 신랑 신부 좌석을 만들고 양쪽에 신랑과 신부 측 하객이 마주 보도록 좌석배치를 하며 신랑 신부의 맞은편에 일반 하객 좌석을 만든다.

2번째 결혼식은 물론, 피로연에도 노래와 춤이 있다. 그리고 음식과 환타, 코카콜라 등 음료가 준비되어 이들을 먹으며 노래와 춤을 즐긴다. 여기서 하객들은 가져온 선물을 신랑 신부에게 주며 결혼을 축하한다. 피로연은 밤늦도록 진행되기도 한다.

르완다에서 결혼은 신랑 신부 양가뿐 아니라 공동체(community)의 일로 본다. 그래서 신랑 신부의 결혼생활이 순조롭지 못하면 공동체도 책임이 있다는 생각을 한다. 좋은 제도다. 한 가지 아쉬운 점은 전통이 차츰 사라지고 서양화되어 가고 있는 점이다.

노래와 춤은 르완다 결혼식에서 필수다. 피로연 때에 신부가 신랑에게 밥을 떠먹여 주고 신랑이 신부를 위하여 땀을 뻘뻘 흘리며 춤을 추고 노래를 열정적으로 부른다. 온종일 치러지는 결혼식에 지칠 듯도 하고 수치스러울 듯도 하지만, 사랑을 위해서는 문제가 안 된단다. 세상 어디서나 사랑은 모든 것 위에 있다.

📎 르완다 무덤엔 수의(壽衣), 관(棺), 봉분(封墳)이 없다

시멘트 콘크리트 위의 조화와 십자가

시신을 안치한 벽돌 방

르완다의 무덤 만드는 현장을 보았다.

사람이 죽으면 화장(火葬)을 하지 않고 시신을 땅에 묻는다. 봉분(封墳)은 만들지 않고 평장(平葬)을 한 후에 형편에 따라 시멘트, 대리석 등으로 장식하기도 한다.

르완다에는 제노사이드 기념지 등 특수한 경우를 제외하고는 한국과 같은 공원묘지, 공동묘지를 보기가 쉽지 않다. 땅이 있는 사람들은 자기 땅에 무덤을 만든다. 농촌 사람들은 대체로 집 주변의 자기 땅이나 가까운 밭에 무덤을 만든다. 땅이 없는 사람들의 경우는 지방 정부나 종교 단체가 관리하는 공동묘지에 묻히는 것으로 알려졌다.

놀랍고 특이한 점은 망자(亡者)의 유언이 있으면 집안의 방에 묻기도 한다고 한다. 평소에는 그 방은 문을 잠가놓고 생활구역으로 쓰지 않는단다.

무덤은 맨 처음 가로 0.5~1.0m, 세로 1.5~ 2.5m, 깊이 1~2m로 땅을 판다. 바닥을 제외한 옆면은 벽돌을 쌓아 방처럼 만든다.

그 아래에 시신을 놓는다. 시신엔 수의를 입히지 않는다. 대신에 몸이 보이지 않도록 천 등으로 완전히 감싼다. 시신은 관(棺)에 넣지 않고 그대로 묻는다. 시신 위에는 흙 대신에 꽃을 뿌린다.

그다음, 시신이 안치된 구덩이의 지면과 같은 높이에 나무판자를 덮는다. 나무판자와 시신 사이는 흙을 채우지 않고 공간으로 둔다. 궁금하여 이유를 물었더니 관습이라고만 말할 뿐 설명하는 사람이 없었다.

나무판자는 다시 얇은 합판으로 덮는다. 그 위에 철근망(철근을 엮은 것)을 올려놓는다. 철근망 크기에 맞도록 가장자리에 약 20cm 높이의 판자를 두르고 벽돌로 고정한다.

고정이 끝나면 위를 시멘트, 모래, 자갈 등을 버무린 콘크리트로 처리한다. 그 위에 조화(弔花)를 놓고 나무 십자가를 꽂는다. 십자가에는 고인의 이름, 출생일과 사망일이 적혀 있다.

장례를 마친 약 2개월 뒤에 가보았더니 조

완성된 무덤

화와 십자가는 없어지고 대리석으로 무덤이 잘 정리되어 있었다.

무덤의 주인공은 1954년 1월 1일(태어난 날을 정확히 모르는 경우에 출생일을 1월 1일로 하므로 1월 1일생이 많다고 한다.)에 태어나 2014년 11월 19일에 일생을 마감한 NIYIBIZI Ancilla 여인이다. 고인의 아들 중 Alexandre G. Ndikumana씨는 잠비아에 있는 Fast Forward International (Z) Ltd.에서 근무한다.

시신의 매장(埋葬) 방법엔 차이가 있으나 죽은 자가 평안하기를 바라는 마음은 같다. 그래서 무덤도 살아서 지내던 방처럼 만드는 것이 아닐까?

무덤 안을 벽돌로 쌓고 위를 콘크리트로 덮는 이유는 빗물이 들어가는 것과 두더지 등 동물의 침입을 막기 위해서라고 추정된다. 르완다는 우기(雨期)에는 매일 비가 오고 생각보다 두더지 등이 많기 때문이다.

이와 같은 무덤은 모든 사람이 만들지 못한다. 가난한 사람들은 땅을 파고 시신을 그냥 묻는다고 한다. 가난하면 살아서도 힘든데 죽어서도 역시 어둡고 축축한 땅속에 있다. 만인을 사랑하고 의로우시다는 하나님이 이런 땐 원망스럽다.

가난한 이들의 육신은 비참해 보여도 영혼은 천국에 갔을지 모른다. 그러나 인간이 어리석어 그걸 알지 못하니 살아 있는 내내 그걸 보고 느껴야 하는 살아남은 자들은 얼마나 괴롭고 죄송스러울까!

다행히 내가 본 무덤의 주인공은 죽은 뒤에 편안히 잠들 수 있어 다행이다. 삼가 고인의 명복을 빈다.

필자 주: 필자가 본 무덤 만드는 것이 르완다를 대표하는지는 모른다. 관(coffin)을 사용하기도 하고 관이 없으면 시신은 전통 메트(mats)로 알려진 'Ibirago'로 감싼다는 문헌이 있기 때문이다. 시신을 관에 넣어 묻지는 않지만, 매장 전 장례기간에는 시신을 관에 넣기도 한다.

◆ 르완다 여성의 전통 옷, 무샤나나

무샤나나를 입고 결혼식에 참석한 하객들　　　　무샤나나를 입은 여학생

　르완다 여성의 전통 옷은 무샤나나(Mushanana)다. 입고 움직이거나 바람이 불면 물 흐르는 듯 출렁거리고 펄럭인다.

　무샤나나는 3부분으로 구성되었다. 허리춤에 매는 부위가 주름이 잡힌 치마(Skirt), 가슴을 받쳐주는 소매 없는 웃옷(Tank top)과 어깨를 두르는 넓은 띠(Sash)가 그것이다. 치마와 어깨띠는 둘로 나누어져 있지만, 얼핏 보아 하나로 보인다. 그것은 둘의 옷감을 같은 것으로 하고 어깨띠가 치마를 두른 허리춤까지 내려오기 때문이다.

　옷감은 실크(명주)로 한다고 하나 실제로는 실크로 만든 것은 보기 어렵다. 대신 얇고 부드러운 일반 천을 사용한다.

　옷의 색깔은 밝고 화려한 원색이 많다. 뚱뚱한 사람이 입어도 폼이 난다. 어떻게 보면 인도의 사리 같기도 하고(인도의 사리에서 유래되었다는 이야기도 있으나, 문헌으로 나와 있지는 않다), 색깔만 빼면 스님이 입는 장삼(長衫)을 연상하게 한다.

　르완다 여성들은 결혼식, 장례식, 행사나 파티 때의 예복으로 무샤나나를 많이 입는다. 무용수가 전통춤을 출 때 입으면 날개가 긴 나비가 나는 듯하다. 그러나 일상생활에서는 별로 입지 않는다. 값이 비싸고 활동하기가 약간 불편하기 때문이다.

옷이 날개라는 말이 맞다. 행사 때에 여학생들이 무샤나나를 입으면 평소보다 곱고 아름다워 보인다. 비스듬히 드러난 한쪽 어깨와 가슴이 출렁이는 무샤나나와 앙상블(Ensemble)을 이루면 절로 시선이 멈추어진다. 옷이 창출하는 미의 효과 탓이다.

이처럼 르완다 여성의 전통 옷도 아름다움을 추구하는 인간의 욕망을 채워주는 데 한몫을 톡톡히 한다.

♦ 르완다 전통춤엔 이야기가 있다

여자 무용수들의 전통춤   남자 무용수들의 전통춤

르완다의 전통춤은 왕실에서 시작되어 발달했으며 이야기를 해주는 춤(storytelling dance)이다. 춤 속에 이야기가 숨어 있다. 왕을 즐겁게 한다거나, 승리하고 돌아온 전사를 축하한다거나, 사랑과 고달픈 삶 등을 춤으로 표현한다.

르완다 전통춤은 대체로 노래, 율동, 북소리 3가지가 어우러져 신바람이 난다. 결혼식, 졸업식, 기념행사 등에서 춤은 빠지지 않는다. 르완다 춤에서 슬픔, 우울함, 한(恨) 등은 거의 찾아보기 어렵다.

무대에는 노래하는 사람들이 있다. 이들은 노래도 하고 손뼉도 쳐서 흥을 돋우며 무희들이 춤추는 것을 도와준다. 때로는 같이 춤을 추기도 한다.

르완다 춤이 있는 곳에는 반드시 인고마(Ingoma)라는 북과 북 치기 (Drummer)가 있다. 북 치기는 보통 8~10명으로 구성되지만, 때와 장소에 따라 2~3명인 경우도 많다.

북은 큰 통나무(주로 사용하는 나무는 학명 Cordia africana, 영명 Sudan teak, 르완다 이름 Umuvugangoma) 속을 파내어 두께를 20~23mm 정도로 만든 다음 위에 동물의 가죽을 덮어씌워 만든다. 북의 크기는 높이 40~130cm, 지름은 위 50~70cm, 아래 10~20cm가 보통이다.

북의 종류는 크게 3가지가 있다. 하나는 Ishakwe라는 소북으로 크기는 높이가 47cm 정도다. 고음이며 북 팀을 구성하는데 하나만 있으며 오스티나토(Ostinato) 리듬을 만든다. 두 번째는 Inyahura라는 중북(中鼓)으로 높이가 78cm까지다. 중음이며 3~4개까지 있으며 리더역할을 한다. 세 번째는 Igihumurzo라는 대북으로 높이는 85cm가 넘는다. 저음으로 깊은 소리를 내며 다양한 리듬을 만든다.

높이는 같아도 통의 지름이 다른 북도 있다. 북 치기는 2개의 나무로 된 북채(Imirishyo)를 사용한다.

르완다 춤의 진수는 율동과 안무에 있다. 이것은 춤을 추는 장소와 목적에 따라 다르다. 전사의 춤(Warrior Dancing)으로 알려진 인토레 춤 (Intore dancing), 추수(수확)의 축제에 추는 인기님바(Inkinimba), 누군가를 위로하고 감동하게 할 때 추는 이미사야요(Imishayayo)의 춤 등 다양하다. 지역에 따라서도 후애(Huye)는 괭이춤(Rrlparamba), 루바부(Rubavu)는 인카란카(Inkaranka) 등 독특한 춤이 있다.

이 중에서 가장 잘 알려지고 일반적으로 많이 추는 춤은 전쟁에서 승리하고 돌아온 전사들을 환영하고 축하하는 인토레 춤이다. 그래서 르완다 전통춤 하면 인토레로 통한다. 인토레 춤은 1958년 벨기에수도 브뤼셀에서 개최된 세계 엑스포 동안에 소개되면서 세상에 알려져 유명해졌다.

인토레의 원래 뜻은 엘리트(Elite), 선택된 자(The chosen ones)다. 그러나 르완다 전통춤에서 인토레 춤은 선택된 엘리트 무용수들이 추는 전사의 춤으로 이해된다.

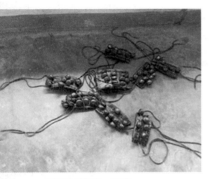

발에 부착하는 방울

두 발에 쇠로 만든 방울을 달아 배경음악에 리듬을 맞춘다. 여자들은 전통 옷인 무샤나나를 입고 머리에 2줄의 하얀 색 머리띠를 두른다. 남자들은 위는 알몸이거나 간이 남성 무샤나나를 입고, 춤의 내용에 따라 풀로 만든 긴 가발을 쓰고 손에 창을 들기도 한다.

춤은 빠르고 격정적이며 경쾌하다. 손, 발, 허리 등 몸놀림이 정말 놀라울 정도로 유연하고 자유자재다. 무희들은 옆에서 옆으로 움직이며 때론 우아하게, 더러는 공격적으로, 얼마는 고통을 견뎌내는 모습으로 춤을 춘다. 특별한 무대에서는 모든 무용수들이 춤을 멈춘 가운데 무용수를 창으로 찔러 울부짖게 해서 간담을 서늘하게 한다.

춤추는 동안에는 육체적 마찰과 다툼이 있어 보이지만, 춤이 끝나면 우정을 다짐하는 뜻에서 서로 끌어안는다.

춤의 유명세 때문인지 인토레 무용수는 힘(권력), 사내다움, 끈기의 내공을 지니고 있으며 르완다 전통문화유산의 계승자로 자부심이 강하다.

르완다 사람들은 몸놀림과 율동에 천부적 재능이 있다. 이 때문인지 르완다 춤을 보고 있노라면 저절로 춤 속으로 빨려 들어간다. 춤을 추지 않고 보는 것만으로도 춤을 같이 춘 듯하다.

르완다에 가서 마운틴고릴라 트레킹을 하지 않고 인토레 춤을 보지 않으면 르완다 관광을 했다고 말할 수 없다. 이야기해주는 르완다 춤을 놓쳐서는 안 되는 이유다.

◆ 사진 찍으면 혼이 나간다?

안간힘을 다해 카메라를 기피하는 부인

한사코 얼굴 사진 찍기를 거부하는 아가씨

르완다 농촌 어른들은 대부분 사진을 찍으려면 피한다. 영혼이 나가기 때문이란다. 어린 자녀들이 괜찮다며 찍으려 하면 잽싸게 그들을 혼내며 데려간다. 일부는 돈을 주면 찍겠다고 한다. 돈만 받으면 혼이 나가도 좋은가보다. 이래저래 농촌에서는 사진 찍기가 쉽지 않다.

사진은 기록에 도움이 된다. 그래서 디지털카메라를 가진 뒤부터 사진을 많이 찍어 간단히 설명을 붙여 컴퓨터나 외장 하드에 저장해놓고 있다. 그런데 르완다에서는 이런 일을 하는 데 벽에 부딪히는 때가 많다.

필요해서 사진을 찍으려 카메라를 꺼내면 숨거나 멀리 도망간다. 영어가 통하는 경우는 괜찮다며 설득해서 찍기도 하지만 말이 안 통하는 경우는 어쩔 수 없다. 약간 말이 통해서 설득하여도 소용이 없는 때도 많다. 30분 이상을 기다리며 설득해도 앞모습을 찍지 못한 잘 생긴 아가씨도 있다. 하는 수 없이 뒷모습은 괜찮다고 하여 뒤태만 찍었다.

스꽝스러운 모습을 하며 사진을 찍는 아이들

어른들은 자기 사진 찍는 것을 싫어할 뿐 아니라 자녀들도 사진을 못 찍게 한다. 어쩌다 아이들이 사진을 찍으려 하면 사정없이 꾸중하며 데려간다. 헌데, 이상하다. 어린이들은 부모와 다르다. 부모가 없을 때 어린이들은 사진을 찍어 달라 한다. 찍은 사진을 보여주면 신기해하고 좋아한다. 이런 모습을 보면 숨어 있던 아이들도 와서 같이 사진을 찍기도 한다. 그러면 부모도 어쩌지 못한다. 아이들이 찍은 사진을 보고 즐거워하고 있으면 일부 부모는 슬며시 와서 같이 보며 돈을 달라고 한다.

이제 몇 차례 만나 나를 아는 아이들은 나를 보면 달려와 사진을 찍어 달라고 한다. 부모들도 말리거나 나무라지 않는다. 동영상을 보여주면 더 좋아한다. 요즘은 가끔 동영상을 찍어 보여주고 아이들과 친구가 되어 놀기도 한다. 아쉬운 점은 찍은 사진을 그들이 달라고 할 때 주기가 어렵다는 점이다. USB 메모리칩이나 이메일 주소가 거의 없기 때문이다. 간혹 학생들의 경우 이메일 주소가 있으면 크기를 줄여서 보내주기도 하지만 이것은 한계가 있다.

옛날 우리나라 사람들도 사진 찍기를 꺼렸다는 말을 들었다. 요즘 르완다 어른들과 같이 영혼이 빠져나간다고 생각했기 때문이란다. 이런 점에서는 서로 통하는 것 같다. 아마 르완다 시골어른들도 세월이 흐르면서 문명의 이기에 익숙해지면 사진 찍기를 꺼리기보다는 우리처럼 오히려 찍어서 보관하고 생활에 많이 활용하게 될 것이다. 르완다의 농촌에 그런 날이 빨리 오기를 바란다.

그런데 눈에 띄게 사진 촬영에 대한 인식이 변하고 있다. 어쩌다 푸른 잔디 축구장을 뛰다 보면 풀이나 비닐을 뭉쳐서 만든 공을 어린이들이 차다가 나를 보고 달려온다.

처음엔 사진을 찍으려 하면 도망을 갔는데, 요즘은 오히려 포즈를 취해주기도 하고 사진을 찍어서 보여주면 즐거워한다. 어린이들의 생각이 바뀌고 사진을 찍히는 것에 대한 부정적인 인식도 많이 적어진 셈이다.

◆ 왜, 사진을 왜 찍어요?

르완다에 와서도 사진을 많이 찍는다. 새롭거나 낯설거나 놀랍거나… 호기심이 일어나면 따지지 않고 카메라에 담는다. 그러면 왜 사진을, 사진을 왜 찍느냐고 묻는다.

처음엔 그들의 질문을 그냥 흘려들었다. 얼마의 시간이 흘렀을까? 사진을 찍는 데 자주 어려움이 따랐다. 사진을 찍으려면 도망가거나, 아예 못 찍게 하거나, 돈을 달라고 하거나, 이유를 말하지 않으면 찍을 수 없다거나, 울거나 하여… 사진은 필요한데 찍기가 어려웠다. 뭔가 대책이 필요했다. 그래서 사진을 찍는

사진을 찍으려 하자 우는 아이

이유를 정리하여 설명했더니 대부분 흔쾌히 사진을 찍게 했다. 지금은 더러는 찍은 사진을 달라고 해서 주기도 한다.

첫째, 사진이 글이나 말보다 사물과 상황을 설명하는 데 효과적이다. 예를 들어 르완다가 어떤 나라인가에 대해서 말을 하고 글로만 쓰기보다는 사진을 같이 보여주면 사람들이 르완다를 훨씬 쉽고 빨리 이해한다. 사진이 말이나 글보다 의사를 표현 전달하는 힘이 크다.

둘째, 기억력의 한계를 극복해준다. 인간은 눈으로 보고 귀로 들은 것을 오래 기억하는 데 아주 제한적이다. 그런데 사진은 몇 달 아니, 몇 년 후에 보아도 사진을 찍은 당시의 상황을 비교적 자세히 기억해 내게 한다.

셋째, 사진도 하나의 기록이고 기록은 역사가 된다. 요즘은 많은 사람이 사진 일기를 쓴다. 글과 사진이 어울려 만들어내는 기록은 글만으로 된 기록보다 훨씬 생생하고 더욱 친밀감이 있다.

넷째, 홍보 효과를 높이기 위해서다. 글이나 말로만 하는 홍보보다 사진이나 그림을 사용하면 시각적 감각적 효과가 더해져 홍보 효과가 높아진다.

다섯째, 사진 찍기가 취미의 하나다. 사진 촬영은 여가선용에 좋다. 아무것도 안 하고 우두커니 앉아있거나 집에서 빈둥거리는 것보다 카메라 메고 이곳저곳 돌아다니며 사진을 찍으면 시간도 잘 가고 건강에도 좋다.

여섯째, 예술작품도 남길 수 있다. 사진에 대하여 틈나는 대로 공부하고 꾸준히 찍다 보면 자기만의 독특한 사진을 찍을 수 있다. 특이한 순간을 포착할 수도 있다. 그렇게 찍은 사진 중에는 예술성, 창작성과 기록성이 있기 마련이다.

일곱째, 조사연구결과나 사실 증명에 유용하다. 연구결과를 발표할 때, 말이나 글로만 발표하면 이해도 더디고 신빙성에도 의문을 가질 수 있다.

그러나 사진을 곁들이면 연구결과에 대한 신뢰성을 높여준다. 그뿐만 아니라 말과 글이 사실임을 증명하는 데도 아주 유용하다. 1992년 10월 2일 나는 백두산 천지를 다녀왔다. 귀국하여 백두산 천지를 다녀왔다고 말했더니 같이 근무하는 직원들도 잘 믿지 않았다. 그러나 천지에서 찍은 사진을 보여주니까 아무 의심 없이 믿었다.

여덟째, 기념이 된다. 여행하고 나면 결국 남는 건 사진뿐이라고 말한다. 맞다. 기억도 희미해지고 친구도 멀리 가고 장소마저 많이 변해버리면 사진만이 유일하게 여행 당시를 회상할 수 있게 한다.

사진을 찍을 때에 어려운 점은 왜 사진을 찍느냐보다 나를, 이것을 왜 찍느냐고 따질 때이다. 이때는 따지는 주체가 피사체이거나 피사체의 소유자나 경비원으로 확실하다.

구 나쿠마트에서의 일이다. 마트 책임자로부터 사진 촬영을 허락받았다. 한국 마트의 계산대 풍경과 비슷해서 물건을 사서 나가는 계산대의 모습을 찍었다. 그런데 줄을 서서 기다리던 손님 중 한 남자가 다가오더니 자기를 왜 찍느냐고 하면서 자기가 들어있는 사진을 지우라고 했다. 허가받고 출구계산대를 찍었지 당신을 찍은 게 아니라고 해도 소용이 없었다. 하는 수 없이 보는 데서 지워야 했다.

키갈리시청과 키갈리은행 부근의 거리풍경을 찍었는데 경찰이 와서 사진을 보자고 했다. 보여주었더니 자기가 사진에 들어있다며 지우라고 해서 역시 지웠다.

르완다 멋쟁이 아가씨들이 지나가 사진을 찍었더니 역시 얼굴을 돌렸다. 옆모습이 찍힌 사진도 지우라고 해서 결국 지웠다.

이런 사람들에게는 사진 찍는 이유를 설명해도 설득이 잘 안 된다. 막무가내로 "노."다. 결국, 사진 촬영은 실패하고 찍고 싶은 모습을 카메라에 담지 못한 아쉬움을 마음 한편에 내려놓아야 한다.

나는 1981년 11월에 화란에서 연수를 마치고 귀국할 때 생활비를 아껴 모은 돈으로 스키폴국제공항에서 아사이 펜탁스를 샀다. 이것이 내 생애 첫 카메라다. 그 이후 틈나는 대로 계속 사진을 찍었다. 그러자 언제부터인가 나도 모르게 사진 찍는 것이 하나의 취미이자 습관이 되었다.

르완다에 와서도 사진 찍기를 즐기고 있다. 한 가지 변한 것은 고급카메라가 아니라 삼성 갤럭시Ⅱ 스마트폰이라는 점이다. 사진의 예술성과 질은 조금 떨어져도 휴대가 간편하고, 아무 데서나 쉽게 촬영이 가능하기 때문이다.

다소의 어려움이 있더라도 르완다를 알리는 데 도움이 된다면 현명하게 대처하여 앞으로도 르완다에 관한 사진을 찍으려 한다. 르완다 사람들도 나의 이런 마음을 이해하고 협조해주리라 믿는다.

사진(寫眞)은 진실이나 사실의 복사(물)이다. 사진 촬영이 힘들어도 기록하는 자가 사진과 친하지 않을 수 없는 이유다.

🏷 와~! 침대에 베개가 7개나 되네!

남아프리카 나이팅게일 게스트 하우스의
침대 위 7개 베개

르완다 사비뇨 로지의 침대 위 11개 베개

침대 위에 7개의 베개가 놓여있다면 많은 것인가, 적은 것인가? 15개의 베개가 놓여 있는 침대에서 자게 된다면 어떤 기분이 들까?

남아프리카를 여행하다 보니 침대 위에 4개는 기본이고 7개의 베개가 가지런히 놓여 있기도 했다. 2015년 4월 5일에 나는 르완다의 sabyinyo silverback lodge의 침대에 11개의 베개가 놓여 있는 것을 직접 보기도 했다. 궁금하여 물었으나 정확히 아는 사람이 없었다. 이유는 모르면서 15개의 베개가 놓인 침대도 있다고 했다.

왜 침대 위에 베개가 많은가 하는 궁금증은 엉뚱한 데서 쉽게 풀렸다. 침대 파는 곳에 가서 물었더니 넓게는 침실, 작게는 침대장식을 위해서라고 했다. 침대 생활이 일상인 서양에서는 침대장식은 실내장식에서 중요한 위치를 차지하고, 베개는 침대장식에서 약방의 감초격이란다.

베개는 용도에 따라 취침용(Sleeping 혹은 Bed P.), 의료용(Orthopedic P.), 장식용(Decorative P.)으로 나누어진다.

취침용은 미국의 경우 표준형 20×26인치(51~66cm, 1인치는 2.54cm임), 퀸사이즈 20×30인치, 킹사이즈 20인치가 있다. 침대 크기에 따라 베개 크기도 정해진 셈이다. 유럽의 경우는 이외에 정사각형 표준형(Square Standard) 16×16인치, 정사각형(Square) 26×26인치가 더 있단다.

의료용은 목베개(Neck P.), 원환형(圓環形) 베개(Donut 혹은 Torus P.), 허리 베개(Lumbar P.)가 있다. 목베개(木枕)는 목, 원환형 베개는 미골(尾骨), 허리 베개는 요추(腰椎)를 보호하거나 그 부위 환자의 고통을 덜어주기 위한 것이다. 따라서 의료용 베개는 침대에서 머리를 얹고 자는 좁은 의미의 베개에는 포함이 안 될 수도 있다.

장식용은 글자 그대로 침대와 침실을 꾸미기 위한 베개다. 어떤 특정한 곳을 드러내기 위한 악센트 베개(Accent P.), 놓이는 장소에 따른 소파 베개(Sofa 혹은 Coach P.), 놓이는 방식에 따른 토스 베개(Toss 혹은 Throw P.), 익살스러운 분위기를 내기 위해 바나나, 사람 다리 등의 모양을 한 유머 베개(Novelty P.) 그리고 장식용 베개 맨 앞에 놓는 텐트 플랩 베개 (Tent-Flap P.)가 있다. 이 밖에 껴안는 데 쓰는 허그 베개(Hug P.)가 있다.

재료에 따라 나무 베개, 대나무 베개(竹枕), 옥돌 베개, 돌베개(石枕), 보석 베개, 자기(瓷器) 베개, 구리 베개(銅枕) 등이 있는데 이들 베개는 서양보다 동양에서 널리 사용되고 발달하였다.

베개의 배열 순서는 취침용을 뒤쪽에 먼저 놓고 앞쪽에 장식용을 놓는다. 장식용 베개가 대체로 취침용보다 작고 화려하고 모양이 다양하기 때문이다.

장식 방법은 베개를 놓는 방법, 놓는 위치, 베개 숫자에 따라 다양하다. 대표적인 것은 베개를 세워놓는 Standing, 쌓아놓는 Stacked, 둘을 혼합한 Stacked and Standing mixed, 둥근 모양의 베개를 놓는 Rolled, 이들 모두를 섞어놓는 Messy and Mixed, 베개가 5개 미만일 경우 단순하게 놓는 단순 깔끔 형(Neat and Clean), 그리고 킹사이즈 침대에 어울리는 형으로 3개의 유럽형 크기 베개를 뒤쪽에 놓고 2개의 퀸사이즈나 킹사이즈 베개를 가운데 놓은 뒤에 장식용 베개 1개를 앞쪽에 놓는 Never-Fail 5 Pillow Combination이 있다.

어느 방법이 되었든, 공통은 장식용 베개 앞쪽에 액세서리를 놓아 침대 분위기를 포근하고 은은하고 우아하게 만들기도 한다.

이렇듯 베개는 잠을 잘 때 베는 것 말고도 침실과 침대 분위기 메이커로 중요하다. 하지만 나는 르완다에 온 이래로 거의 2년을 베개 없이 살았다. 대신에 수건 2장을 포개어 2번 접어서 베개로 사용했다. 높고 딱딱한 베개가 안 맞아서였다. 그러다 2년 만에 한국을 방문하기 직전에 베개를 사서 내용물을 조금 빼내어 낮게 만든 후 베갯잇을 씌워 사용하고 있다.

BC 7,000년경에 메소포타미아 인들이 베개를 처음 사용한 것으로 알려졌다. 이때는 부유한 사람들만 베개를 사용하여 베개의 수가 많을수록 신분이 높았다고 한다. 지금도 서구에서는 잘 사는 사람들이 많은 베개를 사용한다.

베개 수가 많다고 다 베고 잘 수도 없고, 잠이 잘 오는 것도 아니었다. 실제로 7개 베개가 있는 침대에서 잘 때는 베고 자는 한 개를 뺀 나머지 6개는 쓸모가 없어 소파로 치워놓고 잠을 잤다.

베개가 많다고 행복하지 않았다. 그렇게 많이 놓은 베개가 가장 좋지도 않았다. 침대에 한 사람이 잘 경우 베개는 하나로도 충분하다. 그리고 가장 좋은 베개는 크고 화려한 것이 아니라 깨끗하고 자기 몸에 맞아 잠을 편안하게 잘 수 있는 것이 아닐까?

✐ 이상(異常)과 정상(正常)

이상하다는 것은 자기의 생각과 행동이 상대와 다름을 뜻한다. 따라서

키갈리 카리브 식당의 영수증
-물을 H2O로 표기한 것이 신기

밧줄을 치고 그 위에 천을 건 위험표시

상대의 생각과 행동이 자기와 같으면 이상하지 않다. 또한, 익숙하지 않으면 불편하고 이상하다.

르완다에서 살다 보니 이상하게 생각되는 일을 경험한다. 생각과 행동이 우리와 다르다는 것이다. 내겐 이상하게 보이지만 여기서는 그게 정상이다. 오히려 이상하게 생각하는 나를 여기 사람들은 이상하게 생각한다.

■ 식당 영수증에 물을 H_2O로 적다.

작은 일이지만 영수증에 적는 내용도 그중의 하나다. 영수증에 물을 Water라 쓰지 않고 화학식인 H_2O로 적는다. 영수증을 보는 순간 이렇기도 하구나 하며 일행과 함께 웃기도 했다.

르완다 수도 키갈리의 중심가에 카리브라는 식당이 있다. 2,500프랑(약 4,500원)이면 뷔페(buffet) 식사를 할 수 있다. 음료수 가격은 별도. 3명이 점심 식사를 하고 음료수 영수증을 받았다. 환타, 물, 맥주를 각각 1병씩 시켜서 먹었는데 물이 H_2O라고 적혀 있었다.

이상해서 웨이터에게 물었다.

"왜 Water라 적지 않고 H_2O라고 적었으며 항상 이렇게 적느냐?"

웨이터는 오히려 그런 것을 묻는 내가 더 이상하다는 듯 웃었다. 자기도 이유는 잘 모르는데 관행적으로 여기서는 다 그렇게 적는다고 했다. 그때 웨이터는 그렇게 이야기했지만, 나중에 더 알아보니 식당에서 제공되는 물이 깨끗하다는 뜻에서 그렇게 쓴다고 한다. 이것도 어디까지나 추정이라 한다.

정말 르완다 식당에서 파는 물은 100% 수소와 산소로만 되었을까? 그처럼 순수한 물일까? 누가 이것을 믿을까? 시간이 흐를수록 설령 그렇지 않거나 믿을 수는 없어도 Water라고 쓰는 것보다는 H_2O라고 쓰는 것이 깨끗한 물이라는 생각이 들었다. 왜냐면 Water라고 하면 일반 물을 뜻하지만, H_2O는 정수된 물을 뜻하는 것 같기 때문이다. 사실 르완다는 지하수 물은 좋아도 상수도 보급률이 낮아 지금도 시골에서는 개울물을 이용하는 사람이 다수 있다.

■ 인사할 때 턱을 들었다 내린다.

길을 가다가 마주치면 대개는 그냥 지나친다. 그러나 안면이 있거나 아는 사이면 인사를 할 때 나는 고개를 숙이는데, 그들은 턱을 들었다 내린다. 상당히 건방져 보인다. 왜 그러냐고 학생에게 물었더니 그것이 어떠냐는 반응이다. 그리고 그것이 관행이란다. 오히려 왜 고개를 숙이느냐고 반문한다. 그것이 자기들에겐 상대방에게 항복하는 것으로 비친다고 한다. 듣고 보니 그럴듯하다. 지금까지 인사할 때에 고개와 허리를 숙이는 것을 항복하는 것으로 생각해보지 않았다. 그런데 그들의 이야기를 들으니 머리가 혼란스러웠다. 항복보다는 오히려 상대에 대한 존경의 표시라고 생각한 나였기 때문이다.

■ 끈에 천을 매달아 위험표시를 한다.

학교 기숙사 앞에 잔디밭이 있다. 잔디밭에 전선으로 줄을 치고 천을 듬성듬성 매달아 놓은 곳이 있다. 궁금하여 물었더니 거기에 웅덩이가 있어 들어가지 말라고 해놓은 것이라 했다. 그런 모습을 아무도 이상하게 생각하지 않는다. 아예 관심도 없다. 우리 같으면 깔끔하게 위험표지판을 세웠을 것이다.

외국에서 즐겁고 행복하게 살기 위해서는 나와 다른 것을 아무런 이상한 생각 없이 받아들이는 것이 필요하다. 우리 것만 옳고 좋다고 고집하면 국제사회에서는 따돌림당하기 쉽다. 한 공간에 여러 나라의 이질적인 문화가 어울려 조화를 이루는 것이 바람직하다. 그런 문화를 나는 유엔 문화(UN Culture)라 부르고 싶다. 특성과 전통을 살린 다양한 문화가 공존하기도 하고 그런 문화들이 융합하여 서로가 좋아하는 새로운 문화를 만들어 내는 일이 앞으로 더욱 활성화되었으면 한다. 한국적인 것이 세계적인 것임을 인정하듯 다른 나라의 것도 세계적인 것이 될 수 있음을 받아들여야 한다.

세상에 존재하는 것은 다 필요하고 존재 이유가 있음을 절감한다.

🏷️ 금줄엔 낯선 갓난아이 안아주기?!

같지 않고 달라서 좋다. 존재하는 것들이 서로가 다르기에 모든 존재는 가치가 있다. 존재의 다양성이 풍부하면 풍부할수록 세상과 삶은 더 재미있고 더욱 아름답다.

동료 교직원들의 득남득녀를 축하하기 위해 초대받은 가정에 방문했다. 맥주, 환타, 코카콜라 등 음료수를 들고 있자니 엄마가 아기를 안고 왔다. 방문자들은 순서대로 돌아가며 아기를 안아준다. 안아주는 시간은 정해져 있지 않고 사람마다 다 다르다.

그런 뒤에 준비해간 조그만 선물과 축하카드가 든 봉투를 아기의 손에 쥐여준다. 아기가 손으로 잡으면 손뼉을 치기도 한다. 카드에는 파티에 참석한 사람들이 아기의 출생을 축하하는 글들이 적혀 있다.

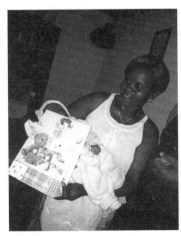

요즘은 병원에서 출산하는 산모가 늘고 있단다. 산모가 출산하면 아무 때나 방문하며 그때도 아기를 안아준다고 했다.

출생한 지 100일 정도라도 지난 아기는 그

선물 봉투를 손에 쥔 아이와 엄마

런다 치더라도 막 태어난 아기마저 아무나 병원으로 방문하여 안아주는 것은 내 상식으로는 문제가 있어 보인다. 아기와 산모는 면역력이 약하여 병균 등에 쉽게 감염되기 때문이다.

이런 점 때문에 우리 선조들은 아기가 태어나면 집 대문에 일정 기간 (보통 3주) 금줄을 쳤다. 아기가 태어났으니 출입을 삼가라는 표시다. 금 줄에는 태어난 아기의 성별을 표시하는 물건을 걸었는데 남자는 고추, 여 자는 솜(지역에 따라서는 솔가지로 대신하기도 함)으로 했다. 고추는 남자아 이를 상징하는 이외에도 붉은색이어서 악귀를 쫓아내고 그 자체가 병원 균을 막아준다고 믿었다. 이 밖에 금줄에는 숯, 솔가지, 한지(韓紙), 실타 래도 걸었다. 숯과 솔가지는 병원균의 침입을 막기 위함인데, 이런 것들 이 오늘날 과학적으로 입증되었다. 한지는 밤에 금줄이 잘 보이라고 실타 래는 아기가 오래 살라는 뜻을 지니고 있다. 금줄로 사용된 새끼줄은 보 통 것과 달리 왼쪽으로 꼬았다.

축하가 먼저냐, 아기 건강이 우선이냐는 따질 일이 아니다. 아기가 건강 하게 잘 자라는 것은 모두의 바람이다. 그렇게 하는 것이 진정한 축하다.

아기를 안은 여선생

그렇다면 출산한 지 얼마 안 되는 아기를 여 러 사람이 돌려가며 안아주는 일은 한 번쯤 다시 생각해볼 일이다. 르완다 고유의 풍습 을 잘 보전·발전시키면서 아기와 산모 모두 가 더욱 건강하기를 바라기 때문이다.

나라마다 다르되 지혜로운 풍습은 존중할 가치가 있고 그것들이 인류의 삶을 풍성하게 해줄 것을 믿는다.

🏷 옛 르완다 왕은 누가 만든 음식을 먹었을까?

왕의 침실과 침대 위의 음식이 담긴 그릇들　　　　　　　　　왕의 집

　　옛날 르완다 왕은 부인도 믿지 못했다. 오직 믿은 사람은 자기를 낳고
길러준 어머니뿐이었다. 그래서 왕의 집 뒤에 어머니 집을 짓고 거기서 어
머니가 살면서 왕이 먹을 음식을 만들도록 했다. 왕은 어머니가 만든 음
식만 먹었다고 한다.

　　무산제(Musanze) 시 키니기 면(Kinigi Sector)에 키니기 문화센터(Ki-
nigi cultural center)가 있다. 사콜라(Sacola; sabyinyo community liveli-
hood association) 문화센터라고도 한다. 사는 곳에서 멀지 않아 구경을
하였다. 외국인은 입장료가 20달러였다. 그곳에 왕이 살던 집이 재현되어
있었다.

　　왕이 살던 집, 궁전은 장대하고 으리으리한 것으로 알았다. 그러나 르
완다 왕이 살았다는 집은 한국의 초가집과 비슷했다. 그래서 궁전(A
palace)이라 하지 않고 왕의 집(King's house)이라 한 것 같다. 집 모양은
원형이고 크기는 30평이 채 안 되어 보였다. 지붕과 외벽은 풀로 이거나
붙여 만들고 방바닥엔 풀이나 대나무로 엮어 만든 방석을 깔았다. 벽 안
쪽, 방과 방 사이 벽 모두 대나무를 쪼개서 엮어 만들었다. 그리고 무너

지지 않도록 문이 있는 곳과 군데군데 기둥을 세웠다.

기둥 중에 입구에 세워진 기둥이 있다. 용서의 기둥이다. 죄 없는 백성들이 억울하게 벌을 받으면 왕을 찾아와 그 기둥을 붙들고 자초지종을 설명한 후에 죄를 사하여 달라 한다. 왕이 듣고 백성의 말이 타당하면 죄를 용서하여 준다고 해서 붙여진 이름이다.

지붕에는 3개의 막대기가 꽂혀 있다. 한가운데 있는 것은 르완다 옛날 집의 일반적 특징이며 입구 지붕 위에 있는 2개는 부와 권력을 상징한다.

왕의 집 근처에는 어머니 집이 뒤에 있을 뿐이다. 부인들이 사는 집은 멀리 떨어져 있다고 하나 아직 재현되지 않았다.

그럼 왕은 왜 부인을 믿지 못했는가? 왕은 여러 부인을 맞았다. 그러다 보니 왕의 사랑을 차지하려고 부인들 간에 서로 시기와 질투, 암투가 심했다. 심지어 부인 중에는 왕을 독살까지 하려 했단다. 왕은 부인들로부터도 신변 위협을 느끼며 산 셈이다. 그러니 부인을 믿지 못했고, 부인이 만든 음식을 안심하고 먹을 수가 없었다.

밤에 부인과 같이 잠을 잘 때도 왕은 부인이 옷을 입고 침실에 오지 못하도록 했다. 옆 대기실에서 부인들은 기다리다가 한 명씩 옷을 벗고 침실 문기둥을 붙잡고 받아주기를 간청했다. 그런 부인 중에서 왕이 선택하면 알몸으로 침실로 들어갔다. 비록 왕이 보는 앞이지만 벗은 몸으로 애교를 부리는 일이 부끄러웠던 모양이다. 그래서 간청할 때 잡은 문기둥을 '수줍음 기둥(A pillar of shyness)'이라 부른다.

왕의 침대 위에는 여러 개의 그릇이 놓여 있다. 그 속에 어머니가 만들어다 놓은 음식이 들어있다. 왕은 자기가 먹을 음식을 최대한 가까이 두었음을 알 수 있다. 왕이 그런 음식을 부인과 함께 먹었다는 말은 못 들었다. 한국 왕들처럼 왕비가 있었는지를 가이드에게 물었으나 대답이 시원찮았다.

왕은 진정으로 사랑한 부인이 없었을까? 날이 갈수록 궁금해진다. 진정으로 사랑하고 사랑받은 왕비가 있었다 해도, 왕은 그 왕비가 만든 음식을 먹지 않았을까? 둘이 서로 죽고 못 살 정도로 사랑하고 사랑받았다면 분명 왕은 왕비가 만든 음식을 같이 먹었을 것이다. 범상의 부부에겐 한솥밥을 같이 먹는 것이 행복의 최소 조건이다. 그런데 왕은 행복의 최소 조건도 충족하지 못했으니 왕이었으면 무엇하랴!

구경을 마치고 나올 때, 괜스레 그런 왕이 불쌍했을 거라는 생각이 드는 건 왜일까?

09
관 광
고릴라 트레킹과 늉웨 숲, 그리고 키부 호수

🖊 아프리카 3국에만 사는 야생 고릴라를 만나다

– 구경거리는 좋아도 고릴라가 인간의 조상이라고는 믿기 싫다

고릴라를 구경하기 위하여
정글 속으로 들어가는 일행들

엄마 고릴라가 새끼 고릴라의 머리를 다듬는
(혹은 벌레를 잡는) 모습

숲 속에 앉아 있는 고릴라

지구상에서 야생 고릴라 중 Mountain Gorilla(영명 Eastern Mountain Gorilla, 학명 Gorilla beringei)는 동아프리카의 르완다, 우간다, 콩고민주공화국(Demo-cratic Republic of the Congo) 3개 국이 국경으로 인접한 화산지대에 만 산다. 여기에 야생하는 고릴라

가족(Family or Group)은 르완다 18, 우간다 1, DR콩고 2~3 무리가 있는 것으로 알려졌다.

이들 3국은 고릴라가 야생하는 지역을 국립공원으로 지정하여 고릴라를 보호하는 한편 고릴라 관광으로 톡톡한 재미를 보고 있다. 콩고에는 비룽가(Virunga, 키냐르완다어로 화산을 뜻하는 Ibirunga의 영어식 말) 국립공원, 르완다에는 화산(Volcanoes) 국립공원, 그리고 우간다에는 가잉가 고릴라(Mgahinga Gorilla) 국립공원이 있으며 서로 연결되어 있다.

지난해 크리스마스 날이다. 우연히 내 생일이기도 하여 기념으로 고릴라 관광을 하였다. 입장료는 외국인은 750U$인데 르완다 거주인이어서 반값인 375달러를 주었다. 입장료 이외에 차를 렌트해야 하는 데 하루에 80~100달러다.

TV로 보면 되지, 그까짓 고릴라 뭣 하러 비싼 돈 주고 고생하며 보느냐고 하는 사람이 많다. 사람에 따라 가치 중심이 어디 있느냐에 따라서 맞는 말일 수 있다. 그러나 세상에 여기밖에 없는 야생 고릴라를 직접 만나보는 것에는 375달러의 가치가 충분히 있다고 생각하여 숲 속에 사는 고릴라를 직접 찾아 나섰다. 크리스마스 날인데도 하루 최대 관광인원 80명이 꽉 찼다.

고릴라 관광은 아침 7시부터 시작된다. 7시에 RDB(Rwanda Development Board) 키니기 사무소에 도착하여 관광 수속을 밟는다. 그런 후에 그룹별로 모여 가이드의 설명과 주의사항을 듣고 차로 이동한다.

차를 타고 약 50분 정도 가서 Bisoke 산기슭에 있는 Bisate 주차장에서 내렸다. 걸어서 2시간 정도 산행을 하였다. 우거진 숲 속에 경비병들이 총을 들고 지키고 있었다. 그곳에 가방 등을 내려놓고 가이드와 보조 안내원을 따라 숲으로 들어갔다. 길은 없고, 가면서 길을 만들었다. 10분 정도를 들어가자 고릴라 10여 마리가 모여 있었다.

우리가 도착한 시간은 고릴라가 아침 식사를 한 후라 했다. 고릴라는 먹이를 섭취한 후에 잠을 잔다고 한다. 그래서인지 몇 마리는 잠을 자고 있었다. 엄마 품에 얼굴만 내밀고 있는 새끼고릴라가 귀여웠다.

일행은 사진 찍기에 여념이 없었다. 숲 속이라 나무들이 가려서 촬영이 쉽지 않았다. 보조 안내원이 눈치를 챘는지 칼로 나뭇가지를 잘라주었다. 그때였다. 갑자기 실버백(Silver back; 등에 은색 털이 있는 어른 고릴라)이 고성을 지르며 관광객에게 달려들었다. 벨기에서 온 아가씨 Michelle은 사진을 찍다가 갑작스러운 상황을 맞고 얼굴이 창백해졌다. 이때는 절대로 일어서거나 도망가면 안 된다. 몸을 낮추고 가만히 앉아있어야 한다.

한바탕 예상치 못한 소동이 지나갔다. 모두 웃었다. 위험과 고통은 당할 때는 위험과 고통이지만, 지나고 나면 최고의 멋지고 유쾌한 추억이 된다. 위험에 도전하는 자, 용기 있는 자만이 남이 할 수 없는 일을 할 수 있고 남이 말할 수 없는 것을 말할 수 있다.

실버백이 일어나 이동을 했다. 다른 고릴라도 따라 나섰다. 우리는 이동하는 고릴라를 따라다니며 그들을 구경했다. 어떤 놈은 원숭이처럼 높은 나무에 올라가기도 했다. 어떤 어미 고릴라는 숲 속에 앉아서 새끼고릴라를 가슴에 품고 두 앞발로 나뭇잎과 풀을 뜯어서 먹었다. 사람이 손으로 음식을 먹는 것과 같았다. 하지만 인간과 DNA가 95% 이상이 같다는데 신체적 외모와 정신지능은 인간과 천지 차이가 났다.

돌아보니 우리가 돌아다닌 곳이 길이 되어 있었다. 그렇게 숲을 헤치며 고릴라의 일상을 보노라니 한 시간이 금방 지났다.

고릴라들이 멀리 사라져갔다. 얼마를 걸어가니 가방 등을 놓아둔 곳이 나왔다. 조금 쉬면서 물도 마시고, 가지고 간 간단한 음식도 나누어 먹었다. 생소하고 신기한 체험 탓일까? 모두들 흐뭇하고 기쁜 표정들이었다.

내려오는 길 일부는 올라간 길과 달랐다. 주차장에 와서 차를 타고 Urugendo ruhire 기념품 판매점에 갔다. 그곳에서 우리는 고릴라 관광 증명서를 받았다. 그것으로 고릴라 관광은 끝났다.

다음부터는 각자의 일정에 따라 행동했다. 나는 가이드와 케냐 나이로비에서 변호사로 활동하고 있는 미국 아가씨 Tara와 함께 무산제로 갔다. 오후 3시쯤 되었다.

고릴라 관광을 한 뒤로 해가 바뀌었다. 그러나 아직도 구경하는 동안 맛보았던 즐거움, 짜릿함, 신기함, 새로움, 뿌듯함, 안도감 등이 떠나지 않는다. 고릴라 말만 들어도 그때 그 숲 속에서 보았던 고릴라들이 눈에 선하다. 그뿐만 아니라 당시의 스릴과 흥분들이 겹치고 어우러져 새롭게 떠오르기도 한다. 생각보다 이런 현상은 아마도 오래갈 것 같다.

....

필자 주: 고릴라 관광 예약은 르완다 수도인 키갈리 RDB(전화: +250 252 502 350, +250 252 573 396, 홈페이지: www.rdb.rw)에서 하는 게 좋다. 나는 가까운 RDB 키니기 사무소에서 표를 샀다가 차를 구하느라 애를 먹었다.

관광은 최대 10개 조로 나누어 각기 다른 고릴라 가족을 본다. 그러니까 한 사람은 1개 고릴라 가족만 본다. 나는 Ugenda Family를 보았다.

고릴라는 물을 거의 마시지 않는다고 한다. 다육식물을 많이 먹고 거기서 필요한 수분을 섭취하기 때문이다. 죽순을 좋아하는데 많이 먹으면 취한단다. 그래서 죽순을 고릴라 맥주라 부르기도 한다.

◆ 고릴라 이름은 누가 어떻게 지을까?

동물은 특별한 경우를 제외하고
는 이름이 없다. 그저 사자, 호랑
이, 코끼리로 불린다. 하지만 고릴
라는 사람과 마찬가지로 고유의 이
름이 있다. 그저 사람이 아니듯 그
저 고릴라가 아니다.

고릴라 이름 짓기 행사장
(Kwita Izina, 2015. 9. 5.)에 운집한 3만여 명의 인파

그럼 고릴라 이름은 누가 어떻게
지을까? 사람 이름은 대체로 부모님이 지어준다. 고릴라는 고릴라 부모가
짓지 않고 사람이 지어준다. 그것도 새끼를 낳는 즉시 짓지 않고 1년에 한
번 이름 짓기 행사(Kwita Izina)를 통해서 짓는다.

지난해까지 6월에 열리던 것과는 달리 올해 행사는 9월에 열렸다. 그
이유는 우간다의 6월 행사 등 주변 국가와의 중복을 피하고 관광 증진을
위해서라고 한다.

행사장은 검색과 경비가 삼엄했다. 금속검색대를 통과함은 물론, 행사장
으로는 휴대폰을 가지고 들어갈 수가 없었다. 카메라를 가져가지 않았던 나
는 스마트폰을 가지고 들어가지 못하면 사진을 찍을 수가 없어 난감했다.

검색하는 군인들에게 아무리 사정해도 소용이 없었다. 더구나 미리
RDB에 등록하여 초대장을 받지도 않았다. 그래서 그냥 돌아오려고 했
다. 그때였다. 안면이 있는 군인이 보였다. 인사를 하고 전후 사정을 이야
기했더니 알았다며 특별히 허가를 해주었다. 알고 보니 그가 그날 그곳의
경비 총 책임자인 것 같았다.

2015년 Kwita Izina(Gorilla Naming Ceremony)는 제11회로, 9월 5일
키니기(Kinigi)에서 약 3만 명(외국인은 26개국에서 온 약 500명)이 모인 가

운데 폴 카가메 대통령이 참석하여 성대하게 거행되었다. 주제는 '미래를 위해 지금 보존하자(Conserving now and for the future)'였다.

2005년 제1회 이후 현재까지 192마리(자료에 따라 189~197마리로 약간의 차이가 있음)의 고릴라 이름이 지어졌으며, 올해는 가장 많은 24마리나 된다.

고릴라 이름은 지명을 받은 세계 각국의 각계의 저명한 인사들이 새끼고릴라의 혈통, 습성과 태도, 외모 등을 고려하여 지으며 이름은 고릴라의 신분 확인과 조사 연구에 유용하게 활용된다.

행사장으로 가는 고릴라들
(실제 고릴라가 아니고 사람이 고릴라로 변장함)

고릴라 이름을 지은 각계 저명인사들

이렇게 지어진 이름 중에는 2005년 제1회 때 카가메 대통령이 지은 행복을 뜻하는 뷔쉬모(Byishimo), 영부인 제넷티가 지은 선물(Gift)을 의미하는 임파노(Impano)가 있다.

올해 고릴라 이름 중에는 세계야생동물기금(World Wildlife Fund)의 Allan Carlson이 지은 소원(Wish)을 뜻하는 Ikifuzo 등이 있다.

올해는 9월 5일 고릴라 이름 짓기 행사와 함께 약 2주간에 걸쳐 사진전시회, 관광기업포럼(Tourism Business to Business Forum), Bistae 초등학교 도서관 기공식(재원: 다이앤 포시 고릴라 국제기금), 지역공동체주관 전

야제(Community party, Igitaramo)와 기업박람회(Business Exhibition) 등의 부대행사도 있었다.

또한, 올해 처음으로 야생동물의 보전과 관광 진흥에 기여한 공로를 인정하여 6명의 르완다인에게 상을 수여했으며, 이것은 앞으로 2년마다 매번 있을 예정이다.

이러한 마운틴고릴라 보존운동 덕분에 2003년에 비해 2010년에는 고릴라 수가 26.3%가 증가하였다. 2010년 기준 르완다의 마운틴고릴라 수는 302마리로 이는 전 세계 마운틴고릴라 880마리 중 35%에 해당한다.

마운틴고릴라 관광수입의 약 5%가 지역개발에 투자되는 데 현재까지 약 180만U$가 투입되어 고릴라 서식지역의 도로와 상하수도 시설, 중소기업 지원 등에 사용되었다.

고릴라는 사람이 지어준 이름을 가짐으로 사람과 더욱 친밀해졌다. 같은 개라도 이름을 가진 애완견이 귀엽고 친밀하듯이 말이다.

필자 주: 스마트폰을 가지고 행사장에 들어가도록 특별히 배려해준 경비 책임자에게 감사드린다.

🖊 아프리카에서 가장 높은 키부 호수

Lake Kivu는 아프리카에서 가장 높은 곳에 있는 호수다. 해발 1,459m에 있으며 표면적은 2,370 ㎢(일부 자료는 2,700㎢), 가장 깊은 곳은 485m라 한다. 호수 깊이로는

수녀원이 운영하는 호수 옆 기구피 휴양지 정원

세계에서 18번째다. 그리고 내륙호수에 있는 섬으로는 세계에서 10번째로 큰 이주이(Idjwi) 섬이 있기도 하다.

또한, 동아프리카의 열곡(裂谷, Rift valley)에 위치하고 약 1억 5백만 년 전에 생성된 것으로『죽기 전에 꼭 봐야 할 자연 절경 100(마이클 브라이트 지음, 이경아 번역)』에도 소개되었다. Kivu라는 이름은 Bantu어로 호수(Lake)를 의미한다. 그러니까 호수 중의 호수라고 봐야겠다.

■ 호수라기보다는 바다 같아, 아이들은 호수연안을 따라 국경을 자유로이 왕래

나는 운이 좋아서 르완다에 온지 2개월도 안 되어 그곳을 2번 가보았다. 실제 가보니 호수라기보다는 바다로 보였다. 수평선 끝이 안

저녁노을이 깔린 호수와 물구나무선 사내아이

보인다. 길게 뻗은 모래사장을 거닐거나 해수욕을 즐기는 사람들도 꽤 많았다. 그런 사람 중에는 콩고의 어린이들도 섞여 있었다. 호수 가운데로 르완다와 콩고의 국경이 있는데, 어린이들은 거의 통제받지 않고 호숫가를 따라 국경을 넘어 르완다 지역에 와서 자유롭게 놀 수 있기 때문이다.

호텔 세라나 뒤 호수 서쪽 모래사장

도로에 있는 국경 지역은 양국 군인들이 감시하고 검문하는 정도로 우리나라 일반 검문소와 비슷하며 별다른 시설이 없다. 그러나 사진 촬영은 금지되어있다. 소문과

는 달리 평화로워 보였다.

호수는 북쪽에서 남쪽으로 길게 뻗어 있다. 호수 연안을 따라 르완다 지역에는 기세니(Gisenyi), 키부예(Kibuye), 찬구구(Cyangugu) 시가 있고 콩고 지역에는 고마(Goma), Sake(사케), 카바레(Kabare), 부카부(Bukavu) 시가 있다. 호수의 약 58%는 콩고에 속하며 나머지 42%는 르완다 지역에 있다.

내가 직접 본 곳은 르완다의 루바부(옛 기세니)와 카론기 지역에 있는 주변 호수다. 루바부의 호수 바로 옆에 Hotel Kivu Serena가 있다. 하루 숙박비가 160U$ 정도라 한다.

■ 사색과 낭만을 즐길 수 있는 수녀원

여기서 약 8km 정도 호수 왼쪽 옆을 끼고 안쪽으로 들어가면 수녀원에서 운영하는 기구피 휴양지가 있다. 일반인도 이용할 수 있는데 하루 숙박비가 2만 프랑(35,000원 정도), 한 끼 식사는 2천 프랑 정도다. 경치와 풍광은 Hotel Kivu Serena 부근보다 여기가 훨씬 좋고 아름답다. 처음 간 날, 프란시스코라는 수녀가 특별히 염소 구이를 해주었는데 맛이 일품이었다. 호수를 바라보며 푸른 잔디밭에서 이국적 음식을 먹는 것 또한 특별했다. 거기다 하늘을 찌를 듯 자란 키 큰 행운목, 우리나라 정자 목처럼 자란 아카시아 카루, 크고 아름다운 꽃이 많이 핀 플루메리아(Plumeria), 열매가 주렁주렁 달린 아보카도와 대추야자 등이 찾아온 이들을 반겨주니 무엇을 더 바라겠는가!

■ 메탄가스 매장량 약 550억㎥ - 르완다 정부의 개발 열망 커

르완다에서 가장 큰 키부 호수는 수자원으로서뿐만 아니라 에너지 측

면에서도 중요한 위치에 있다. 메탄가스 매장량은 약 550억㎥로 추정한다. 이처럼 많은 메탄가스가 매장된 것은 호수가 화산지대에 있어, 화산활동과 호수의 상호작용 때문으로 보고 있다.

호수 가운데 멀리 메탄가스를 뽑아내기 위해 설치한 시설 하나가 어렴풋이 보였다. 실제 가보고 싶었으나 여건이 허락하지 않아 가보지 못해 아쉽다. 현황판 내용에 따르면 시범공장(Pilot plant)에서 메탄가스를 이용하여 인구 15만인 기세니 시의 전력수요량의 반을 공급하고 있다고 되어 있으나 믿어지지 않는다. 기술력, 시설 등에서 신뢰가 안 간다. 아무튼, 르완다 정부는 이 메탄가스를 개발하기 위해 세계 관련 기구나 국가와 협상을 해오고 있는 것으로 알려졌다(2013. 2. 14. 『The New Times』).

이 메탄가스는 물에 녹아 수심(水深) 260m 아래 축적되어 있다고 한다. 메탄가스의 분출 압력보다 물이 누르는 압력이 높아서 메탄가스가 물에 녹아 깊은 물 아래 있는 것이 가능하단다. 그리고 가스가 수심 260m 아래 갇혀 있고 악어와 하마가 없어 수영해도 안전하다고 현황판에 쓰여 있다.

키부 호수 위로 노을이 질 무렵 밀려오는 어둠과 함께 사람들은 하나둘씩 떠나갔다. 남겨진 건 적막함과 한산함이었다. 그것은 쉬지 않고 출렁이는 물결소리가 차지했다. 밤이 되어도 식을 줄 모르는 우리나라 해변의 열기와는 사뭇 달랐다.

어둠을 헤치는 파도소리 너머로 낮 동안에 해수욕과 여가를 즐기던 사람들의 모습이 떠올랐다. 해수욕은 그렇다 치자. 낮에 본, 자연 속에 동화되어 연인과 친구들끼리 한가로이 즐거운 시간을 보내는 젊은이들은 생활고에 잃어버린 나의 젊은 날을 더욱 애절하게 만들었다. 아프리카엔 헐벗고 굶주리는 검은 사람들이 사는 것으로 생각하던 나의 기존의 낡은 사고도 산산이 깨져버렸다. 이래서 직접 가서 보고 접하며 느낄 수 있는 여행이 중요하다. 누가 이런 아프리카를 못산다고 업신여길 수 있는가?

키부 호수를 보고나니 여행의 즐거움은 새로운 세계의 경험에 있다. 새로운 세상과의 만남은 흥분을 가져다주기도 한다. 온실에서 보던 작은 나무들이 아름드리나무로 다가오고 혐오의 땅으로 여기던 곳이 낭만과 환상의 땅으로 나타났다.

📎 루혼도 호숫가의 아침 풍경

고구마를 씻어 자루에 담는 노부부

나무배를 타고 이른 아침에 고기 잡는 사람들

루혼도 호수에 먼동이 텄다. 어젯밤 철학가인 척 사색에 잠겨보았던 주변을 걸었다. 비에 젖어 밤새 드러누워 있던 풀들이 일어나고 있었다. 요란한 풀벌레 소리는 사라지고 대신 새들이 아침 인사를 했다.

호수는 지난밤처럼 여전히 잔잔하고 고요했다. 날이 밝으며 물 위로 쏟아지는 아침 햇살이 눈 부셨다. 평범한 어촌 같으면서도 이상할 정도로 평화롭고 사람들이 행복해 보였다.

몇 척의 고기잡이배들이 오갔다. 어부들은 작은 나무배를 타고 고기를 잡았다. 그들은 몇 마리 안 돼 보이는 고기를 흔들며 웃고 즐거워했다.

마라무체(Mwaramutse; Good morning과 같음)라고 아침 인사도 했다.

학생들은 무엇이 그리 좋은지! 그저 마냥 재잘대며 즐겁게 산 위에 있는 학교에 갔다. 슬리퍼에 맨발도 있었다. 그러나 불평도 없고 불편함을 호소하지도 않았다. 시험성적이나 상급학교진학 등의 근심 걱정 같은 것은 더더욱 찾아보기 어려웠다.

아낙네들은 남편들이 어찌하든 상관없는 모양이다. 그저 괭이 하나 들고 밭으로 농사일하러 갔다. 사진을 찍으려 하니 "오야(안 된다는 뜻)."라며 달아나거나 얼굴을 가렸다.

누구의 얼굴에서도, 주변 어디에서도, 불만이나 근심 걱정은 볼 수 없었다. 다들 즐겁고 웃는 모습이었다.

멀리 물안개 사이로 호숫가에 노부부가 보였다.

가까이 갔다. 노부부는 고구마를 씻고 있었다. 고구마는 엄지손가락 2~3개만 한 것부터 주먹만 한 것까지 크기가 다양했다. 품질은 안 좋았다. 끊어지고 꼬불꼬불

무하부라, 가잉가, 사비뇨 화산에 둘러싸인 루혼도 호수

하고 상처가 나고 그랬다. 그렇지만 씻은 고구마는 정성스레 모두 자루에 담았다. 노부부의 그런 모습이 알뜰살뜰하고 행복해 보였다.

아침에 묻기는 뭐했지만 그래도 염치불구하고 물었다.

"Gukunda(사랑해요)? Shimiye(행복해요)?"

반응은 의외였다. 멈칫멈칫하더니 웃으며 "Yego(예)."라고 대답했다.

수줍음도 잠시, 마주 보며 다시 고구마를 씻고 담았다. 그들의 남루한 옷과 환한 얼굴이 자꾸 겹쳐졌다. 노부부를 보고 있노라니 가난하다고

불행한 것이 아니었다.

그렇다. 이른 아침 호숫가에 와서 볼품없는 고구마를 씻어도 둘이 살을 맞대며 즐겁게 일을 하면 그게 행복이다. 사랑하는 사람끼리 사랑하고 사랑받으며 함께 살면 그게 행복이다.

인사를 하고 떠나는 이방인인 나를 그들은 물끄러미 바라보았다. 노부부는 나를 어떻게 보았을까? 궁금증을 안고 뒤돌아 손을 흔들어 주었다.

루혼도 호숫가의 아침은 조용하고 평화로웠다. 각자 자신의 처지를 받아들이고 자기 일을 즐겁게 하고 있었다. 그곳엔 경쟁이란 게 없어 보였다. 불행하다고 느끼는 사람들이 찾아가면 행복해질 수 있는 호숫가였다.

나는 호수를 바라보며 시상(詩想)에 잠겨 중얼거렸다.

바다는 강을 거부하지 않고 강은 바다에 저항하지 않나 보다.

바다가 없는 나라 르완다에서 살다 보니 강물은 흘러 호수로 가고 호숫물은 다시 멀고 먼 길을 달려 보이지도 않는 바다로 가는데, 바다로 흘러간 물이 호수로 돌아오는 일이 없다.

강물도 그저 잔잔한 호수에 머물러 있어도 아무런 불편이 없으련만, 그러지 않고 길고 험한 여로를 거쳐 바다로 가서 바다와 저항하거나 다투지 않고 어울려 천년만년을 지낸다.

가끔은 바다가 되기도 하고 더러는 강이 되는 기분으로 지구라는 세상을 즐겁게 감상하며 살고 싶다.

강과 호수가 바다로 여행하듯 나도 여행하는 기분으로 사니 세상이 아름답고 즐거운 연극무대가 된 듯하다. 내일은 분명 더 좋겠지!

....

필자 주: 루혼도(Ruhondo) 호수는 르완다의 비룬가(Virunga) 국립공원 동북쪽에 있는 쌍둥이 호수 중의 하나다. 무산제에서 차니카 행 버스를 타고

약 30분 가서 가훈가(Gahunga) 버스정류장에서 내린다. 거기서 모토를 타고 약 15분 가면 호수와 선착장이 나온다.

여기에는 수력발전소가 하나 있다. 쌍둥이 호수인 부레라(Burera) 호수가 높아, 두 호수의 낙차를 이용하여 약 12㎿의 전기를 생산한다. 발전소 옆에도 선착장이 있고, 여기서 배를 타고 약 15분쯤 가면 비치 리조트호텔이 있다.

해발 3,000m가 넘는 무하부라(Muhabura), 가힝가(Gahinga), 사비뇨(Sabyinyo) 화산들이 쌍둥이 호수를 굽어보고 있다. 호수 안에는 사람들이 사는 여러 개의 섬도 있다.

✎ 문명이 비껴가는 섬에도 행복은 있다

섬에는 원시가 있다. 문명이 많이 들어가지 못한 탓이다. 그런 섬에서도 사람들은 행복하게 살고 있다.

르완다에는 호수가 많다. 크기 또한 커서 호수 안에 섬들이 많다. 그 섬들의 두 곳을 가보았다. 하나는 쌍둥이 호수인 부레라(Burera)에서 가장 큰 비르와(Birwa) 섬이고 다른 하나는 루혼도(Ruhondo)의 이름 모르는 섬이다.

비르와 섬에는 68가구 350명이 산다. 초등학교, 교회, 보건소(Health care center)가 각 1개씩 있다. 비르와 섬에 비해 루혼도의 이름 모르는 섬은 규모가 작고, 학교도 교회도 보건소도 보이지 않았다.

위에서 내려다본 비르와 섬 농가

환영 나온 섬마을 사람들과 함께

섬에는 전기가 들어오지 않는다. 나무나 마른 풀을 태워 밥과 요리를 한다. 해가 진 밤에는 별과 달빛이 어둠을 밝힌다. 이 때문에 이곳 사람들이 사랑을 많이 하는 탓일까? 유난히 아이들이 많다.

수도시설이 없으며 호숫물을 그냥 먹는다.

TV, 자동차, 냉장고, 컴퓨터… 이런 문명의 이기들을 아직도 보지 못한 사람들이 많다.

교통의 불편함은 말할 필요도 없다. 육지를 오가는 수단은 배뿐이어서 육지 한번 왔다 가려면 큰 맘 먹어야 한다.

이곳 섬사람들은 주로 감자, 고구마, 옥수수, 바나나, 콩 등을 재배한다. 가축으로는 주로 소, 양, 염소, 닭 등을 기르며 호수에서 물고기를 잡기도 한다. 보기엔 초라하고 남루하고 심란하고 힘은 들어도 먹고 사는 걱정은 크게 안 하는지 얼굴에 웃음이 가시지 않았다.

외국인이 이들 섬을 찾는 일은 드물다고 한다. 그래서일까? 가이드와 함께 루혼도의 한 섬을 찾아가니 마을 사람들이 나와 노래와 춤을 추며 나를 환영했다. 낡은 나무의자를 갖다 주며 앉으라 했다. 사진도 같이 찍자고 해서 단체 사진을 찍었다. 집안도 들어가 보았다. 벽과 방바닥은 흙으로 되어 있다. 흙바닥에 천(헝겊) 조각 좀 깔면 그게 침대고 침실이다.

그런 흙집과 생나무울타리, 나무 몇 개를 걸쳐 만든 외양간이 바나나와 옥수수 등의 밭 사이에 있다. 이곳은 현대문명이 등진 곳이다.

이들 섬은 아직 문명에 익숙한 현대인이 살기에는 불편하다. 가서 살라고 하면 다들 도망쳐 나올 것이다. 하지만 섬사람들은 옛날 조상들이 살던 그대로 대를 이어가며 아무 불편 없이 즐겁게 살아오고 있다. 맑고 밝은 모습으로 치면 뉴욕이나 서울사람들보다 그들의 얼굴이 부러울 정도로 훨씬 맑고 밝다.

섬사람들이 문명과 담을 쌓는 것이 아니라 문명이 섬을 비껴가고 있다. 그러나 그들은 불만이 없다. 행복해 보인다. 바나나 하나에도 즐거워한다. 아직 문명의 편리함을 맛보지 않았기 때문인지 모른다.

르완다 정부는 이들 섬을 보호지역으로 관리해 생물 종을 다양화하고 생태계를 보전하여 관광 진흥을 도모하려고 한다. 좋은 생각이다. 그러려면 우선 접근이 쉽도록 교통망을 확충하고 전통문화 등 다른 볼거리도 개발하는 것이 선행되어야 한다.

21세기에도 문명이 끼어들지 않은 원시의 모습을 지닌 섬, 문명이 비껴가고 담을 쌓아도 그곳에도 사람들이 사랑과 행복을 꽃피고 있다. 그곳에 가면 문명이 주는 편리함은 적지만, 자연이 주는 넉넉함과 아름다움 속에서 한때의 휴식은 즐길 수 있다.

🏷 늉웨 원시림(Forest Nyungwe), 나일 강의 발원지

중간쯤의 어른 키가 훨씬 넘는 고사리류와 관목과 키 큰 나무가 어우러진 숲

안내소(Reception house) 아래에 펼쳐진 차밭, 숙소와 산봉우리

자연 안에서 살다시피 하지만 열대우림을 보고 싶었다. 그래서 찾아간 곳이 르완다 국립공원의 하나인 늉웨 숲(Forest Nyungwe)이다.

늉웨 숲은 해발 1,500~2,500m의 중산악지대 숲으로 볼 수 있다. 아프리카에서도 보기 드문 원시림 그대로 보존된 숲이다. 총면적은 약 1,000㎢(10만 ha)로 아프리카에서 가장 넓고 잘 보존된 열대 산악 우림이다. 또한, 나일 강의 발원지이기도 하다. 늉웨 숲 서쪽으로 흐르는 물은 콩고를 지나 대서양으로 간다. 동쪽으로 흐르는 물은 동아프리카 내륙을 거쳐 이집트 나일 강으로 간단다. 그래서 북쪽에서 남쪽으로 뻗어있는 늉웨 숲 산맥을 콩고-나일 분수령(Congo-Nile Divide)이라 부른다.

나라는 작지만 가는 길은 멀었다. 하루 전에 내가 사는 국립농대(ISAE)에서 오후 1시 버스를 타고 키갈리에 갔다. 르완다에서는 버스를 이용하여 어디를 가려면 일단 키갈리를 거쳐서 가야 하기 때문이다. 키갈리에서 동기자문

정상 부근의 에리카 속 나무와
거기에 다닥다닥 붙은 이끼와 지의류

관들과 하룻밤을 같이 보내고 다음날 새벽 4시에 숙소를 출발하여 야부고고 버스터미널(Nyabugogo bus terminal)에 갔다. 이른 새벽이라 그런지 사람들은 그리 많지 않았다. 1인당 10,000RF을 주고 왕복 오메가 고속 버스표를 샀다.

버스는 5시에 터미널을 출발하여 선선한 아침 공기를 가르며 신나게 달렸다. 약 3시간 40분 후에 목적지인 늉웨 숲의 1 관문인 키타비(Kitabi))에 도착했다. 정류장 표시도 없는 도로였다. 그곳 사람들에게 물어서 약 10분 정도 걸어가니 안내소(Reception center)가 있었다. 안내소는 몇 동의 건물과 함께 있었다. 그 아래로 펼쳐진 녹차 밭과 녹차 밭 너머로 점점

이 솟아 있는 수십 개의 산봉우리가 모든 피로를 말끔히 씻어주었다.

외국인은 입장료가 40달러지만, 우리는 르완다 거주 외국인이라 하여 30달러를 냈다. 입장료는 산행코스에 따라 다르며 동아프리카인, 동아프리카 거주인, 르완다인, 르완다 학생 순으로 싸다. 달러와 르완다 프랑 어느 것으로 내도 된다.

산행을 기다리는 시간에 우리는 준비해간 간식을 그곳에서 산 음료수와 같이 먹었다. 산행은 반드시 가이드와 함께 한다. 우리와 함께 간 가이드는 르완다국립대학교(NUR; National University of Rwanda)를 졸업한 26세의 석사 출신으로 이름은 Ange IMANISHIMWE(르완다인의 성은 모두 대문자로 쓴다)였다.

늉웨 숲에는 초입으로부터 Kitabi, Uwinka, Gisakura 순으로 3개의 안내소(Visitor center라고도 함)가 있다. 각 안내소에서 실시하는 산행코스는 Kitabi 4개, Uwinka 14개 모두 18개가 있다. 산행코스는 1km부터 42.2km까지 다양하며 시간도 1시간 30분부터 4일까지 차이가 심하다. 나는 Kitabi의 능가베(Ngabwe) 산행코스를 택했다. 거리는 4.6km, 산행 시간은 4시간으로 되어 있다. 그러나 실제 산행은 9시 30분에서 2시 30분까지 5시간 정도 걸렸다. 늉웨 숲에서 2번째로 높다는 2,763m 능가베 산 정상까지 올라갔다 왔다. 정상에는 무너진 캠프 사이트(Camp site)가 방치되어 있었다.

정상에서 준비해간 밥과 김치, 절임 고추 등 반찬으로 점심을 했다. 꿀맛이었다. 발아래서는 산봉우리들과 숲이 구름을 벗 삼아 놀고 있었다. 우리는 그들이 노는 모습을 영화를 보듯 즐겼다.

열대우림! 상상했던 열대우림과는 거리가 있었다. 하지만 하늘이 보이지 않게 우거진 숲은 자연림으로 좋았다. 200~300년 된다는 노거수, 키를 훨씬 넘는 고사리류, 그곳이 자생지인 늉웨 봉선화(Impatiens Nyungw-ensis), 나무를 목 졸라 죽인다는 choking plant, 침팬지를 방어하기 위하여 붉은 잎을 달고 있는 Parinari excelsa(우리나라 이름이 아직 없으면 침팬지 나무라고 부르고 싶다) 등 모두가 새로운 식물들로 눈길을 끊었다.

새로운 세계를 보는 재미 때문이었을까? 산행은 그다지 힘들지 않았다. 갖가지 새들이 노래를 불러 숲의 적막을 은은하게 깨트렸다. 붉은 개미들이 달라붙을까 봐 빨리 걸으라는 가이드의 말을 비웃기라도 하듯 나뭇가지로 건드려보는 장난을 하며 한바탕 웃기도 했다.

정상 부근에는 지의류와 이끼류로 보이는 것들이 진달랫과(철쭉과) 에리카속(Erica sp.) 나무에 다닥다닥 붙어 있기도 하고 틸란디시아 계통 식물처럼 길게 늘어뜨리고 있었다. 그리고 이름 모를 꽃들이 우거진 숲 아래서 고개를 내밀고 햇빛을 받아 살아가는 모습에서 자연 숲의 한 면을 보았다.

산행을 마칠 무렵, 수십 마리의 원숭이 무리가 우리를 반겼다. 어떤 놈은 나무를 오르기도 하고, 몇 놈은 길을 걷기도 하였다. 좀 어른스런 놈은 전혀 우리를 두려워하지 않고 장난을 치기도 했다. 기대했던 침팬지는 보지 못하고 숲에 세워져 있는 침팬지 조각을 보는 것으로 만족해야 했다.

늉웨 숲은 식물뿐만 아니라 동물이 어우러져 생동감이 넘치고 생물 종이 다양한 점이 맘에 들었다. 숲은 사람이 건드리지 않는 것이 좋다. 그곳에 사는 생명체와 무생물들이 스스로 알아서 잘 정리하고 어울려 살아가기 때문이다. 농약을 하지 않아도 되고, 전정하지 않아도 되고, 길을 내지 않아도 된다. 모든 것을 숲에 맡기고 그저 즐기고 감사하면 된다. 늉웨 숲은 그런 면에서 손대지 않은 좋은 숲, 가치가 큰 숲이다.

빨간가시털봉선화, 늉웨 숲 특산식물

울창하지만 깔끔한 맛이 나는 늉웨 숲

늉웨 숲(Forest Nyungwe)은 아프리카에서 가장 크고 보존이 잘된 산악 지역 열대우림(Rain forest)으로 아프리카의 허파다. 정상인 해발 2,950m 의 비구구(Bigugu)에 다녀온 뒤로 자꾸 가고 싶다. 집 뒤에 있으면 날마 다 걸어 오르고 싶다.

늉웨 숲은 2004년에 늉웨 숲 국립공원(Nyungwe Forest National Park)으로 지정되었다. 르완다의 서남쪽에 위치하여 남쪽은 부룬디, 서 쪽은 키부 호수 및 DR콩고와 접해 있다.

수도 키갈리에서 차로 5시간 정도 걸린다. 도로는 몇 km를 제외하고는 포장이 되어있지만, 편도 1차선으 로 좁고 산악지역이라 구불거린 다. 숲의 입구인 키타비(Kitabi)부 터는 공원 끝까지 숲을 지나가기 때문에 지루하지 않다.

늉웨 숲에는 방문자센터(Visitor Center 또는 Reception Center)가

열대밀림을 이룬 늉웨 숲

우인가(Uwinka)와 키타비 2곳이 있고, 우인가 14개, 키타비 4개 등 총 18개 산행코스가 있다. 따라서 자기의 취미, 관심사항, 시간, 체력 등을 고려하여 코스를 선택하면 된다. 대개 하루에 한 코스를 즐길 수 있다. 침팬지에 관심이 있으면 우인가에서 침팬지 코스(Chimpanzees Track)를 관광해볼 일이다.

외국인은 코스에 따라 입장료가 40~100U$며, 산행시간 역시 코스에 따라 1.5시간에서 4일까지로 다양하다.

나는 숲의 정상까지 올라갔다오는 비구구산 트레일(Trail)을 선택했다. 등산도 하면서 숲을 전반적으로 보고 즐기기 위해서였다.

아침 8시 50분경에 우인가 방문자센터에 갔다. 입장료 지불과 간단한 입산절차를 마쳤다. 가이드와 함께 차를 타고 등산로 입구에 갔다. 입구엔 비구구 트레일 표지판 하나가 덜렁 도로 옆에 있을 뿐이었다.

곧바로 도로 옆으로 나 있는 등산로 같지도 않은 길을 올랐다. 이 길을 오르는 사람이 많지 않다는 것을 직감했다. 처음 얼마간은 가팔랐지만, 조금 지나니 바위도 별로 없고 험하지 않았다. 우거진 숲 속 길을 걸으니 햇볕도 따갑지 않은데다 산소와 피톤치드(Phytoncide)가 풍부해서 그런지 무척 상쾌하기까지 했다.

그래도 땀이 흘렀다. 땀에 젖을 정도의 산행을 하다 보니 정상에 도착했다. 정상엔 조그만 집 한 채와 풍향계 등이 붙은 간이기상관측기 1개가 있을 뿐 정상을 알리는 표지석이나 표지판은 없다.

정상에서 둘러본 늉웨 숲은 산이라는 거대한 파도가 밀려오고 밀려가는 숲 바다처럼 보였다. 간간이 산 아래로 구름이 흘러가니 신선까지 된 기분이었다.

약간의 휴식을 한 뒤에 오른 길을 다시 내려왔다. 내려올 때 보는 숲은 올라갈 때와 또 다른 모습이었다. 늉웨 숲 식물도감 표지에 나오는 이곳 특산식물인 Impatiens nyungwensis(빨간가시털봉선화, 공식 이름이 없어 필자가 붙인 이름임) 꽃도 보았다.

정상까지 갔다가 오전에 올라간 입구로 다시 내려오는 데 약 6시간이 걸렸다. 표지판을 보니 출발점은 해발 2,367m, 정상은 2,950m로 왕복 13.2km였다.

산행을 마쳐도 별반 피곤하지 않았다. 오히려 숲이 주는 보약을 먹으며 자연치유(healing)를 하는 기분이었다.

트래킹을 마치고 늉웨 숲 로지(Nyungwe Forest Lodge)로 갔다. 로지를 둘러싼 차밭을 구경하고 저녁 식사를 하니, 이곳에 오기를 잘했다는 생각이 들었다.

늉웨 숲을 2013년 6월과 2015년 6월에 2번 갔다 왔는데도 다시 가고 싶다. 생각하면 자꾸 가고 싶다. 가면 머무르고 싶다.

쾌적함은 숲(자연)에서 온다. 늉웨 숲을 잘 보전하여 르완다뿐만 아니라 아프리카가 쾌적한 삶의 공간으로 사랑받았으면 한다.

✒ 해발 3,711m, 그곳에 호수가 있다

비소케 산 정상, 해발 3,711m의 호수

3,711m, 더 오를 곳이 없었다. 하늘이 닿아있을 줄 알았는데 더 높이 달아나 있었고, 기대하지도 않은 푸른 호수가 내 모습을 비춰주었다. 고요함이 호수에 제격이라면 비소케(Bisoke) 호수가 최고

이고도 남는다. 하늘과 주변 산을 다 품고도 잔잔하고 고요했다. 주변에는 예쁘고 귀여운 작디작은 꽃들이 땅을 기다시피 하며 피어 있었다.

2013년 2월 15일 토요일이었다. 이해철, 김덕수 자문관과 같이 아침 7시에 르완다 무산제의 키니기에 있는 RDB Headquarters에 갔다. 이른 아침인데도 관광객들로 북적였다. 접수대에 가서 비소케 산 등정(登頂) 표를 샀다. 외국인은 75달러인데 르완다 거주인이라 65달러를 냈다.

정상에 핀 조그마한 예쁜 꽃

가이드 패트릭이 간단한 설명을 끝내자 렌트한 차(하루 렌트비로 80달러를 주었다)를 타고 비소케 산을 향해 출발했다. 포장과 비포장 된 길이 각각 반절 정도로 보이는 도로를 1시간가량 달리니 등산 입구가 나왔다.

차에서 내려 포터 1명, 총을 든 군인 3명과 함께 가이드의 설명을 들으며 마을을 지나 숲 속으로 들어갔다. 구름이 잔뜩 끼고 바람이 세게 불어 걱정했는데, 숲 속에 들어서니 바람은 멎고 구름 사이로 햇살이 간간이 비쳤다.

정상에서 자문관들과 함께(좌 김덕수, 우 이해철)

정상에서 가이드와 함께

1시간 정도 숲 속을 걸어 산을 오르니 Dian Fossey 무덤과 정상으로 가는 갈림길이 나왔다. 표찰을 보니 2,967m이었다. 10여 분 쉰 뒤에 정상을 향해 걸었다. 우거진 열대림 속으로 너비가 1m도 안 되는 좁은 등산로가 꼬불꼬불 나 있었다. 땀이 흐르고 발이 무거웠다. 숲 속이라 그늘이 있어 조금이나마 안심이 되고 다행이었다.

3,500여m부터는 떨기나무(灌木) 류가 대부분이어서 그늘도 거의 없었다. 게다가 등산로에 물이 조금씩 새어나오고 길이 질퍽거리고 미끄럽기도 했다. 화산지대이건만 제주도에서 보던 돌들은 보이지 않고 정상까지 모두 흙길이었다.

가다가 쉬고 쉬다가 가고… 그렇게 천천히 올랐다. 심장 뛰는 소리가 크게 들렸다. 태어나 지금까지 들은 가장 큰 소리다. 경호병에게 정상까지 얼마면 갈 수 있나 물었다. 3분이라고 했다. 그런데 그 3분이 3시간보다 더 길게 느껴졌다.

결국, 3,711m 정상에 섰다. 시간을 보니 11시 43분이었다. 정상을 알려주는 표지석이 없어 아쉬웠다. 대신에 화산분화구로 만들어진 푸른 빛깔의 호수(Crater Lake)가 기진맥진한 나를 반겼다. 바람이 세차게 부는데도 호수는 유리거울 같았다.

공식적인 호수의 규모는 어디에서도 아직 찾지 못했다. 다만, 가이드에 의하면 가장 깊은 곳은 22m 정도이고 물고기는 살지 않는다. 나의 눈짐작으로는 호수는 원형에 가깝고 지름은 1~2km 정도 되어 보였다. 백두산 천지 물도 먹어본 경험이 있어 호수 물맛도 보고 싶었으나 허락하지 않아 서운했다.

주변을 둘러보니 르완다에서 가장 높은 카리심비 화산(Karisimbi, 4,507m)의 정상이 멀리 보였다. 정상에 세워진 송수신 철탑이 눈에 거슬렸다. 호수 반대편 DR콩고에는 구름 기둥을 모아 세워놓은 조각처럼 생긴 뾰족한 미케노 화산(Mikeno, 4,437m))이 희미하게 보였다.

땀을 많이 흘리고 지친 탓인지 금강산도 식후경이라는 말이 실감 났다. 후다닥 일행들이 가져온 고구마, 바나나, 초콜릿 바 등을 같이 나누어 먹었다. 꿀맛이었다. 물 한 모금, 음식 한 조각 모두가 소중했다.

조금 있으니 추웠다. 주위를 걸어 보았다. 여러 종류의 아주 예쁜 꽃들이 활짝 웃는 모습으로 반겨주었다. 키는 2~30cm 정도, 꽃의 지름(花冠)은 0.5~2cm로 작았다. 꽃의 종류에 따라 노랑, 보라, 하양 등 빛깔이 무척 곱고 선명했다.

정상에 있으니 내려오기 싫었다. 이런 게 인간의 심리인가? 그러나 가이드는 비가 올 것 같다며 내려가자고 성화였다. 가이드에게는 일상이고 의무이지만 나에게는 아주 특별한 날이고 성취라는 차이가 극명하게 드러났다.

같은 길인데 내려올 때는 오를 때보다 수월했다. 숲도 더 멋져 보였다. 운 좋게 버펄로(Buffalo)가 이동하는 소리도 들었다. 이런 버펄로와 고릴라 등의 위험 때문에 군인이 총을 들고 따라다니며 등산객을 경호한다고 했다.

산행을 마치고 주차장에 오니 4시 20분 정도 되었다. 하루 산행치고는 힘들었지만 보람 있고 즐거웠다. 지금까지 가장 높은 산을 올랐고 그 높은 곳에서 호수를 보았기 때문이다.

누군가 왜 힘들게 산을 오르느냐고 물었다. 나는 묻는 이에게 당신은 왜 힘든 삶을 사느냐고 되물었다. 그는 정상에서 무엇을 보았느냐고 물었다. 그에게 말했다. 호수, 꽃, 평지에서보다 더 높이 떠 있는 하늘, 그리고 나를 보았으며 내가 누구이고 그런 것들이 왜 그토록 높은 곳에 있는지 생각했노라고.

필자 주: Dian Fossey(1932~1985)는 미국의 동물학자로 르완다의 이곳에서 마운틴고릴라를 평생을 바쳐 연구한 이 분야의 세계적 권위자다. 1985년 12월 26일 밀렵 군에 의해 살해되었으며, 그녀의 무덤과 1967년에 그녀가 세운 카리소케 연구센터((Karisoke Research Center)가 카리심비와 비소케 산 사이에 있다. 그녀의 일생을 다룬 시고니 위버 주연 『안개(정글) 속의 고릴라(Gorillas In The Mist)』라는 영화도 있다.

✒ 정원 속의 쉐란도 호텔, 사랑은 각자의 몫

쉐란도 호텔(Hotel Chez Lando)은 서울의 고층 호텔과 달리 2층이다. 정원 속에 호텔이 있는지 호텔 속에 정원이 있는지 분간하기 어려울 정도로 아름답고 친환경적이다. 키갈리국제공항이나 키갈리 중심지까지 차로 20분 거리 안에 있어 교통도 편리하다.

고풍스러운 쉐란도 호텔

2012년 12월 13일, 르완다의 수도 키갈리에 도착하여 여장을 풀고 5일간 숙박한 호텔이다. 르완다의 첫날밤을 여기서 보냈다. 쉐란도 호텔은 설립자인 프랑스 사람 Lando Ndasingwa와 Helen Pinsky의 이름을 기념하기 위하여 붙인 이름이다. 총 객실은 82개이며 방에는 TV, 전화, 컴퓨터, 욕실 등이 갖추어져 있다. 숙박비는 하루에 60U$이며 아침 식사가 포함된다. 방의 천장에 모기장이 설치된 것이 이색적이다. 말라리아를 예방하기 위하여 모기에 물리지 않도록 하기 위해서다. 그러나 숙박하고 있는 동안 한 번도 모기장을 사용하지 않았다. 이유는 모기가 없기 때문이다.

잘 갖추어진 정원과 붉은 벽돌로 지은 2층의 고풍스러운 건물이 멋과 아늑함을 자아낸다. 전원주택이나 휴양지에 온 느낌을 준다. 우리나라에서는 화분에서 키우는 1년생으로 크리스마스 꽃으로 알려진 포인세티아가 여기서는 나무로 자라서 불타는 듯 빨간 잎을 뽐내고 있다. 아침이면 새들이 노래를 불러 하루를 즐겁게 시작하도록 해준다.

르완다는 바다에 접하지 않은 완전한 내륙국이다. 그래서 생선요리가 비싸다. 하지만 여기서는 적당한 가격으로 생선찜 요리로 식사를 즐길 수 있다. 1인분에 우리나라 돈으로 15,000원 정도다. 아침 식사 때는 이비뇨모로, 마라꾸자 등의 생소하면서도 독특한 맛을 지닌 열대과일을 먹을 수 있어 좋다.

쉐란도 호텔에 가면 잘 가꾸어진 정원이 있고 여유가 있고 낭만이 있다. 도시의 시끄러움도, 시멘트 빌딩의 삭막함도, 불안한 속도감도 없다. 르완다에 가면 르완다의 새 얼굴로 손색이 없는 호텔 쉐란도를 찾아주기를 바란다. 다만, 사랑과 환희는 각자의 몫이다.

....

필자 주: 참고로 전화번호는 +250-025-258-2050(9804, 4328, 4394), +250-078-416-1137이며 홈페이지는 www.chezlando.com 이다.

🏷 놀라지 마, 오두막 하루 숙박비가 1,300달러

많은 한국인은 lodge(로지)를 오
두막으로 알지 모른다. 그러나 르
완다에서 로지라고 하면 오성급 호
텔 이상의 호화 숙박시설이다. 허
름한 시골집으로 숙박비가 쌀 거라
고 착각하면 바보 되기 쉽다.

르완다의 로지는 주로 국립공원
과 늉웨 숲속이나 호숫가 풍경과

로지와 로지를 이어주는 길, 멀리 샤비뇨 화산이 보인다.

전망이 좋은 곳에 있다. 외관은 1층의 단독주택으로 화려하지 않다. 크기
는 다양하나 보통 30평 정도다. 자연을 최대한 해치지 않고 주택 20~50
채를 듬성듬성 지었다. 단지 내의 관리사와 로지, 로지와 로지는 숲 속으
로 오솔길을 만들어 연결했다.

여기의 로지는 시골 한적한 곳에
흙으로 지은 조그만 초가집이 아
니다. 안으로 들어가면 침실, 거실,
탈의실, 화장실과 욕실 등이 잘 갖
추어져 있다. 침대 위에는 신선한
꽃들을 뿌려 장식하기도 했다. 무
선인터넷(Wi-Fi)도 가능하다.

르완다 무산제 사비뇨 실버백 로지 전경

전기난로와 벽난로가 있어 필요하면 언제든지 난방할 수 있다. 정전과
비상시를 대비하여 태양열을 충전한 전기 사용이 가능하다. 시설은 물
론, 집기와 비품은 모두 만족스럽다. 한국의 숲 속이나 바닷가 호화별장
을 연상케 한다.

숙박비는 꽤 비싸다. 화산국립공원(Volcano National Park)의 해발 2,515m 높이에 있는 샤비뇨 실버백 로지(Sabyinyo Silver Back Lodge, 전화: 078-838-2030)의 1인당 하루 숙박비는 성수기에 1,300달러나 된다. 르완다 1인당 국민 소득이 700달러가 채 안 되는 것과 크게 대비된다.

숙박비는 한국과 달리 1인 1실 기준이며 방을 2인이 사용하면 숙박비는 조금 싸다. 샤비뇨 실버백 로지는 2인이 1실을 사용할 경우에 1,300달러보다 조금 싼 1,090달러다. 비수기인 4~5월에는 1실 1인이든 2인이든 상관없이 1인당 700달러다.

생화(生花)를 뿌려놓은 침대

욕조, 세면대, 샤워실이 있는 욕실

그 밖의 로지는 숙박비가 조금 싸다. 비룬가 로지(Virunga Lodge)는 750달러, 마운틴고릴라 뷰 로지(Mountain Gorilla View Lodge)는 545달러, 늉웨 숲에 있는 로지는 300~600달러 수준이다. 이들 로지를 이용하는 고객은 주로 관광객과 르완다에서 활동하거나 업무상 방문한 외국인이다.

숙박비가 비싸기는 로지뿐만이 아니다. 르완다가 아프리카라고 숙박비를 깔보면 큰코다친다. 키갈리의 유명한 세레네(Serene), 밀 콜린즈(Mille Collins) 호텔 등은 하루 숙박비가 200달러를 넘는다. 보통 호텔도 100

달러가 넘는다.

로지 숙박은 온라인 예약이 가능하고 비룬가 로지는 키갈리의 밀 콜린즈 호텔에 있는 사무소에서도 예약할 수 있다.

하룻밤 숙박경험을 하고 싶은 마음이 컸지만 분수에 맞지 않았다. 물론, 르완다 거주인은 조금 싸게 이용할 수 있지만 그 가격도 격에 맞지 않았다. 양해를 구하고 안내를 받아 구경하고 사진 촬영만 했다.

Lodge! 산간 오두막을 생각하고 찾아간 내가 바보스러워 보였다. 혼자 많이 웃었다. 보기 전 상상과는 너무 차이가 났다.

로지를 직접 보니 학교에서 배운 영어 뜻이 실제와는 너무 많이 달랐다. 영어를 제대로 이해하기 위해서는 영어권에서 생활하는 것이 필요한 이유다.

오두막이 나에게 그림의 떡(畵中之餠)이 될 줄이야! 더구나 그것도 아프리카 르완다에 와서까지. 인생도 세상사도 참으로 오묘하다.

🏷 키갈리의 밤은 잠들지 않는다

K-클럽 안의 일부

카이만 식당의 야외 대형스크린

사람 사는 곳에는 술과 노래와 춤이 빠지지 않는다. 그것들은 인간의 행복을, 환락을, 낭만을, 광란을 위해서… 아무튼 필요하다. 사람마다 추구하는 목적은 다를 수 있지만, 사람 사는 곳에는 그것들은 어김없이 따라다닌다.

르완다 수도 키갈리도 마찬가지다. 아프리카이기에 밤에는 어둠과 고요와 무미건조함만 있을 거라는 생각은 잘못이다. 그런 오해는 자칫 키갈리 밤 문화를 즐길 기회를 빼앗을지 모른다.

호텔에도 바와 클럽이 있다. 여유가 되면 그런 곳에서도 키갈리의 밤 생활을 즐길 수 있다. 호텔에는 밀콜린즈의 리거시 라운지(Legacy Lounge), 레미고의 골레미(Golemi), 톱타워의 크리스털(Crystal), 알파 팰리스의 블랙앤화이트(Black and white) 등 그 수가 헤아릴 수 없을 정도로 많다.

그러나 호텔 아닌 곳에도 얼마든지 즐길 수 있는 곳이 많다. 시티타워의 캐딜락 나이트클럽(Cadillac Nightclub), 우드랜드의 케이-클럽(K-Club), KBC(Kigali Business Center)의 플래닛 클럽(Planet 또는 kbc), RURA(Rwanda Utility Regulation Authority) 부근의 레 뮤(Le Must), 레메라의 로스티 클럽(Rosty) 등 의외로 많이 있다.

음식점에서도 노래와 춤을 즐길 수 있다. 음식점으로는 선다우너(Sundowner), 파피루스(Papyrus), 라 리퍼블릭카(La Repubica), 카이만(Kaiman) 등이 있다.

클럽이나 바에 따라서 다소의 차이는 있지만, 일부 클럽 등에서는 입장료를 1인 당 2천~5천 프랑씩 받기도 한다. 특히나 금요일과 주말 저녁, 월드컵 등의 주요 경기가 있을 때는 입장료를 받는다.

음식점을 제외한 클럽 등에서는 술과 음료숫값 등은 선불이 원칙이다.

이러한 요금 선불 제도는 통신요금도 마찬가지다.

일부 클럽 등에서는 우리나라 노래가 담긴 CD를 가져가서 우리가 좋아하는 노래를 부를 수도 있으나 아직은 흔하지 않다. 클럽 안에서 술과 노래와 춤은 얼마든지 즐길 수 있지만, 흡연은 금지다.

클럽이나 바는 밤 11시가 넘어서부터 생기가 돈다. 12시가 넘고 그러면 손님이 몰려들고 클럽 안은 노래와 춤으로 시끌벅적해진다. 여러 나라 사람이 모이다 보니 춤이 다양하여 보는 재미도 쏠쏠하다. 유흥은 새벽까지 이어진다.

이러한 르완다의 밤 문화는 아직은 키갈리에서만 맛볼 수 있다. 제2의 도시인 무산제에서도 아직 특별한 밤 문화는 없다.

시골 지역은 해가 지면 모두들 집으로 가고, 거리는 한산하다. 온통 어둠과 적막에 싸여 있을 뿐이다. 어쩌다 오가는 개인차량이나 영업차량이 어둠과 적막을 깬다.

키갈리, 그곳의 밤은 잠들지 않는다. 어쩌면 한 번뿐인 인생을 즐기기 위하여 잠을 못 이루는지 모른다. 밤이 깊어질수록 클럽 등은 활력이 넘친다. 이런 분위기는 아침의 여명이 밝아오기 전까지 이어진다.

잠들지 않는 키갈리의 밤, 그 밤을 잠들지 않고 한번 같이 노래와 춤과 술이 빚어내는 즐거움에 젖어보는 것도 좋은 경험이 된다. 연습이 없는 인생이지만 실수해도 좋으니 혹여 키갈리에서 머물 기회가 있으면 모든 밤을 잠으로만 보내지 않았으면 한다.

10
자 연
새들의 천국, 도처에 유칼립투스, 연중 꽃과 신록

무생물과 동물

✎ 너무 당연한 저녁노을을 볼 수 없다면~

구름 위의 학교 뒷산

르완다에 온 이래 사는 곳에서 저녁노을을 한 번도 보지 못했다. 아무리 보려고 해도 보이지 않는다. 이처럼 지구 상에 저녁노을을 볼 수 없는 곳도 있다. 궁금하여 이유를 물어도 아는 사람이 없어 나름대로 조사해보았다.

지금 사는 곳은 해발 2,200m의 화산 산악지대다. 주위엔 카리심비, 무하부라, 샤비뇨, 비소케, 가잉가의 르완다 5대 화산이 모여 있다. 위치는 르완다수도 키갈리에서 버스로 2시간 30분 정도 걸리는 부소고(Busogo)라는 시골농촌이다. 르완다 제2 도시인 무산제에서는 DR콩고 쪽으로 약 20km 떨어져 있다.

학교 뒤에는 인훼베 윙궤(Intebe y'Ingwe)라는 높은 산이 있다. 산 모양이 표범이 의자에 앉아있는 모습을 닮아 지어진 이름이다. 그러나 산을 아무리 보아도 의자에 앉아 있는 표범의 모습 같지는 않다.

학교 뒷산은 르완다에서 가장 높은 카리심비(Karisimbi는 Snow 또는 하얀 조개껍데기를 뜻함)의 형제봉이다. 카리심비는 해발 4,507m이고 인훼베 윙궤의 높이는 공식적으로 알려진 게 없지만 다른 산들에 견주면 해발 3,500m는 족히 넘어 보인다.

다이앤 포시가 고릴라를 평생 연구하다가 죽은 곳이기도 하다. 지금도 이 산에는 다이앤 포시가 연구한 고릴라 가족 수사(Susa)가 살고 있다. 현재 고릴라 가족 중 가장 오래되고 수가 많다.

1년 365일 내내 대략 오후 6시경에 해가 진다. 적도 바로 아래이기 때문이다. 해는 학교 뒷산으로 진다. 퇴근할 때에 노을을 보려고 했으나 보지 못했다. 처음엔 구름이 있는 날이 많아 구름 때문이라고 생각했으나 구름이 없는 맑은 날에도 노을은 지지 않았다.

노을이 무엇인가? 해가 질 무렵에 하늘이 햇빛을 받아 붉게 보이는 현상이다. 그런데 왜 여기서는 하늘이 붉거나 주황색으로 만들어지는 노을이 보이지 않는가?

노을은 해가 질 무렵에 태양이 지표면 가까이 있어 빛이 대기를 통과하는 거리가 멀 때에 빛의 산란이 많이 일어나서 생긴다. 빛의 산란은 파장이 긴 빨강, 주황보다 파장이 짧은 파랑과 보라색이 많이 일어난다. 다시 말하면 파랑과 보라는 공기알갱이 등에 흡수되어 다시 방출되어 없어지거나 적어지는 산란이 많이 일어나고, 빨강과 주황은 산란이 적게 일어나 우리의 눈까지 도달한다.

이런 원리에서 보면 여기에서 저녁노을을 보기 어려운 이유는 이렇다.

첫째, 구름이 끼거나 흐린 날이 많아 저녁 무렵에 해가 보이지 않는다. 학교 뒷산은 구름으로 덮이거나 산 아래 구름이 있는 날이 많다. 우기(雨期)에는 더욱 그렇다. 해가 구름에 가리면 햇빛을 볼 수 없기 때문이다.

둘째, 해발 3,500m가 넘는 높은 산이 서쪽에 길게 뻗어 있어 해가 지표면 가까이 오기 전에 산 뒤로 숨어 버린다. 따라서 전반적으로 빛의 산란이 적게 일어나고, 특히 파장이 짧은 파랑과 보라색의 산란이 적기 때문이다.

셋째, 대기가 청정하여 공기 중에 먼지 등이 아주 적어 빛의 산란이 적다. 빛의 산란이 적으면 빨주노초파남보의 무지개색이 섞여 빛이 흰색으로 보이거나 파랑과 보라색이 우리 눈에 많이 도달하여 하늘이 푸르게 보이기 때문이다.

가끔 저녁노을이 그립다. 볼 수 있을 때는 그저 지나치던 석양의 아름다움이 볼 수 없게 되니 보고 싶다. 자주는 아니지만, 그럴 때는 호수를 찾는다. 호수에 가면 수평선과 어우러진 아름다운 저녁노을을 즐길 수 있기 때문이다.

그렇다. 주변에 있는 사소한 것들까지 소중히 여기지 않으면 행복하지 못하다. 아무리 티끌 같은 것, 하찮은 일이라도 귀중하게 생각하고 고마운 마음으로 즐기면 그 사람은 이미 행복한 거다.

🔖 모닝콜은 새들이, 통화는 가족하고

르완다는 새들의 낙원이다. 크고 작은 다양한 아름다운 새들이 주변에 많다. 노랫소리도 즐거워 듣기도 좋다. 이 새들이 시간을 어떻게 아는지 거의 정확하게 5시 30분쯤이면 노래를 부른다.

새와 새집들

더 자고 싶어도 새들이 부르는 노래에 일어나지 않을 수 없다. 새들이 모 닝콜을 해주는 셈이다.

흔히 아프리카 하면 사람들은 밀림이나 초원을 질주하는 사자, 호랑이, 얼룩말, 기린 등 야생동물을 떠올린다. 그런 탓인지 아프리카에서 산다니 까 야생동물을 많이 보았느냐는 질문을 받는다. 사실 한 달 보름이 넘었 지만, 사자는커녕 원숭이도 아직 보지 못했다. 대신에 생각지도 않게 다 양한 새들과 함께 지내고 있다.

수도 키갈리에서도 그랬다. 첫날밤을 자고 아침이 되니 새들이 지저귀 는 소리가 들렸다. 새장 안에서 노래하는 것처럼 크게 들렸다. 창을 열고 찾아보았으나 새장은 없고 새들이 정원 속에서 노래하였다. 그 시간이 5 시 30분 전후였다.

수도 키갈리에서 버스로 약 2시간 30분 걸리는 부소고의 ISAE(국립 농 축산대학교)에 온 이후도 마찬가지다. 여기서도 하루도 빠지지 않고 거의 5시 30분쯤이면 새들이 찾아와 일어나라고 노래를 부른다.

숲은 우리나라 국립수목원(광릉숲)과는 견줄 수 없을 정도로 초라하다. 그런데도 여기에 새들이 많은 이유는 먹이가 풍부하기 때문이다. 겨울이 없이 연중 따뜻한 데다 농약을 적게 하여 곤충이 많다. 더 나아가 아직 개발이 덜 되어 풀과 나무가 많아 여기서 나오는 씨, 열매, 꽃눈, 싹 등 또한 많다. 새들은 먹고 싶은 것을 맘껏 먹고 겨울 추위나 집 걱정 없이 서로 사랑하여 번식만 하면 된다.

새들은 어떻게 아침이 오는 것을 알까? 궁금하여 책에서도 찾아보고 인터넷 검색도 해봤지만, 아직 속 시원한 답을 찾지 못했다. 나의 얕은 생 각은 이렇다.

새들도 사람처럼 생체리듬이 있다고 본다. 생리적 리듬에 따라 어두워

지면 잠을 자고 날이 밝아지면 일어난다. 다만, 새들이 사람처럼 밤늦게 일을 할 필요가 적어 규칙적으로 잠을 자게 되니까 아침에 규칙적으로 정확히 일어나는 것이다.

둘째로는 빛의 감지능력이 뛰어나기 때문이 아닐까? 공중을 날아다녀야 하는 새들은 빛의 감지능력이 뛰어나지 않으면 넓은 공중에서 날아다니기 어려울 것이기 때문이다.

셋째는 이른 아침에 먹이를 구하기 쉬워서 어둑어둑한 아침을 아는 것을 생명처럼 귀히 여기기 때문인지 모른다. 아침을 정확히 아는 것은 생존 전략상 필요충분조건이다. 그 때문에 아침을 인지하는 능력이 뛰어날 것이다. 곤충 등은 이슬이 내린 이른 아침에 활동이 둔하여 새들이 먹이 사냥하기에 좋다.

이건 어디까지나 나의 엉뚱한 추정에 불과하다. 아직 새들이 아침이 오는 것을 아는 이유가 밝혀지지 않았다면 이 분야의 전문가들이 연구를 해보았으면 하고 혹시라도 연구결과가 밝혀졌다면 알려주었으면 한다.

아무튼, 새들이 5시 30분경에 아침잠을 깨워준 덕에 산책하면서 가족과 통화를 한다. 여기 아침 6시면 우리나라 시간은 오후 1시다. 아침 산책 중에 가족과 통화를 하면 그날 하루가 즐겁다.

나는 서울에서 휴대폰 알람 소리에 아침 5시 30분에 일어났다. 여기 새들이 그것을 알았을까? 아니면 우연의 일치일까? 르완다에 와서도 매일 아침 5시 30분에 일어난다. 다만, 서울에서는 기계적 알람 소리에 일어났는데 르완다에서는 새들의 재잘거리는 소리에 일어나는 것이 다를 뿐이다. 르완다의 아침은 새들의 노래와 함께 밝고 나는 새들의 노래를 들으며 하루를 시작한다. 어찌 즐겁지 않으랴!

창문의 거미줄과 벌레들

🔖 거미줄, 걷어낼까 말까?

살다 보면 사소한 일인데도 이럴까 저럴까 선택하기 어려울 때가 있다. 집에 걸린 거미줄을 깨끗이 걷어내느냐, 그냥 놓아두느냐 하는 문제로 한동안 고민했다. 결국은 걷어내지 않고 놓아두기로 하고 지금까지 그렇게 살아오고 있다. 왜냐면 거미줄을 이용하면 파리, 모기, 이름도 모르는 작은 벌레들의 자연방제가 가능하고 거미도 잘 살 수 있기 때문이다. 지금 와서 생각하니 걷어내지 않고 그대로 놓아둔 선택과 결정은 잘한 것이다.

르완다에 온 이래 대학교에서 배려해준 관사에서 줄곧 생활하고 있다. 처음 며칠 살다 보니 창이며 거실에 잔 거미줄이 많았다. 처음엔 별생각 없이 걷고 깨끗이 닦았다. 그런데 2~3일 지나니 언제 치웠느냐고 비웃듯 다시 거미줄이 쳐 있었다. 내가 거미줄을 걷어내면 거미는 다시 치고, 거미가 다시 거미줄을 치면 나는 걷어내고 이러기를 되풀이하였다. 그러던 중 하루는 유심히 거미줄을 보니 거기에 많은 벌레가 붙어 죽어 있었다. 거미는 그것들을 맛있게 먹었다.

'아, 이거다. 생물학적 방제라는 것이. 거미라는 천적을 이용해 해충을 방제하는 거다. 거미가 좋아하는 벌레 중에 모기도 있으니 말라리아 예방도 되고 좋겠다.'

문득 이런 생각이 들었다. 그러자 선뜻 거미줄을 치우기 힘들었다. 거미줄, 치울까 말까? 이것이 문제였다. 걷어내면 미관상은 깨끗하고 좋지만, 농약을 사용해 벌레를 방제해야 하는 나쁜 점이 있다. 걷어내지 않으면 상당한 정도 벌레를 자연스럽게 방제할 수는 있는 장점은 있지만, 미관상 보기 안 좋은 단점이 있다. 며칠 이러지도 저러지도 못하고 엉거주

춤 지냈다.

고민 끝에 미관상 보기가 너무 안 좋은 곳만 거미줄을 걷어내고 웬만한 곳은 그대로 놓아두기로 했다. 그랬더니 미관상 문제도 해결되면서 예상한 것보다 해충방제 효과도 훨씬 컸다. 그래서인지 몰라도 여기 온 이래 파리약, 모기약, 살충제를 한 번도 사용하지 않았다.

한국인 중에 전기 파리채를 사용하는 사람도 있지만, 나는 그것도 사지 않고 모기장도 치지 않고 그냥 지낸다. 그래도 벌레로 인한 문제는 거의 없다.

산업이 발달하고 지구가 개발될수록 자연보전은 중요하다. 자연보전은 세계자연보전연맹(IUCN; International Union for Conservation of Nature)만으로는 부족하다. 지구에 사는 만인이 관심을 가지고 각자의 위치에서 자연을 훼손하지 않는 생활을 하는 것이 필요하다.

자연을 보전하는 가장 좋은 방법은 자연을 구성하는 생물은 물론, 무생물까지 있는 그대로, 그들이 있고자 하는 대로 잘 있도록 하는 것이다. 그리고 사람 역시 자연의 한 구성원이라는 인식을 가지고 생활하는 것이 요구된다.

우주에 존재하는 것은 존재하도록 내버려 두는 것이 자연의 섭리다. 자연의 섭리에 따라 순응하며 사는 게 자연을 보전하는 좋은 삶의 방법이라 여겨진다. 인간의 쾌적함이나 편리함을 위하여 존재하는 생물 종을 함부로 멸종시키거나 생명이 없다고 여겨지는 자연을 마구잡이로 파괴하는 일은 삼갔으면 한다. 굽이치는 강은 그렇게 굽이치며 흐르고, 파도치며 물고기를 살아가게 하는 바다는 그렇게 파도치며 육지와 어울리도록 하고, 숲은 잘 생겼든 못생겼든 생긴 그대로 그렇게 다양한 생명체들이 서로 조화롭게 살아가도록 놓아두어야 한다. 그렇게 못하도록 인위적으로 막거나, 바꾸거나, 없애는 개발을 할 때는 지혜를 모으고 모아 자연이 자연으로 보전되는 한도에서 최소한으로 이루어져야 한다.

거미줄, 치우지 않고 이젠 아무리 보아도 괜찮다. 가끔 가까이서 들여다보아도 괜찮다. 거미줄을 오래 보고 있노라면 거미줄이 자연이 보전될 만큼의 벌레를 걸러주는 필터(Filter)로 보인다.

필자 주: 르완다를 떠나는 2015년 09월 10일까지 거미줄을 걷어내지 않았고 살충제와 모기장과 파리채를 한 번도 사용하지 않았다.

🏷️ 거미는 살던 집을 단장하여 대를 물린다

햇살에 비친 창문의 거미줄　　　　　　50〜70cm 떨어져서
　　　　　　　　　　　　　　　　새끼거미를 지켜보고 있는 어른 거미

거미는 지구 상에 4만 종(種) 이상이 서식한다고 한다. 이들 모든 거미가 다 그런지는 알 수 없지만 적어도 내가 관찰한 부모 거미는 사는 집을 수리하고 단장하여 새끼거미에게 물려주었다. 그런 뒤, 어른 거미는 멀찍이서 새끼를 지켜주었다. 자식 사랑은 거미도 인간과 마찬가지였다.

거미는 먹이를 먹거나 활동하는 동안을 빼고는 거미집에 있다. 이처럼 거미가 숨어 있거나 휴식을 하거나 잠을 자는 곳을 나는 거미집이라고 본다. 넓은 의미로는 거미줄 전체를 거미집으로 볼 수 있겠지만 좁은 의미의 거미집은 거미줄의 한 부분이다.

거미줄을 원 모양으로 치고 사는 거미의 집은 거미줄 가운데 있다고 한다. 그러나 집 안 모서리 등에 거미줄을 치는 거미는 모서리 안쪽 끝에 죽은 듯이 있는 것으로 보아 그곳이 집으로 생각된다. 그러니까 거미 종류에 따라 거미줄 모양과 거미줄 치는 형태가 다르고 집의 위치도 다르다.

르완다에서 살 때 일이다. 거미가 싱크대 아래에 집을 짓고 싱크대에서 옆의 가스레인지 뒤쪽 벽까지 약 50~70cm 길이의 거미줄을 쳤다. 거미줄 모양은 원형이 아니었다. 가는 거미줄을 촘촘하게 운무(雲霧)처럼 길게 짜놓았다.

거미는 1년쯤인가 그곳에서 살더니, 어느 날 며칠을 걸려 싱크대 아래에서 집을 꼼꼼히 손질하고 반질거리도록 단장을 했다. 그런 뒤에 한동안 거미가 안 보였다. 이상했다. 그래서 거미가 죽거나 이사 간 줄만 알았다.

1~2개월쯤 지났을까? 싱크대 아래 잘 단장한 거미집에 안 보이던 거미가 다시 나타났다. 그런데 신기했다. 며칠 지나니 어른 거미는 보이지 않고 새끼거미 한 마리가 있었다. 하도 이상하여 유심히 주변을 보았더니 어른 거미가 가스레인지 뒤의 거미줄에 숨어 싱크대를 향해 새끼에게 위험이 있는지를 살피고 있었다. 놀랍기도 하고 신통방통하였다. 감동적이기까지 했다.

또 얼마가 지났다. 어른 거미는 보이지 않았다. 어디 다른 곳으로 이사 갔는지, 아니면 수명을 다해 죽었는지 이 어른 거미의 행방에 대해 알지 못하고 지내다 르완다를 떠나왔다. 무탈했으면 좋겠다.

새끼거미는 건강하게 잘 자라고 빠릿빠릿하게 돌아다녔다. 설거지하다

물이 튕기기라도 하면 어른 거미가 하던 대로 얼른 싱크대 아래 집으로 숨었다. 조금 지나면 싱크대 아래 집 밖으로 머리를 내밀고 나와 거미줄에 걸린 먹이를 먹었다. 맘만 먹으면 내가 얼마든지 자신을 해할 수 있음을 새끼거미는 아는지 모르는지 그저 평화롭게 살았다. 그런 모습이 지금도 눈에 선하다. 잘 살아 있는지 궁금하다.

이 거미뿐 아니라 내가 실내에서 본 거미는 대체로 집을 자주 옮기지 않고 위험만 없으면 1년 이상 한곳에서 사는 것 같았다. 가만히 있는 모습이 꼭 죽은 것 같아 손을 갖다 대면 재빨리 도망간다. 그럴 때는 엉큼하면서도 귀여웠다.

거미는 '살아 있는 살충제'다. 거미는 모기, 파리 등 해충을 방제해주어 살충제를 사용하지 않고 자연을 보호하는 데 큰 몫을 한다. 따라서 미관상 크게 문제가 되지 않는다면 거미줄을 걷지 않고 거미와 공존해볼 만하다.

거미는 왜 새끼에게 새집을 지어주지 않고 살던 헌 집을 수리하여 물려줄까? 이 물음에 대한 대답은 문헌이나 자료에서 아직 찾지 못했지만, 나의 추론은 이렇다.

거미는 경험에 대한 믿음이 남달리 큰 것 같다. 그래서 생소한 새집 (New house)보다 일생의 체험을 통해 안정성, 편리성, 그리고 먹이 확보 가능성 등이 검증된 자기가 살던 집을 보수하여 새끼거미에게 물려주는 것 같다. 거미의 이런 생활 양식은 새끼거미가 무탈하게 잘 자라기를 바라는 부모 거미의 갈망과 새끼거미에 대한 사랑의 표현이라고 본다.

✎ 카멜레온은 미인을 좋아하나 봐

카멜레온(Chameleon)이 사람을 보고도 도망가지 않았다. 예쁜 아가씨의 팔에 올려놓았더니 좋아라고 기어 다녔다.

르완다의 비룬가(Virunga) 국립공원에 있는 비소케(Bisoke) 산

미인과 카멜레온

을 올랐다. 얼마쯤 산길을 걸었을까? 갑자기 가이드가 카멜레온이라며 손등에 올려놓고 보여주었다. 책이나 TV에서만 보던 카멜레온을 직접 눈으로 보고 손으로 만져보았다.

길이는 10~15cm, 몸통은 지름이 1.5~2.5cm 정도였다. 색깔은 등은 적갈색, 나머지는 옅은 회색으로 보였다. 다른 카멜레온은 회색 바탕에 녹회색 얼룩무늬였다.

일행들은 저마다 한 번쯤 카멜레온을 손으로 만져보거나 손 위에 올려놓고 기어 다니는 모습을 신기하게 바라보고 즐거워했다. 도마뱀은 위험에 처하면 꼬리를 자르고 도망간다고 알고 있었는데, 카멜레온은 도마뱀류에 속하면서도 꼬리를 끊고 달아나기는커녕 오히려 꼬리를 살갗에 물묻은 비닐처럼 찰싹 밀착시켰다.

가이드에게 카멜레온이 사람을 보고도 도망가지 않는 이유를 물었다. 가이드는 10년 넘게 이 일을 했지만 이런 질문은 처음 받는다며 겸연쩍게 모른다고 했다.

지구 상에는 카멜레온이 약 180여 종 있다. 크기는 길이가 1.5cm부터 70.0cm에 이르기까지 다양하다. 아프리카의 마다가스카르 섬에 가장 많은 종이 살고 있다. 대체로 수컷이 암컷보다 화려하다.

카멜레온 하면 생각나는 게 재빠른 변색이다. 이런 변색은 자기를 주변 환경과 비슷하게 만들어 천적들의 눈에 잘 띄지 않게 하기 위한 것으로 알려졌다. 자기보호의 목적 이외에 변색은 의사 전달, 감정 표현 또는 구애 수단으로도 사용된다.

먹이는 잡식성이나 곤충을 좋아한다. 혀를 쭉 뻗어 먹이를 잡아먹는데 그 시간이 불과 0.07초라 한다. 혀는 몸길이의 1~2배로 길며, 설골(舌骨), 근육질 혀(Tongue muscles)와 콜라겐 성분으로 구성되었다.

카멜레온은 눈이 크고, 시력이 좋아 5~10m 거리의 작은 곤충도 볼 수 있다. 360도 회전할 수 있어 먹이와 천적을 쉽게 볼 수 있는가 하면 초점을 2곳에 맞출 수 있어 동시에 2개의 사물을 볼 수 있다고 한다. 또한, 가시광선은 물론, 자외선도 볼 수 있다.

청각은 다른 파충류처럼 잘 발달하지 않아서 200~600Hz(헤르츠)의 주파수만 들을 수 있다. 귀머거리는 아니다.

꼬리는 대부분 종(種)이 휘어 감는 형(Prehensile)이다.

발은 나무 위를 이동하기 적합하게 되어 있다. 발에는 5개의 발가락이 있으며, 이것은 2개 또는 3개가 붙어 집게처럼 2갈래로 갈라졌다. 앞발은 바깥쪽이 2개 발가락, 안쪽이 3개 발가락으로 되어 있다. 뒷발은 앞발과 반대로 바깥쪽이 3개 발가락, 안쪽이 2개 발가락으로 되어 있다.

번식은 종에 따라 알을 낳아 부화하는 난형(卵形)이거나 새끼를 잉태한 알을 낳는 난태생형(卵胎生形, Ovoviviparous)의 두 방법이 있다.

난형은 암컷이 땅에 10~30cm 깊이의 구멍을 파고 수 개에서 수십 개의 알을 낳는다. 부화기간은 4~12개월이나, 종에 따라서는 24개월 이상 되는 것도 있다.

난태생형은 체내임신기간(Gestation period)이 5~7개월로 나뭇가지에 새끼가 든 알을 낳는다. 낳은 뒤 꼭 눌러주어 가지에 붙도록 하고 시간이 지나면 알껍데기(막, Membrane)가 터져 새끼가 나와 바로 기어 다닌다.

카멜레온은 사람을 전혀 무서워하지 않았다. 오히려 좋아하는 듯했다. 산행을 같이한 사람들 역시 카멜레온을 징그러워하거나 무서워하지 않았다.

이상한 일이다. 카멜레온도 뱀목에 속하는데.

식물

◆ 유칼립투스 어린 순의 줄기는 네모다

유칼립투스의 네모진 어린줄기

유칼립투스는 생육시기에 따라 다른 모습을 한다. 잎의 모양과 크기, 줄기의 색, 줄기의 형태가 다르다. 그래서 큰 유칼립투스만 본 사람은 어린나무를 보고 유칼립투스라고 믿지 않을 수 있다.

1982년에 호주에 식물검역연수를 가서 처음 유칼립투스를 보았다. 유칼립투스에 대한 그때의 기억은 키가 크고 거기에 앉아 나뭇잎을 먹고 죽은 듯이 잠을 자는 코알라의 귀여운 모습이 전부다. 어린 유칼립투스에 대한 기억은 거의 없다.

르완다에 와서 수도 키갈리에 1주일 정도 머물 때부터 유칼립투스가 눈에 많이 띄었다. 키갈리를 떠나 산악지역인 무산제로 오는 길가나 산은 유칼립투스 세상이었다. 호주가 아닌 여기 아프리카 르완다에 유칼립투스가 많다는 것이 의외였다. 코알라는 유칼립투스 나뭇잎만 먹고 사는 것으로 알려져 귀여운 코알라를 볼 수 있을까 기대를 잔뜩 했다. 하지만 그 기대는 얼마 안 가 큰 실망만 안겨주었다. 여기에는 코알라가 없다. 그 이유를 물었으나 아는 사람이 없었다.

여기 무산제 국립 농축산대학교에 온 이래 자주 유칼립투스 숲을 산책한다. 숲을 산책하면서 보니 어린나무의 새순과 큰 나무가 다른 점이 많았다.

		큰 나무	어린나무 새순
잎	모양	기다란 창날처럼 좁고 길다.	잎은 넓고 세모나 긴 타원형에 가깝다.
	크기	길이가 약 20~30cm이며 너비는 2~3cm이다.	길이는 5~10cm이며 너비는 3~6cm이다.
	색	녹색이다.	잎은 청회색이나 녹청색에 가깝다. 겉에 흰 가루가 묻어있는 듯 보인다.
	촉감과 두께	얇고 매끄러운 편이다.	두껍고 생고무를 만지는 느낌이다.
	향	조금 있다.	진하고 많이 난다. 글로 표현하기는 어렵지만, 역겹지도 않고 유혹적이지도 않다. 일부 세숫비누 향 같기도 하다.
줄기	모양	둥글다.	네모며 각 모서리에 오징어 다리 빨판처럼 우둘투둘한 짧은 날개가 있다.
	색	적갈색, 회백색, 회갈색이나 어린나무 줄기는 대나무처럼 녹색이다. 큰 나무의 어떤 것은 플라타너스 줄기 비슷하기도 하다.	잎처럼 흰 가루가 묻은 듯 보이며 녹청색, 청회색, 연한 회백색이다.
	촉감	단단하고 매끄럽지만, 일부는 껍질이 벗겨져 거칠다.	영락없이 생고무를 만지는 듯하고 끊어지기보다 잘 휘어지며 탄력이 있다.

이곳에서 유칼립투스는 주로 목재와 땔감으로 사용되는 것으로 보인다. 큰 나무를 자르기에 어디다 쓰려느냐고 물었더니 땔감으로 쓴다고 했다. 일부 농민은 70~150cm 길이로 토막을 내어 쌓아두기도 한다. 마르면 장작으로 팔 것이라고 했다. 큰 나무를 잘라낸 그루터기 주변에는 아카시처럼 수 개에서 수십 개의 어린줄기가 올라와 관목처럼 보이기도

한다.

유칼립투스는 환경에 적응하여 살아남으려고 끊임없이 노력하고 있는 듯하다. 유칼립투스의 어린 새순이 네모기둥인 것은 원기둥보다는 네모기둥이 잘 부러지지 않기 때문이 아닐까? 원기둥과 네모기둥 어느 것이 더 튼튼하고 나무의 생존에 유리한지 과학적으로 증명을 해보는 것도 재미있을 것 같다.

유칼립투스 숲에 가기만 하면 코알라가 없는 숲이 쓸쓸해 보인다. 르완다의 유칼립투스 숲에서도 코알라의 재롱을 볼 수 있는 날이 기다려진다.

🏷️ 열대나무는 때 없이 사랑하고 생산한다

꽃과 그 아래에 달린 어린 열매와
익은 열매(Erythrina abyssinica)

꽃과 열매가 같이 달린
아보카도 나무(키갈리)

열대 지역의 나무는 꽃이 피고 열매 맺는 시기가 따로 없다. 그리고 꽃이 피어 있어 보면 열매도 익어 달려 있고 열매가 달려있어 보면 꽃도 함께 피어 있으니 이것을 어찌 설명해야 할까?

우리나라에서는 나무는 대체로 봄에 꽃을 피운다. 꽃들이 지고 나면 가을에 그 자리에 열매를 맺는다. 나무의 경우 한 나무에 꽃과 익은 열매가 같이 있는 경우는 거의 없다. 이것은 상식이다. 그런데 르완다에 온 지 얼마 안 되어 이 상식이 깨져버렸다. 그것도 의심 없이 아주 허무하게 산산조각이 났다.

여기의 나무들은 12월이든 3월이든 6월이든 때를 가리지 않고 꽃을 피우고 열매를 맺는다. 꽃피는 시기와 열매 맺는 시기가 따로 정해있지 않다. 아무 때나 영양만 충분하면 꽃을 피우고 열매를 맺는다. 그것도 꽃과 열매를 동시에 말이다. 동물로 치면 임신한 몸이 다시 임신하는 꼴이라고 보면 좀 지나칠까?

꽃과 열매가 같이 있는 나무는 아보카도, 우의목(Grevillea robusta, Silk oak, 羽衣木), Erythrina abyssinica, 오리나무 등 많다.

르완다 수도 키갈리에 boulevard de umuganda라는 대도로가 있다. 이 도로는 르완다에서 가장 잘 꾸며진 아름다운 길로 미국대사관과 영국대사관이 양 끝을 장식하고 있다. 두 대사관 사이에 르완다 대통령관저와 대부분의 중앙부처가 있다. 도로의 가운데는 야자수가 한 줄로 늘어서 있고 길 양쪽에는 아보카도가 가로수로 심어져 있어 시민들을 반긴다. 길을 걸어가면서 보니 꽃이 피어 있는 아보카도가 있는가 하면, 어떤 나무는 열매를 주렁주렁 달고 있었다. 그런가 하면 한 나무에 꽃과 열매가

한 가지에 꽃과 열매가 같이 달린 우의목(Silk oak)

자연스럽게 섞여 있기도 했다. 3월에도 아보카도는 열매를 많이도 달고 있었다.

내가 근무하는 대학교의 옆길 가로수 중에는 Grevillea robusta도 있다. 이 나무 역시 황금색, 오렌지색 꽃

이 핀 가지에 덜 익은 녹색 열매와 다 익은 흑갈색 열매가 함께 있다. 익은 열매는 꽃 사이로 씨를 터뜨리기도 한다.

Erythrina abyssinica 역시 꽃과 열매가 한 나무에 공존한다. 빨간 꽃송이 아래에 녹색 열매가 달려 있는가 하면 옆 가지에서는 벌어진 열매 껍질이 흔들거리는 모습이 여간 신기하지 않다.

우리나라에서도 자라는 오리나무 역시 여기서는 꽃과 열매가 한 나무에 같이 있다. 같은 종의 나무라도 자라는 지역에 따라서 살아가는 방식이 너무나 다르다. 보면 볼수록 생각하면 생각할수록 흥미롭다.

열대 지역에서 살아가는 나무를 보니 나무는 종족을 번식하고 유지하기 위한 일이라면 때와 장소를 가리지 않고 무슨 일이든 하는 것 같다. 그것은 사랑이란 이름으로 아름답게 불리고 있다. 필요하면 12월에도 꽃을 피워 사랑하고, 아니면 6월이라도 꽃을 피워 섹스를 마다치 않는다. 꽃을 피운 몸으로 서슴없이 씨를 내보내기도 한다.

"꽃 피는 봄이 오면…."

"오곡백과가 무르익는 풍성한 결실의 계절 가을에는…."

우리가 아무렇지도 않게 흔히 쓰는 이런 말들이 열대에서는 이상한 말이 되어버린다. 열대의 나무는 시도 때도 없이 꽃을 피우고 열매를 맺기 때문이다. 열대 지역에 계절이 없듯 이곳에 사는 나무에도 꽃 피고 사랑하고 생산하는 일에는 계절이 따로 없다.

그뿐만이 아니다. 나무는 한 몸으로 동시에 사랑하고 잉태하고 생산한다. 참으로 오묘하다.

계절이 없어서일까? 가을도 단
풍도 없다. 그 탓일까? 대학이
라 젊은이들의 낭만적인 분위기
는 느껴지지만, 그다지 센티멘털
해지지 않는다. 인간은 주변 환
경과 분위기에 영향을 받는 감정

2013년 11월 3일 교정 모습

의 동물임이 틀림없다. 유치할지 모르지만 어린 시절로 돌아가 나뭇잎편
지를 물에 띄워 보냈다.

르완다에 온 지 11개월 내내 산하는 늘 푸르기만 하다. 바늘잎나무(針
葉樹)이건, 넓은잎나무(闊葉樹)이건 언제나 녹색 그대로이다. 나뭇잎은 늘
푸르고 무성하다. 그런가 하면 나무 아래에는 언제나 낙엽(落葉)이 굴러
다닌다.

이들 낙엽은 폭풍우에 찢겨 떨어지는 잎, 벌레가 먹거나 병들어 떨어지
는 잎, 목숨이 다해 떨어지는 잎이 대부분이다. 색깔도 암갈색, 갈색, 회
백색이 주를 이룬다. 나무가 겨울을 보내기 위해 가을에 버리는 곱디고
운 단풍이 물든 낙엽은 별로 없다. 낙엽 사이로 피어나는 풀꽃들이 단풍
을 대신한다.

온대지방에서는 넓은잎나무는 여름처럼 잎을 달고 겨울을 살아남을 수
없다. 겨울엔 온도가 낮고 햇빛이 적은가 하면 뿌리가 물을 충분히 빨아
올려 잎에 공급할 수가 없어 광합성 작용을 하기 어렵기 때문이다. 그래
서 나무는 가지와 잎(자루) 사이에 떨겨층(離層)을 만들어 물과 양분의 이
동을 막는다. 가을에 많은 낙엽이 생기는 이유다.

이런 낙엽은 떨어질 때도 곱게 단장을 한다. 잎 안의 엽록소를 소모하며 여름 내내 품고 있던 카로틴이나 크산토필 같은 노란 색소를 드러낸다. 그뿐만 아니라 안토시아닌 같은 붉은 색소를 새로 만들기도 한다. 이렇게 나뭇잎이 마지막을 아름답게 분장한 것이 단풍(丹楓)이다. 이보다 더 멋진 생명의 마지막도 드물다.

이처럼 겨울이 있는 곳에서는 넓은잎나무는 생존하기 위하여 가을이 가기 전에 자기 몸의 일부인 잎을 곱게 치장하여 모조리 버린다. 생존에 필요한 최소한의 것만 남기고 모두 버린 채 겨울에는 깊은 휴식과 명상에 들어간다. 그런 나무는 버리고 가진 게 적어도 궁해 보이기보다 고고하다. 몸에 걸친 것 하나 없이 거북등처럼 갈라진 거무튀튀한 줄기를 하늘을 향해 곧추세우고 겨울을 버티고 있는 노거수(老巨樹) 앞에 서면 저절로 고개가 숙어진다.

그러나 열대지방에서는 겨울이 없기에 나무는 잎을 버릴 필요가 없다. 오히려 잎을 잃으면 살 수가 없다. 1년 내내 낙엽이 나뒹굴지만, 알록달록 곱게 물든 단풍이 없는 까닭이다.

그렇다손 치더라도 사람들에게 감정까지 건조해지는 까닭은 왜일까? 나이 들어도 가을엔 얼마쯤은 소년처럼 순수해지고 낙엽 길을 걸어도 보고 어디론가 여행도 가고 싶어졌는데, 여기서는 전혀 그렇지 않다. 친구들이 보내준 아름다운 단풍사진을 보아도 그저 무덤덤할 뿐이다. 인간이 환경과 분위기를 바꿀 수 있지만, 환경과 분위기 또한 인간도, 인간의 삶도 변화시킬 수 있음이 분명하다.

가을도 단풍도 없고 그다지 낭만에 젖을 분위기도 아니지만, 억지로라도 내재한 감상적 상상과 꿈을 되살리고 싶었다. 고운 단풍잎은 아니었다. 녹색 잎에 붉은 볼펜으로 '미안해요. 고마워요. 사랑해요. Sorry. Thank. Love. Ki-Yull Yu, ISAE, Rwanda'라고 썼다. 그리고 맑은 계곡 물에 띄워 보냈다.

물길을 따라 부딪치고 걸리고 때론 여유롭게 흘러가 강물을 만나리라. 대서양, 인도양, 태평양 어디로 가도 좋다. 지구마을 어딘가의 누군가가 이 나뭇잎편지를 보고 꿈과 행복을 찾으면 그만이다.

🏷️ 사랑이란 꽃을 아시나요?

씨(익은 씨 검고, 덜 익은 씨는 희다)

열매

꽃은 그 자체가 귀엽고 아름다우며 사랑스럽다. 하지만 미스월드나 미스코리아의 이름이 미인이 아니듯이 이름이 사랑인 꽃은 아직 들어보지 못했다. 다행이랄까? 꽃의 속(Genus)명에 사랑이란 말이 들어간 꽃이 있다. 아가판서스 꽃이 그렇다.

화단 가장자리 줄지어 핀 꽃

근무하는 대학교의 화단 가장자리에 줄지어 피는 보라색과 흰색의 꽃이 있다. 학생들에게 이름을 물었더니 아는 학생이 없다. 그러다 이번에 남아프리카 여행을 가서 그 꽃 원산지가 테이블마운틴이고, 이름이 아가판서스 아프리카너스(Agapanthus africanus)임을 알았다. 다년생 상록식물로 영어로는 아프리카 나리(백합)(African Lily), 아프리카 튤립, 나일 나리(Lily of the Nile)라고 한다. 한국에서는 속명인 아가판투스나 자주군자란이라고 부른다.

속명 Agapanthus는 그리스어의 사랑(Love)을 뜻하는 Agape와 꽃(Flower)을 의미하는 Anthos의 합성어로 사랑 꽃, 사랑의 꽃, 사랑스러운 꽃이란 뜻이다. 종(소)명인 africanus는 이 꽃의 원산지가 아프리카임을 뜻한다.

한국 자료에는 거의 모두가 백합과(Liliaceae)로 되어 있으나, 식물분류학적으로 보면 수선화과(Amaryllidaceae)의 Agapanthoideae 아과(亞科)로 분류하는 게 타당하다. 아가판서스 속에는 약 7종이 있다. 이 중에서 Agapnathus africanus와 A. praecox가 많이 알려졌으며 특히 A. praecox가 널리 재배되고 원예품종도 많이 개발되었다.

잎은 뿌리 주위에서 대칭으로 나 다발을 이룬다. 크기는 너비 1~4cm, 길이 20~50cm이며 부챗살처럼 퍼지다 바깥쪽 잎은 아래를 향해 약간 굽기도 한다.

꽃대는 잎 사이에서 1개가 25~100cm 정도 길게 올라온다. 바람에 부러질까 걱정이 되나 그것은 한낱 기우(杞憂)에 지나지 않는다. 이리저리 흔들거리며, 휘고, 굽기는 할망정 잘 꺾이지는 않는다.

꽃대 끝에 수십~수백 송이의 꽃이 핀다. 많은 관련 자료에는 20~30 송이의 꽃이 핀다고 되어 있으나 직접 세어보니 100송이가 넘기도 하며 꽃이 떨어진 후 꽃자루가 190개가 넘는 것도 있다. 꽃송이 수가 실제보다 작게 알려진 것은 같은 꽃대라 하더라도 꽃이 일시에 다 안 피고, 꽃이 차례로 오랜 기간 피기 때문인 것 같다.

꽃은 한꺼번에 피지 않지만 꽃이 한창 필 때는 꽃대 끝의 꽃송이는 꽃으로 만든 공처럼 보인다. 완전하지는 않아도 꽃차례가 유사산형화서(類似傘形花序, Pseudo-umbel)이기 때문이다.

꽃봉오리는 애호박이나 자루가 짧은 곤봉처럼 생기고, 활짝 피면 긴 종(鐘)이나 깔때기 모양으로 끝이 6갈래로 깊게 갈라져 있다. 수술 6개, 암술 1개로 양성화이고, 꽃가루 색은 노랗다. 꽃의 크기는 길이 3.5~5.5cm, 화관(花冠) 지름 3.5~4.5cm이다.

열매는 삭과(蒴果)라서 익으면 3조각으로 갈라져 씨가 떨어져 나온다. 모양은 양 끝이 좁은 세모기둥이며, 크기는 길이 1.8~2.5cm, 한 변의 너비 0.8~1.3cm이다. 1개 열매에는 수 개에서 10개가 넘는 익은 씨가 들어 있다.

씨는 납작한 긴 막대 타원형이며 초기엔 흰색이며 익으면 검게 된다. 크기는 길이 0.8~1.3cm, 너비 2~3mm, 두께는 0.5mm 정도다. 씨의 위 끝엔 날개가 달려 있고 알갱이는 참깨 알과 비슷하거나 약간 크다.

아가판서스는 학교화단 경계 꽃으로 많이 심어져 있다. 그러나 의식주에 매달려서 그런지 교수들도 이름을 모를 정도로 관심 밖의 대접을 받기도 한다. 오직 미화원들이 제초하고 색이 누렇게 변한 늘어진 잎을 따주는 게 그나마 이 꽃에 대한 관심 표명이다.

문제는 아름다운 꽃을 오래 볼 수 없다는 점이다. 1월부터 12월까지 꽃이 피건만 꽃대가 올라와 꽃이 피기 시작하면 꽃대를 꺾기 때문이다.

왜 그러냐고 물어도 아는 사람이 없다. 미화원은 시키는 대로 할 뿐이라고 했다. 미화원을 감독하는 사람에게 물어도 자기도 그 이유를 잘 모른다고 했다. 단지 옛날부터 그렇게 해왔기 때문이라고 했다. 이것은 이 꽃을 처음 심을 때에 분명 외국의 원예전문가가 이유도 설명하지 않고 꽃을 따라고만 했을 것이 분명하다.

내가 알기에는 꽃대를 꺾어주는 것은 꽃을 피우고 열매와 씨를 만드는 데 필요한 양분을 소모하지 않고 그 에너지를 저장하여 생육을 좋게 하고 다음에 다시 꽃을 피울 수 있도록 하기 위해서다. 그래서 꽃대를 꽃이 피는 초기에 꺾지 말고 꽃이 어느 정도 피고 나면 꺾으라고 했다. 그 결과로 요즘은 열매와 씨는 못 보더라도 꽃을 보는 기간이 길어서 좋다.

'사랑 꽃'에 좋은 선물을 한 셈이다.

모르면 다이아몬드도 돌일 뿐이다. 알면 잡초도 아름다운 꽃이 된다. 이 꽃을 알고 나서보니 보면 볼수록 아름답고 귀엽다. 사랑스럽다. 아침 이슬이 맺힌 꽃 위로 햇살이 비치면 바보처럼 넋을 잃고 물끄러미 바라본다. 사랑에 빠지는 기분이다.

◆ 아프리카의 아이콘, 씨의 아버지 바오밥

보츠와나에서 가장 큰 모와나의 바오밥(A. digitata)   탄자니아 타란기리 국립공원의 바오밥(A. digitata)

아프리카의 상징 나무는 바오밥(Baobab)이다. 공식적으로 지정되지는 않았지만, 아프리카의 많은 나라들이 그렇게 생각하고 있다. 르완다에는 아직 없지만, 르완다 사람들은 바오밥을 무척 좋아한다.

바오밥은 아랍어의 būḥibāb에서 유래되었다고 한다. abū는 아버지, 혹은 근원(Father or Source)이고 ḥabb는 씨(Seed)라는 의미다. 즉, 바오밥은 씨의 근원, 혹은 씨의 아버지, 또는 씨가 많은 과일이란 뜻이다.

속명의 아단소니아는 A. digitata를 널리 알린 프랑스의 외과의사, 탐험가이자 식물학자인 Michel Adanson을 기념하기 위하여 지어졌다.

바오밥은 생텍쥐페리의 소설 『어린 왕자』에도 나온다.

전설에 의하면 '악마가 바오밥을 뽑아서 지상으로 던져 뿌리가 공중에 매달렸기에' 거꾸로 서 있는 나무처럼 보인다고 한다. 또 다른 전설은 '신이 나무 중에서 맨 처음에 바오밥을 만들었다. 다음에 야자수를 만들었는데 바오밥이 이를 보고 자기보다 키가 크다고 울부짖었다. 그 뒤에 아름다운 불꽃 나무(Flame tree)를 만들자 자기보다 꽃이 더 아름답다고 불평했다. 무화과나무의 멋진 열매를 보고 그것처럼 되게 해달라라고 아우성이었다. 그러자 신이 화가 나서 더 말을 못하고 조용히 있게 하려고 바오밥을 뽑아서 뿌리가 위로 오게 거꾸로 심었다'고 한다. 후자의 전설은 우리가 가진 것에 만족하지 못할 경우에 어떤 일이 일어날 수 있는가를 암시하는 교훈이 담겨있다.

현재까지 지구 상에 알려진 종은 9종이다. 이 중에 Adansonia grandidieri(자이언트바오밥), A. madagascariensis(마다가스카르바오밥), A. perrieri(페리에리바오밥), A. ruberostipa, A. suarezensis 과 A. za 6종이 마다가스카르 섬에 살고 있다. 나머지 3종인 A. gregorii(호주바오밥, 병나무, 국립수목원 열대 온실에도 있음)는 호주 북서부에, A. digitata(아프리카바오밥, 원숭이빵나무, 열매 달린 모양이 죽은 쥐가 매달린 것 같다고 죽은 쥐나무라고도 부름.)는 아프리카 본토, 아라비아반도와 아시아 일부 지역, A. kilima(아프리카 산山 바오밥, 학자에 따라 이 종을 빼고 8종으로 보기도 함)는 동아프리카와 남부 아프리카에 분포되어 있다.

바오밥의 특징은 굵고 긴 줄기 위에 가지가 모여 옆으로 퍼져 뿌리처럼 보인다. 나무를 뽑아 거꾸로 세워놓은 모습이다.

키는 5~30m, 줄기 직경은 7~16m, 나무가 차지하는 면적의 지름은 10~50m에 이른다. 오래 사는 나무로 유명하며 수천 년을 산다. 1년 중 9개월 동안은 잎이 없으며 줄기 안에 12만 리터까지 물을 저장한다. 길고 혹독한 가뭄을 견뎌내고 생존하기 위해서다. 아프리카인들은 이런 바오밥을 신성한 나무로 여긴다.

바오밥의 줄기, 잎, 뿌리, 열매, 씨는 모두 식용, 조미용이나 약용 등으로 사용된다. 줄기 껍질은 천이나 밧줄의 재료, 잎은 조미용과 약용, 열매는 식용, 씨는 기름으로 이용된다. 종(種)에 따라 다르지만 A. digitata가 이용분야에서 가장 많이 연구되고 실용화되었다.

A. digitata의 종명인 digitata는 잎이 5~7갈래로 깊게 갈라져 손 모양을 하고 있어 루마니어의 손 모양 또는 손가락이 있는 뜻을 가진 dig-itat에서 유래되었다.

나는 9종의 바오밥 중 탄자니아와 보츠와나에서 A. digitata, 호주에서 A. gregorii를 직접 보았다. 보츠와나의 모와나(Mowana)에는 보츠와나에서 가장 큰 바오밥이 있다.

사람도 그렇지만 식물도 유명하면 때론 괴로운 법이다. 너무나 많은 사람들이 모여들기 때문이다. 그런데 보츠와나 모와나에 있는 보츠와나에서 가장 큰 바오밥은 그렇지 않았다. 주변에 구경하는 사람도 별로 없고 여행 가이드 역시 별 관심이 없는지 그 바오밥 나무를 그냥 지나치려 했다. 내가 사진이라도 찍고 싶다고 하자 그제야 차를 세워 주워 사진을 찍었다. 가까이 가서 보고 싶었지만, 여행 일정상 시간이 허락하지 않아 멀리서만 보았을 뿐이다. 키가 몇m나 되며 몇 년이나 살았는지 궁금하다.

바오밥이 갖는 아프리카 나무의 상징성은 크다. 따라서 만약에 아프리카 대륙목(大陸木)을 지정한다면 바오밥이 0순위다. 그래서인지 현재 바오밥이 분포하지 않은 아프리카의 대부분 나라도 바오밥 나무를 원하고 있다.

이상한 것은 그렇게 바오밥을 원하면서도 어린 묘를 구해 심거나 종자를 가져와 심으면 되는 것을 그러지 않는다는 것이다. 쉬운 길이 있는데도 가지 않으면 영원히 갈 수 없음을 깨닫고 현재 바오밥이 없는 국가는 바로 실행에 옮겼으면 한다. 큰 바오밥 나무를 많은 돈을 주고 사서 옮겨 심으려만 해서는 안 된다.

🏷 겨울을 나지 않는 쑥은 향기가 없다

르완다에서도 쑥이 잘 자란다. 향수를 달래려고 쑥국을 끓여 먹었더니 보기와는 딴판으로 향이 없고 질기다. 겨울을 나지 않기 때문이다.

쑥(Artemisia princeps var. orientalis(PAMPAN) HARA)은 국화과에 속하며 땅속줄기 번식을 잘하는 여러해살이 풀이다. 무기질과 비타민이 풍부하여 봄나물

집 앞의 밭에서 잘 자라는 쑥

로는 물론 약용으로도 널리 쓰인다.

그런데 여기 쑥은 향도 맛도 별로 없다. 처음엔 한국 쑥과 다른 종(種)인 줄 알았다. 알아보니 예전에 여기에서 봉사활동을 했던 한국인이 한국에서 가져다 심은 쑥이다. 그렇다면 분명 향기가 있고 국을 끓이면 푸르스름한 빛깔이 나야 하는데 향기도 없고 그런 색깔도 선명하지 않다.

이유가 뭘까?

이곳 토양은 화산지대라 제주도 토양과 비슷하다. 따라서 토양의 영향은 거의 없어 보인다. 배수도 좋고 유기물 함량도 괜찮다.

크게 다른 것은 기후다. 따라서 쑥이 향기가 없는 것은 기후의 영향이라고 추측한다.

쑥이 향기가 나는 것은 시네올(Cineol or Eucalyptol, $C_{10}H_{18}O$)이라는 정유(精油) 성분 때문이다. 따라서 여기에서 자란 쑥의 시네올 함량을 분석해보면 향기가 나지 않는 이유를 쉽게 알 수 있다. 하지만 그런 성분 분석을 할 수 있는 실험실 여건이 되지 않아 아직은 한국과 여기에서 자란 쑥의 성분 차이를 알 수가 없다. 다만, 아래와 같은 이유로 시네올 함량이 적을 것으로 추정은 할 수 있다.

여기는 사계절이 없다. 기온은 연중 5~30℃이며, 우기와 건기가 반복된다. 한국과 같은 혹독한 겨울이 없어 1년 내내 쑥이 자란다. 한국에서도 봄에 캔 쑥은 향기가 진하고 맛도 좋으나, 여름 쑥은 향과 맛이 덜하여 나물로는 잘 애용되지 않는다.

식물은 봄에 꽃을 피우지만 봄에 꽃눈을 만들지 않는다. 식물은 광합성 작용이 왕성한 여름, 즉 양분 생산이 가장 많은 시기에 내년 봄에 나올 잎과 꽃의 눈(Bud)을 미리 만든다. 더불어 겨울을 견뎌낼 양분도 저장해둔다.

쑥도 마찬가지다. 그런데 여기서는 겨울이 없기에 쑥이 별도로 월동 준비를 할 필요가 없다. 겨울을 대비하여 영양분을 저장하지도, 꽃눈이나 잎눈을 미리 만들지도 않는다.

또 한 가지, 쑥이 향기를 내는 것은 벌레를 유혹하여 꽃가루받이하기 위해서다. 그런데 여기서는 씨를 잘 맺지 않아도 지하경(地下莖, 또는 地下根莖)으로 번식하여 대(代)를 이어 종족 보존이 가능하다. 때문에 시네올이라는 방향성 물질인 벌레 유인제를 에너지를 소모해가며 많이 만들지 않아도 된다.

곁들여서, 3년이 다 되어가지만 여기서 쑥이 꽃을 피우는 것을 아직 보지 못했다. 이 또한 유성생식(有性生殖)보다 무성생식(無性生殖), 즉 씨를 맺지 않고도 영양번식(營養繁殖)으로 종족 보존이 가능하기 때문일 것이다.

한마디로 여기 쑥은 겨울이란 시련의 시기가 없기에 겨울을 이겨낼 준비가 없어도, 벌레를 끌어들이는 노력이 없어도 쉽게 살아갈 수 있어 향기가 없는 것이다.

사람도 마찬가지다. 큰 인물이 되기 위해서는 시련을 겪어 내야 한다. 시련과 고통은 인간이 한 단계 발전을 위해 거쳐야 할 하나의 과정이다. 시련 없는 곳에 성공도 없다. 시련과 고통이 닥칠 때에 불평하고 포기하고 좌절해서는 안 되는 까닭이다.

◆ 포인세티아, 한국에선 한해살이풀, 르완다에선 나무
　– 3년 만에 열매와 씨를 찾다

크리스마스 꽃으로 사랑을 받는 포인세티아(Euphorbia pulcherrima, Poinsettia)는 한국에서는 한해살이풀로 다루어지고 있다. 흰 눈이 수북이 쌓인 크리스마스 무렵 화분에 심어진 빨간 포인세티아는 이름도 꽃의 구조를 몰라도 하얀 눈과 대조를 이루어 아름답기만 하다. 그런데 르완다에서는 키가 2m 넘는 나무다.

원산지는 멕시코와 중앙아메리카다. 포인세티아란 영어 이름은 초대 멕시코 주재 미국대사 Joel Roberts Poinsett에서 유래되었다. 이 사람이 1825년에 미국에 포인세티아를 처음 들여온 것을 기념하기 위해서다.

덜 익은 포인세티아 씨와 열매껍질

포인세티아 꽃과 덜 익은 열매

원산지와 열대 지역에서는 포인세티아는 키가 1~4m 되는 관목이다. 가지를 꺾어보니 속이 비어 구멍이 뚫려 있다.

꽃말은 '내 마음이 불타고 있어요, 축하합니다, 축복합니다'이다. 사랑하고 축하하는 사람들 사이에 주고 받을 수 있는 꽃 선물로 제격이다.

꽃처럼 빨갛게 보이는 것은 꽃이 아니고 잎이다. 식물학적으로는 포엽(Bract, 苞葉)이라고 한다. 꽃이 작아 새나 곤충을 유인하기 어렵다. 이 단점을 보완하여 매개체를 불러들여 꽃가루받이하기 위하여 꽃 주변의 잎을 빨갛게 치장한 것이다.

꽃차례는 두상화서(頭狀花序)이며 꽃은 잔이나 항아리 모양의 총포(總苞, Involucre) 안에 수술 4~5개(수술 머리는 2갈래)가 있고 꽃밥은 노랗다.

암술 1개가 이들 수술에 둘러싸여 있다. 작은 암술 자루가 뻗어 씨방이 총포 밖으로 나와 있다. 암술대는 1개이며 암술머리는 3가닥으로 갈라지고 그 끝은 다시 2갈래로 갈라져 있다. 총포 옆에 노란 꿀샘이 있어 꽃의 아름다움을 더해준다.

2013, 2014년에는 열매를 찾지 못했다. 꽃만 피고 열매가 보이지 않았다. 꽃이 진 뒤에 혹여나 열매가 달렸는지 가보면 포엽과 꽃이 떨어진 잔가지가 오징어 발 모양을 하고 있었다. 열매가 열리지 않았다면 아마도 기후 탓인 것 같다. 2013, 2014년에는 건기인데도 비가 조금씩이라도 왔으며 건기 기간이 짧았고 온도도 낮았다.

포인세티아 나무

그런데 올해는 거의 3달간 비가 한두 번 밖에 오지 않고 온도도 꽤 높은 편이다. 그래서인지 똑같은 나무들이 올해는 열매를 맺었다. 열매를 보는 순간 나도 모르게 탄성(歎聲)이 나왔다.

열매는 둥글고 짧은 타원형이며 3곳이 볼록하고 3개 방이 붙은 부위가 약간 들어가 있다. 초기에는 녹색이나 익으면 회백색~회갈색이다. 크기는 지름 0.7~1.3cm, 길이 0.8~1.5cm이다. 열매는 각 방에 1개씩 3개의 씨를 가질 수 있으나 보통은 1~2개 가진다.

씨는 열매와 비슷하게 둥근 타원형이고 완전히 익기 전까지는 흰색이나 익으면 회색~회갈색 또는 회백색이다. 크기는 지름4~6mm(마르면 2~5mm), 길이 6~8mm(마르면 3~7mm) 정도다.

엄지손가락 크기의 작은 새들이 포인세티아에 많이 모이는 것을 보면 곤충뿐만 아니라 새들도 꽃가루받이를 돕는 것 같다. 새는 노란 꿀샘의 꿀이나 꽃가루를 먹거나 벌레를 잡아먹기도 한다.

포인세티아를 볼 때마다 식물이 환경에 따라서 얼마나 다른 모습을 하는지 신기하다. 포인세티아뿐이 아니다. 한국에서 한해살이풀로 보이던 아주까리도 여기서는 나무처럼 크고 여러 해 산다. 남아공의 테이블마운틴에서 본 제라늄은 나보다 키가 컸다.

사람도 마찬가지다. 환경에 따라서 전혀 다른 사람이 될 수 있다. 쌍둥이라도 각자 다른 환경에서 자라면 전혀 딴판의 사람이 된다. 그러니 살아가는 환경을 아름답고 쾌적하고 편리하고 좋게 만드는 일에 인색해서는 안 된다. 사람과 모든 생명체가 살기 좋은 환경을 만드는 일에 인류의 지혜와 힘을 모아야 하는 까닭이기도 하다.

필자 주: 나무에 붙은 표찰에 Euphorbia pulcherrima 로 되어 있다. 하지만 아직 여기는 식물 분류가 발달하지 않은 데다 포인세티아 종(種)이 많아 다른 종일 수도 있음을 배제할 수 없다.

✍ 인간 뇌와 비슷한 아보카도 씨

■ 과육(果肉)은 나무가 만든 천연 버터

열대과일 중에 아보카도(Avocado, Persea americana)가 있다. 열대 지역에서 자라는 키 큰 나무다. 우리나라 시골 집집에 감나무가 있듯이 여기서는 아보카도 나무를 쉽게 볼 수 있다. 열매 모양은 둥글기도 하고 서양 배나 우리나라 조롱박을 닮았다. 과육(果肉)은 부드럽고 지방성분이 많아 먹으면 느끼한 감마저 든다. 이것을 먹어보고 나는 나무가 만든 천연 버터라고 부르기로 작정했다. 실제로 빵에 발라서 먹었더니 맛이 괜찮았다.

2주 이상 냉장고에 보관한 아보카도 씨와
거기서 싹과 뿌리가 난 모습

싹이 난 씨를 심은 지 3개월 후에
씨가 자란 모습

지방 외에 비타민 특히 비타민E가 많아 노화방지에 좋고 루테인(Lutein) 성분은 눈에 좋은 것으로 알려졌다. 피부미용에도 좋다는 연구결과도 있다. 멕시코의 아즈텍 원주민은 스페인에 포로가 된 왕을 구하기 위하여 금, 은 보석과 함께 아보카도 열매를 바쳤을 정도로 귀중히 여겼다.

과육은 부드럽고 촉촉하지만, 씨는 돌처럼 단단하다. 크기는 웬만한 달걀만 하다. 모양은 달걀을 닮기도 하고 아래가 편평한 공 같기도 하고 위가 뾰족한 둥근 긴 타원형 등 다양하다. 씨껍질은 겉과 속껍질 두 겹으로 되어 있고 종이처럼 얇다.

■ 냉장고에서도 씨에서 싹이 남

우리나라에서는 비싸서 먹기 어렵지만, 여기서는 1개에 100~150프랑이어서 부담 없이 사 먹는다. 아보카도를 냉장고에 넣어두고 먹다가 우연히 열매 속의 씨에서 싹이 난 것을 보았다. 섭씨 4도 이하에 보관했는데 열매 속에 든 상태에서 싹이 나 있었다. 씨의 강인한 생명력에 놀랐다.

싹은 씨껍질을 찢고 밖으로 나와 과육 속에 박혀 있었다. 과육을 제거하고 씨껍질을 살살 벗겨 냈더니 씨는 거의 두 조각으로 가운데가 갈라져 있고 아래에는 뿌리가 나와서 뱀이 동아리를 튼 것이나 시계태엽처럼 감겨 있었다.

껍질을 벗겨 낸 씨는 마치 인간의 뇌를 보는 듯했다. 싹으로 인해 가운데가 갈라진 씨는 어찌 보면 또 인간의 심장 같기도 했다.

특이한 것은 큰 씨에 씨젖(胚乳)이 없다. 인간의 뇌나 심장처럼 보이는 것은 떡잎이다. 콩처럼 2장의 떡잎과 배(胚)로 되어 있다.

냉장고 안에서 싹과 뿌리가 난 씨를 2013년 3월 2일에 집 옆 밭에 심었더니 심은 지 약 2개월 후에 싹이 땅 위로 올라왔다. 그리고 기대를 저버리지 않고 보란 듯이 잘 자랐다. 내가 르완다를 떠난 뒤에도 큰 나무로 자라 풍성한 열매를 맺어 많은 사람에게 영양을 주기를 기대해본다.

11
음 식
전통음식과 서양화된 음식 공존

🔖 르완다 음식은 어떤지?

23달러짜리 mountain gorilla view lodge의
점심(맥주 1병 포함)

구운 양고기(Lamb chop), 키갈리 에든버러 호텔

귀국해서 지인들을 만나니 르완다 음식은
어떠냐고 많이 물었다. 사실 르완다에 대한
글을 3년 가까이 쓰면서 음식에 대해서는
한 번도 쓰지 않았다. 그 탓일까? 아니면 유
난히 건강에 신경을 쓰는 한국인의 음식에
대한 각별한 관심 때문일까? 아무튼, 때 아
니게 음식의 중요성을 실감했다.

르완다의 주요 식량 작물은 감자, 옥수수,
콩, 고구마, 카사바, 바나나(노란 바나나가 아

여러 가지 르완다 음식 사진

닌 Green banana 또는 Plantain이라고 함)와 쌀 등이다. 채소는 양배추, 당근, 카사바 잎을 많이 먹지만 양파, 토마토, 마늘, 호박, 가지, 피망, 고추(삐리삐리) 등 품질은 조금 떨어져도 시장이나 마트에서 살 수 있다.

과일은 바나나, 아보카도, 망고, 파인애플, 마라쿠자(Passion fruit), 이비뇨모로(나무토마토), 파파야, 귤류 등 열대과일이 주를 이루며 배, 복숭아, 감 등은 보지 못했다. 육류는 소고기(육우가 없고 젖소 고기인데 한국과는 달리 맛이 괜찮은 편임), 돼지, 닭, 양, 흑염소 고기 등이 있다.

바다가 없어서 수입에 의존하기 때문에 생선은 풍부하지 않고 비싸지만, 대신 틸라피아(Tilapia), 삼바자(Sambaza)와 같은 민물고기가 싸고 좋다.

한 나라의 음식은 생산되는 재료의 영향을 받기 마련이다. 르완다 음식 역시 주로 르완다에서 생산되는 농수축산물로 만들어진다. 주요 음식은 쌀, 감자, 고기, 채소 등을 작은 항아리에 넣고 끓인 죽 같은 이기사푸리야(Igisafuriya, 항아리라는 뜻임), 밀가루로 만든 얇은 피에 고기, 채소, 곡류 등의 소를 넣어 삼각형 모양으로 만들어 기름에 튀긴 사모사(Samosa, 한국 만두와 비슷하나 재료, 크기, 모양, 색깔 등이 다름), 고기와 양파 등을 가는 나무막대기에 꿰어 구운 브로쉘(Brochette, 꼬치구이), 옥수수가루를 반죽하여 찐 우갈리(Ugali, 한국 백설기 떡이나 옥수수빵과 비슷하나 맛은 밋밋하여 별로임), 카사바 잎 가루를 죽처럼 만든 물그레한 이솜베(Isombe), 그린 바나나에 소스를 넣어 삶은 이비토케(Ibitoke, 또는 Matoke, Matolie), 애호박조각과 콩(붉은 강낭콩) 등을 섞어 소스를 넣어 삶은 이비아자(Ibihaza) 등이 있다.

이런 음식만 있는 게 아니다. 세계 어디서나 애용되는 감자튀김과 구운 감자, 채소와 과일로 만든 샐러드, 닭튀김, 소고기(Beef) 스테이크와 스튜(Stew), 피자, 여러 종류의 수프 등도 있다.

음식은 음식별로 따로따로 먹기도 하지만 대부분 한 접시에 여러 종류의 음식을 담아서 먹는데 르완다에서는 이런 것을 멜랑제(Melange, 프랑스어에서 유래된 것으로 혼합물을 뜻함)라 한다. 식당에 가면 뷔페가 아닌 경우는 종업원이 몇 종류의 음식을 접시에 담아서 가져다준다. 뷔페의 경우는 한국에서와같이 자기가 직접 먹고 싶은 음식을 접시에 담아다 먹는게 보통이다.

가격은 지역, 음식점, 음식종류 등에 따라서 차이가 크다. 점심의 경우에는 수도 키갈리(호텔 포함)는 2,500~15,000RF(1RF은 약 1.5원 정도)이며, 중소도시나 농촌 지역(호텔 제외)은 800~3,000RF 한다.

나라마다 음식이 다르기는 하지만 사람의 입맛은 비슷한 것 같다. 소문난 식당의 음식은 국적을 가리지 않고 손님들이 맛있다며 모여들기 때문이다. 한마디로 수도 키갈리와 대도시에서는 상다리가 부러질 듯 차려놓은 한식 밥상 차림 같은 것만 기대하지 않으면 르완다에서 음식 걱정은 하지 않아도 된다. 르완다 음식도 먹을 만한데다가 중국, 이태리, 인도식당이 있어 입맛대로 사 먹을 수 있기 때문이다. 음식값은 생각보다 르완다인의 소득에 비해 비싼 편이다.

그래도 한국 음식이 그리우면 한국식당에 가서 먹으면 된다. 키갈리에는 된장, 김치찌개와 소주까지 파는 한국식당이 3곳이나 있다.

....

필자 주: 수도 키갈리의 한국식당 3곳은 대장금(Dae Jang Guem, 078-421-1998, 2016년 개장), 사카에(Sakae, 078-457-8435, 078-430-0497)와 몽마르뜨(Monmartse, 078-914-6799, 073-814-6799)다.

주전자에 끓인 우유가 넘친 모습　　　　　　손으로 젖을 짜는 사람과 소들

르완다에 온 이래 나는 소에서 바로 짜는 우유를 사다가 끓여서 먹는
다. 말로는 다 표현할 길이 없지만, 고소하며 구수한 것 같기도 하고 향
긋하기도 하면서 아기들이 먹는 어머니 젖 내음이 나는 듯해 향수를 자
극하기도 한다. 아무튼, 생우유 맛이 그만이다. 값도 쌀 뿐만 아니라(2리
터에 300프랑, 500원) 우유를 사러 일부러 버스를 타고 시내까지 가지 않
아도 되기 때문이다.

근무하는 대학교에서는 아직 착유기를 사용하지 않는다. 소의 젖이 많
지 않아 착유기를 이용할 경우에 소의 젖가슴에 지나친 압박감을 주고
자칫하면 우유에 피가 섞여 나올 우려가 있기 때문이란다. 전근대적이지
만 사람이 직접 손으로 젖꼭지를 쥐고 잡아당겨 우유를 짠다. 그런 다음
가는 체 모양의 여과기 2~3개를 겹쳐서 이곳으로 우유를 통과시켜 불순
물을 걸러낸다. 이게 다다. 더 이상의 처리 과정은 없다.

이런 우유를 사다 먹으면서 웃지 못할 일을 경험하기도 했다.

첫 번째 일은 우유를 사다가 커피포트에 넣고 물처럼 끓였더니 많이 흘
러넘쳤다. 물은 끓이면 커피포트가 자동으로 불이 꺼지고 넘치지도 않는

다. 우유도 그런 줄 알고 물을 끓이듯이 사온 우유를 커피포트에 붓고 전원을 연결했다. 밖에 나가서 운동하고 들어와 보니 이게 무슨 변고인가! 우유가 넘쳐 흘러나와 거실바닥이 하얀 우유로 흥건히 젖어 있었다. 물은 그렇지 않는데 우유는 왜 그러는지 모르겠다. 궁금하여 물어보아도 다들 모른단다. 아는 분이 있으면 알려주었으면 좋겠다.

두 번째 일은 보온병에 보관한 끓인 우유가 나오지 않았다. 지난 경험을 살려 커피포트에 우유를 조금 넣고 끓이면서 옆에서 지켜보다가 일찍 껐다. 그랬더니 넘치지 않았다. 따뜻한 우유를 즐기려 끓인 우유를 보온병에 넣어 보관했다. 아침에 산책하러 나가기 전에 한 잔 마시고 가려고 따랐더니 나오지 않았다. 보온병에 아직 많은 우유가 남은 것이 확실한데 아무리 따라도 나오지 않았다. 이상하여 보온병의 마개를 열고 보았더니 이 또한 무슨 변괴인가! 순두부 풀어놓은 것처럼 우유가 뭉쳐 있지 않은가? 그것이 보온병의 물이 나오는 구멍을 꽉 막고 있었다.

주방일 경험이 거의 없는 나로서는 이런 일들이 벌어지면 짜증이 나기보다는 오히려 신기한 무엇이나 발견한 것처럼 신나고 즐겁다. 살아가는 재미가 있다. 반복되는 일상의 사소한 일들에서 놀라움, 신기함, 새로움, 엉뚱함을 맛보는 셈이다. 그래서 그립고 외로워도 아프리카 생활을 즐기는지 모른다.

르완다에도 마트나 상점에는 팩이나 플라스틱 용기에 넣어 유통되는 우유가 있다. 요구르트와 같이 생긴 발효 우유(Fermented milk)도 살 수 있다. Inyange Industry라는 기업이 우유 시장을 주도하고 있으며 저온 살균처리 등의 가공과정을 거친다 한다.

하지만 앞으로도 손으로 짜는 우유를 사다 먹으려 한다. 이제는 끓여 먹는 일도 익숙해지고 그런 우유 맛에 푹 빠졌기 때문이다. 더 나아가 여기 소들은 인공 배합사료를 거의 먹지 않고 들판을 돌아다니며 풀을 뜯어 먹으며 자란다. 그러니 청결 문제를 제외하고는 우리나라 우유보다 식품 안전상 더 나을지 모른다.

바로 짠 신선한 생우유, 그저 살짝 끓이기만 해서 먹는 우유 맛, 먹어 보지 않고는 아무리 설명해도 잘 모른다. 먹어 보니, 바로 이 맛이야 소리가 절로 난다. 백문백견(百聞百見)이 불여일음(不如一飮)이다. 한번 마셔보면 안다. 맛이 끝내준다.

🏷 하얀 달걀노른자

지금까지 달걀노른자는 모두 노란 것으로 알았고 실제로 그런 달걀만 보아왔다. 르완다에 온 지 얼마 안 되어 그것이 맞지 않음을 경험했다. 여기 달걀은 노른자 역시 흰 것이 많다.

호텔 식당 음식의 하얀 달걀노른자

달걀은 라이신, 메티오닌, 트립토판과 같은 필수 아미노산은 물론, 좋은 영양소를 고루 갖춘 완전식품으로 평가받고 있어 건강에 좋다. 노른자에 콜레스테롤이 많이 들어 있어 많이 먹으면 안 좋다는 말이 있지만, 하루에 두 세게 먹는 정도는 크게 문제 되지 않는다. 이런 까닭으로 달걀을 자주 사다 즐겨 먹는 편이다.

어느 날인가 호텔식당에 가서 식사하는데, 삶은 달걀 안쪽이 전부 희었다. 어떻게 요리를 하였기에 그러냐고 물었더니 다들 웃었다. 요리 탓이 아니라 달걀노른자가 희다고 했다. 처음엔 믿기지 않았으나 다른 식당에서 나온 달걀도 역시 노른자가 하얀색이었다.

이유를 물었더니 대체로 영양결핍 때문이라고 했다. 닭이 충분한 영양을 섭취하지 못하기 때문이란다.

달걀노른자가 하얀 이유가 영양결핍 한 가지 때문이라는 데는 약간의 의문이 간다. 어린 시절 시골에서 기른 암탉이 낳은 달걀은 노른자가 노란색이었다. 지금 르완다에서처럼 그 당시 닭에게 사료를 주지 않았고 그저 방사해서 키웠다. 영양결핍 때문에 노른자의 색이 희다면 당시의 달걀노른자도 희어야 하지 않았을까? 그런데 희지 않고 노랬다.

그뿐만 아니다. 르완다에서 직접 달걀을 사다가 삶기 전후의 모습을 살펴보니 르완다 달걀노른자도 노란 것이 있었다.

이런 것으로 보아 달걀노른자가 하얀 것은 영양결핍 때문만은 아닌 것 같다. 따라서 이 분야 전문가가 이에 대한 시험연구를 해보았으면 한다. 혹시 하얀 노른자가 건강에 더 좋을지 누가 아는가?

🏷️ 웬일이야, 르완다에 냉이가 있다니!

르완다에도 냉이가 있다. 겨울이 없으니 1년 내내 냉이가 자란다. 잎, 줄기, 꽃, 열매 그리고 씨도 모두 한국의 것과 같다. 다만, 향이 떨어질 뿐이다.

냉이를 보는 순간 약간 흥분되었다. 잘못 본 것이 아닌지 잎, 줄기, 꽃, 열매 등을 자세히 관찰하였다. 틀림없이 냉이가 맞았다.

집 앞 풀밭 속에서 뽑아 씻고 다듬은 냉이

그 뒤 관심을 가지고 보니 학교의 풀밭뿐만 아니라 집 앞 밭에도 냉이가 싱싱하게 자라고 있었다.

냉이를 캤다. 깨끗이 씻어 냄비에 넣고 물을 부었다. 된장을 조금 풀고 멸치 몇 마리를 넣었다. 양파와 당근도 조금 넣었다. 보글보글 끓였다. 이렇게 끓인 냉잇국은 향이 조금 덜한 점을 빼고는 한국에서 먹는 것과 같았다.

세상사 참 재미있다. 르완다에서 냉잇국을 먹을 줄이야! 그것도 직접 캐서 끓여 먹다니! 시험 삼아 김치 등을 담을 때 조금 넣었더니 맛이 좋아 지금은 국뿐만 아니라 가끔 김치 담을 때에도 넣는다.

냉이는 학명이 Capsella bursapastoris이며 영어로 shepherd's purse(양치기 지갑)라고 한다. 열매가 세모 지갑처럼 생긴 데서 지어진 이름이다. 실제로 열매는 삼각형이나 하트모양이다. 냉이는 씨로만 번식하며 일생(life cycle)이 짧아, 1년에도 몇 세대를 산다. 꽃은 희고 씨는 납작한 타원형이며 연노란 갈색이나 어두운 갈색이다.

관련 자료에 의하면 냉이 씨는 물이 묻어 젖으면 mucilage라는 물질이 나와 끈적거린다. 그래서 작은 곤충, 특히 수서(水棲)곤충이 젖은 씨에 접촉하면 달라붙게 되고 심지어 살충 물질을 내어 곤충을 쉽게 죽인다. 곤충이 죽으면 그것을 양분으로 이용하는 점 때문에 냉이를 준식충식물(準食蟲植物, Protocarnivorous plant)로 보기도 한다. 작은 풀이지만 알고 보면 흥미로운 점이 한둘이 아니다.

한국, 중국, 일본인은 냉이로 나물 등을 만들어 즐겨 먹지만 구미(歐美) 사람이나 아프리카 사람은 그렇지 않다. 대신 유럽이나 미국에서는 약용이나 화장품, 풀 등의 산업용 원료로 사용되는 것으로 알려졌다.

냉이가 먹을 수 있는 풀이라고 학생들에게 알려주었더니 처음엔 잘 믿지 않았다. 직접 씻어서 내가 먹었더니 그때야 믿었다. 그리고 신기해하고 호기심을 가졌다. 고정관념을 깨고 이끄는 데는 신뢰를 쌓고 본을 보이는 게 최고다.

르완다에 온 이래 관심을 두고 하는 일 중의 하나가 르완다의 채소 다양성 확대다. 그래서 냉이의 식용화, 채소화에 관해 학생들은 물론, 농민들에게도 기회 있을 때마다 이야기를 해오고 있다.

야생의 풀을 식용화하는 일은 채소를 충분히 먹지 못하는 르완다인들에게 매력적인 일이다. 앞으로 계속 관심을 가지고 조사 연구하여 냉이뿐만 아니라 관심 없이 버려진 잡초들 가운데서 먹을 수 있는 풀을 찾아내어 르완다의 채소 다양성 확대에 기여하고자 한다. 그런 일을 하다 보면 르완다 생활의 보람도 커진다.

◆ 매운맛이 그리우면 르완다로 오세요
– 세계 10위 안의 매운 고추 르완다에 많아

한국인은 매운 청양고추를 좋아한다. 헌데, 청양고추보다 100~200배 매운 고추가 르완다 시장에서 거래된다. 일반적으로 삐리삐리(Piri Piri)로 불리는 고추인데, 세계에서 가장 매운 10위 안의 여러 품종이 섞여 있다.

고추의 매운맛은 주로 캡사이신(Capsaicin, 8-methyl-N-vanillyl-6-nonenamide) 때문이며 이 함량이 많을수록 맵다. 정제된 순수한 캡사이신은 휘발성, 소수성(Hydrophobic, 疏水性), 무

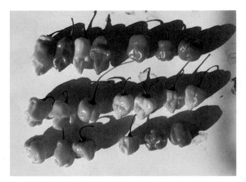

르완다 시장에서 거래되는 다양한 삐리삐리

색, 무취의 투명한 결정체로 알려졌다.

고추의 매운 정도는 스코빌 단위(SHU)로 표시한다. SHU가 클수록 맵다. 69%의 캡사이신 용액은 16,000,000SHU이다.

매운 고추는 대체로 Capsicum chinese나 C. frutescens 종에 속하는 재배품종들이며 일반적으로 칠리고추(Chili pepper)라고도 한다. 한국에서 하늘고추로 불리는 관상용 고추도 칠리고추로 볼 수 있다.

하늘고추와 모양은 비슷하나 식용으로 동남아나 아프리카에서 재배되는 작은 고추는 새눈(Bird's Eye)으로 불린다. 매운 정도는 50,000~100,000SHU이다. 한국에서 가장 매운 고추로 알려진 청양고추의 10,000~23,000SHU보다 높다.

세계에서 가장 매운 고추는 Carolina Reaper(2,200,000SHU)이다. 2위에서 10위까지는 Trinidad Moruga Scorpion(2,009,231), 7Pot Douglah(1,853,936), Trinidad Scorpion Butch T(1,463,700), Naga Viper(1,349,000), 7Pot Primo(1,268,250), Ghost Pepper (Bhut Jolokia, 1,041,427), 7Pot Barrackpore(1,000,000), 7Pot Red(Giant, 1,000,000), Red Savina Habanero(500,000)이다(2013년 11월 기네스북).

이들 10개 품종(Variety or Cultivar) 대부분의 고추가 르완다 시장에서 거래된다. 크기는 길이 1.5~6.0cm, 지름 1.0~3.0cm다. 색깔은 빨강, 노랑, 초콜릿색, 자주색 등 다양하다. 모양은 긴 타원형, 장방형, 짧은 뿔형 등 여러 가지며 생김새가 귀엽다. 겉은 매끄럽고 부드러우며 연하다. 약간 쭈글쭈글하기도 하다.

이 때문에 한국인은 큰 꽈리고추로 여기고 쪼려 먹기 쉽다. 실제로 그런 봉사단원이 있었는데, 멋모르고 먹다가 죽는 줄 알았다고 한다. 나 역시 르완다에 온 지 얼마 안 되어 매콤하고 얼큰한 맛이 그리워 삐리삐리를 사다가 날것으로 먹고 혼쭐이 났다. 입안이 마비되는 것 같았고 얼굴과 머리까지 땀이 나 흠뻑 젖었다. 그 후로 삐리삐리를 먹지 않고 만지거나 생각만 해도 눈 밑에 절로 땀이 난다. 요즘에는 물에 끓여 매운맛을 우려내어 그 물로 고기 요리를 하는 데 기름지지 않고 개운해서 좋다.

시장에서 거래되는 것은 주로 생고추다. 이것도 몰라서 시장에서 사온 대로 비닐봉지 안에 넣어두고 먹었다. 며칠 후에 먹으려고 보았더니 거의 반절은 물러터지고 썩었다. 따라서 많이 먹는 게 아니므로 특별한 일이 아니면 몇 개씩 필요한 때 사다 먹는 게 좋다.

한국인은 고추를 풋고추로 된장이나 고추장 찍어 먹고, 말려서 가루나 실고추를 만들어 음식을 만들 때 넣어 먹기도 하고, 고추장을 만들어 먹는다. 르완다에서는 삐리삐리를 주로 소스제조용 원료로 사용한다. 가정에서는 주로 고기 요리를 할 때 비린내를 없애기 위하여 넣어 먹는 게 고작이다.

르완다에 세상에서 가장 매운 고추들이 모여 있을 줄은 몰랐다. 매운맛이 그리워 삐리삐리를 잘못 먹고 고생한 일은 오래 기억될 것이다.

모르면 고생한다. 알면 즐길 수 있다. 삐리삐리가 나에게 준 교훈이다.

매운맛이 그리우세요? 그럼 르완다로 오세요. 세상에서 매운 고추가 르완다에 많아요.

....

필자 주: 1. 매운 정도를 나타내는 스코빌 단위 SHU(Scoville Heat Units 또는 SR; Scoville Scale)는 1912년 미국의 화학자인 윌버 스코빌(Wilbur Scoville)이 개발하였고 숫자가 클수록 매운 정도가 높아진다.
2. 르완다 시장에서 거래되는 삐리삐리(Piri piri)는 스와힐리어의 pepper pepper로 알려졌다. 나라에 따라서 Pili pili, Peri peri로 표기되기도 한다.

– 르완다 농업 발전을 위해 농산물 저장가공 산업의 지원육성 절실

와인 하면 대개 포도주로 생각한다. 그럴 수 있다. 그러나 포도가 아닌 열매로 만든 와인이 있다. 바나나 와인이 그중 하나다. 르완다에 바나나 와인 공장이 있고 거기서 만든 제품이 시장에서 판매되고 있다. 맛이 순하고 깔

발효와 숙성 과정

끔하여 술을 좋아하지 않는 사람도 즐겨 마실 수 있다.

르완다에 와서 바나나 와인과 바나나 맥주를 몇 번 마셔보았다. 그러나 직접 생산 공장을 가본 것은 한동대생과 같이 견학을 간 것이 처음이다. 회사이름은 A.T.A.C.A. Ltd.이며 무산제의 INES 대학교(Institute of Applied Sciences, 불어명 Institut d'Enseignement Supérieur에서 INES라 부름)옆에 있다.

회사는 2009년 9월에 설립되었으며 현재 종업원은 250여 명이고 일일 생산량은 약 2,000병(330ml)이다. 생산 공정은 아직은 주로 수동으로 진행되고 있다. 개략적인 공정은 바나나 후숙(後熟)–즙 짜기(Squeezing)–살균처리(즙을 끓임)–냉각–탱크에 담기–수숫가루 및 효모(Yeast) 첨가–발효(약 30일)–여과–숙성–병에 담기–뚜껑 덮기 및 라벨링–포장 순으로 이루어진다. 이 중에서 발효와 숙성이 맛에 큰 영향을 미친다고 한다.

살균하여 수숫가루 등을 넣기 전 바나나즙은 꿀물처럼 달았다. 설탕을 첨가하지 않고 100% 바나나의 천연당분을 이용한다. 그 즙에 수숫가루

를 넣는 이유는 와인 색깔을 곱게 하고, 발효를 촉진하며, 향을 좋게 하기 위해서다.

알코올농도는 14%로 맥주나 포도주보다 약간 높은 편이나 직접 마셔보니 순했다. 현재 파파야 와인도 개발 중이었다. 사장(파스칼)이 직접 샘플을 가져와 맛을 보라고 해 맛을 보았더니 괜찮았다.

공장 출고 가격은 330mL 병당 300RF이며 시중에서는 병당 400RF을 주면 살 수 있다고 한다. 앞으로 조금 사다 놓고 가끔 밤에 즐겨 마실까 한다.

바나나, 아보카도, 파파야, 파인애플, 망고 등 열대과일은 대체로 저장성이 약하여 실온에서 10일 넘기기가 어렵다. 저온 또는 냉장하지 않은 상태로 이루어지는 운송, 판매과정을 생각하면 열대과일의 저장성은 더욱 취약한 편이다. 열대과일 산업의 발전을 위해서는 과일의 저온저장과 가공은 절실하다. 그러나 아직 르완다의 현실은 열대과일의 저장 및 가공 산업은 초기 단계에 머무르고 있다.

병마개 덮기

사장과 직원, 한동대와 르완다대학교 농대 학생,
그리고 나

저장성이 약한 열대과일을 가공하는 일은 농민의 안정적 생산과 농가 소득 증대를 위해 시급하고 필수적이다. 열대과일의 가공 산업을 발전시키는 것은 르완다 농업 발전을 위해서도 선택이 아니라 필수사항이다. 그렇지 않으면 농민은 제때에 판로를 확보하지 못하여 헐값으로 판매할 것이며 헐값으로도 판매하지 못한 많은 열대과일이 썩어 버려질 것이다. 이렇게 되면 과일 산업의 미래는 물론 농업의 앞날도 어둡다. 이런 점에서 르완다 정부는 열대과일의 가공 산업 발전에 더욱 많은 관심을 가지고 이 분야를 적극 지원 육성하여야 할 것이다.

12
르완다인
자존심 강하지만 여간해 화내거나 싸우지 않아

♦ 르완다인의 몇 가지 신체적 특징

르완다 사람은 외모상 몇 가지 특징이 있다. 과학적 근거를 대기는 어려우나, 눈으로 보기에는 그렇다.

큰 눈에 속눈썹이 유난히 길다. 마치 인공 속눈썹을 붙인 듯 길다. 긴 우기(雨期)에 적응하기 위한 생존전략이 아닌가 한다.

어린이들의 이집트인 형 발가락

르완다는 7~8월의 건기를 뺀 나머지 기간은 우기나 소우기(小雨期)여서 비가 매일 오다시피 한다. 그러다 보니 빗물이 눈으로 흘러들어 가는 것을 막기 위해서 눈썹이 길어지도록 진화한 것은 아닌지?

몸집이나 얼굴에 비해 귀는 아주 작고 얇다. 쥐의 귀를 닮았다. 부처 귀처럼 크고 귓밥이 두툼한 귀를 가진 르완다 사람을 아직껏 만나지 못했다. 그래도 청각능력은 아주 뛰어나다. 특히나 소음 속에서도 잘 듣는다.

발가락이 엄지에서 새끼발가락으로 가면서 조금씩 짧아져 비스듬히 가지런하고 발가락 사이가 거의 벌어지지 않고 붙어 있다. 이집트인 형 (Egyptian Type) 발가락 모습에 가깝다.

게다가 덥고 비도 거의 매일 온다. 그러나 무좀으로 고생하는 사람이 별로 없다. 이는 맨발이나 슬리퍼를 신고 생활하기 때문이 아닌가 한다.

또한, 곱슬머리에 머리칼이 짧다. 그러다 보니 남자는 빡빡 밀거나 짧게 깎는다. 삭발한 남자들이 모이면 세상의 스님들이 다 이곳으로 모인 것 같아 웃음이 나기도 한다.

이발소에 가서 짧게 해달라고 하면 대체로 스포츠머리로 짧게 깎아준다. 언어 소통에도 문제가 있지만, 여기 이발사들이 한국인 남자 스타일 같은 머리를 깎은 경험이 적기 때문이다. 따라서 이발소에 가면 원하는 머리 스타일을 정확히 말해주어야 한다. 그렇지 않으면 낭패를 보기 십상이다.

일부 여자들은 짧은 곱슬머리를 자연스럽게 하고 다닌다. 더러는 머리카락처럼 보이는 여러 색의 인조 실 같은 것으로 본래의 머리카락에 이어 꼬거나 길게 딴 레게머리(Braids, 또는 Dread locks)를 한다. 또는 가발을 쓰기도 하고 미장원에 가서 곧게 펴지게 길러서 긴 생머리 모양을 하기도 한다.

여자들은 엉덩이가 풍만하다. 키 크기와 관계없이 여자는 대체로 엉덩이가 크고 바가지를 엎어놓은 듯 튀어나온 편이다. 그래서일까? 여자들이 출산할 때 산통이 백인 여자들보다 덜하다 한다. 병원에서 출산한 바로 그 날에 일반 버스를 타고 집으로 가는 산모를 보았다. 같이 타고 가다가 버스에서 내려 산으로 구불구불 난 좁다란 오솔길을 걸어가는 그녀의 뒷모습이 왠지 안쓰러워 보였다.

르완다 국민의 이러한 신체상 특징은 상당한 정도 유전되는 것 같다. 이런 특징을 갖지 않은 르완다 사람을 만나기 어렵기 때문이다.

보이는 신체적 특징은 그래도 알 수 있지만, 속마음은 정말 알기 어렵다. 천길 물속은 알아도 한 길도 안 되는 사람 속은 알지 못한다는 말이 있지만, 르완다 사람의 경우는 더욱 그렇다. 그들은 속내를 쉽게 드러내지 않고 남을 거의 험담하는 일이 없기 때문이다. 아마도 이것은 제노사이드의 영향이 큰 것 같다.

필자 주: 이 글은 필자의 주관적 견해일 수 있다. 이에 대해 검증되거나 과학적으로 조사 연구된 자료를 찾지 못하고 필자 나름대로 관찰한 것이기 때문이다.

🏷️ 아주머니와 나무의자, 그리고 정(情)

인간에게는 정(情)이라는 DNA가 있는가 보다. 시골집 아주머니는 처음 보는 낯선 외국인인 나에게 나무의자를 내놓으며 앉으라 했다.

2013년 1월 14일 아침이었다. 가까운 시골 마을을 산책하였다. 집 방문 앞에서 어린아이가 어디다 쓰려는지 쏘시개에 불을 붙여 호호

앉으라고 집 안에서 내놓은 작은 나무의자

불었다. 연기가 나더니 붉은 불꽃이 보였다. 지나가는 나를 보더니 옆에 있던 어린이가 손을 흔들었다. 나도 흔들었다.

그 집을 지나 조금 더 걸어가 유칼립투스 숲에서 간단히 맨손체조를 했다. 기분이 상쾌했다. 이렇게 산책을 하며 체조를 하는 사람은 나 혼자뿐이었다.

10여 분 정도 숲 속을 거닐다 돌아가는 길에 다시 아이들을 보았다. 나

는 그 집 안으로 들어갔다. 딸은 마당을 쓸고 두 아들은 나를 물끄러미 바라보았다. 그들의 엄마로 보이는 아주머니는 내가 자기 집으로 들어오는 것을 보고 방문 안으로 들어가 작은 나무의자를 들고 나와 마당에 놓으며 앉으라 했다. 그런 모습을 보는 순간 이런 것이 정이구나 하는 생각이 들었다. 한 번도 본 일이 없고 외국인인 나에게 어떻게 그런 일을 하는지 참 신기했다. 이런 행동은 본능처럼 여겨졌다. 생각하고 하는 행동이 아니었다. 그저 손님에게는 그렇게 해야 한다는 몸에 밴 행동이었다.

나무 의자는 길이가 1m, 너비는 20cm 정도 되었다. 높이는 50~60cm 정도였다. 의자에 앉았다. 아주머니도 같이 앉았다.

마당을 쓸던 딸은 방문으로 들어가 방을 쓸었다. 의자에 앉아서 열린 문으로 보니 방바닥은 마당과 별반 다르지 않은 흙으로 되어 있고 돌들이 박혀 있었다. 아주머니는 흰 고무신, 딸과 아들 1명은 슬리퍼, 아들 1명은 맨발이었다.

이런 집에 나무의자는 왜 있는가? 용도는 무엇인가? 그리고 왜 처음 보는 이방인에게 내놓고 앉으라 하는가? 아저씨는 어디 있는가? 얼마 전 켠 불은 어디다 쓰는가? ….

영어가 되면 물어보고 싶은 것들이 많았다. 그러나 말이 안 통하니 답답할 뿐이었다. 한 10여 분 동안 아무 말 없이 그들이 하는 행동을 물끄러미 바라보았다. 내가 먼저 의자에서 일어났다. 아주머니는 그대로 의자에 앉아 있었다. 두 아들은 내가 영 신기한 듯 눈을 떼지 않고 줄곧 바라보았다.

내가 간다고 손을 흔들어 인사를 했더니 아이들과 아주머니가 손을 흔들어 인사를 했다. 손을 흔드는 일은 환영할 때도 헤어질 때도 같았다.

나무의자를 마당에 내놓고 앉으라 한 아주머니를 보면 인간은 원래 선하다는 성선설이 맞은 것 같다. 낯선 이방인에게 친절을 베푸는 일은 선하지 않으면 하기 어려운 일 아닌가? 원초적으로 인간에게는 정이 있는가 보다.

작고 초라한 나무의자와 그 의자에 앉으라고 권한 아주머니는 나로 하여금 인간과 인간의 정에 대하여 진지하게 생각하게 했다

🏷 화낼 줄 모르는 사람들

길에서 빵을 사고파는 사람들

웃는 어린이들

르완다에 온 지 만 7개월이 지났다. 아직 화를 내는 사람을 만나지 못했다. 언성을 높이는 사람도, 다투는 모습도 보지 못했다. 불가능할 것 같은 일이 일어난 것이다.

상대가 약을 올리면 인간은 본능적으로 화가 치민다. 인격 수양이 될수록 그 치밀어 오르는 분노를 꾹 잘 참는다고 한다. 그렇다면 르완다인들은 인격 수양이 잘 되어서일까? 꼭 그렇지만은 않은 것 같다. 그렇다면 왜 화를 내지 않을까? 왜 다투지 않을까?

이것에 대해 르완다인들과 이야기를 나누며 알아본 결과, 그 이유는 대

체로 이런 것 같다.

첫째, 르완다인들은 선천적으로 낙천적이다. 모든 것을 좋게 생각하고 잘 될 거라고 여긴다. 참고 견디면 다 잘 되고 좋아질 거라 믿는다. 그들이 가장 많이 애용하는 말은 "No problems(문제없다, 괜찮다)."이다.

둘째, 상대가 기분 나쁘게 한다면 거기엔 그럴만한 이유가 있다고 여긴다. 그러니 화를 낼 필요가 없단다. 화부터 내는 성질 급한 사람과 다르다. 이 말을 듣고 참 현명하다는 생각이 들었다.

셋째, 종교의 힘이 크다. 인구의 90% 이상이 기독교(천주교 포함) 신자로 화를 내거나 싸우는 것은 좋지 않단다. 상대방으로 하여금 화를 나게 하는 일도 안 좋단다. 하나님이 그런 일을 원하지 않는다는 것이다.

넷째, 서두르지 않는 성격 탓이다. 우리와는 대조적이다. 어떤 일을 하는 데 서두르지 않고 재촉하지도 않는다. 정말 느긋하다. 한 예로 나에게 전달하라는 공문이 어디서 머물다 왔는지 5월 15일 보낸 것이 6월 6일에 전달되었다. 르완다에서 일을 서둘러 하다 보면 실패할 가능성이 높다.

다섯째, 잘 웃는 편이다. 웃는 얼굴에 침 못 뱉는다는 말이 있지 않은가? 웃으니 화를 낼 리가 없고 싸울 까닭이 없다.

여섯째, 제노사이드의 영향도 있는 것 같다. 르완다인들은 깊은 속내를 잘 드러내지 않는다. 그들은 종족 간의 싸움, 급기야 참혹한 대량살상에 이른 경험을 한 사람들로서 분노하고 싸우는 것은 질색한다.

일곱째, 경쟁이 심하지 않다. 대학생들이 공부하는 것을 보면 그룹으로 모여서 서로 상의하며 공부를 한다. 여럿의 의견을 모아 모범 답안을 작성하여 그 답안을 외운다. 그래서 거의 답이 비슷하다. 만약에 작성한 답이 틀리면 그 그룹에 참여한 학생 모두는 틀린 답을 쓰게 된다. 실제로 내 과목에서도 그런 일이 있었다.

여덟째, 술을 마시는 사람이 적다. 시골 사람들은 수수 와인이나 수수 맥주를 즐겨 마신다. 아마도 우리나라 사람이 막걸리를 즐겨 마시는 것과 비슷하다. 대학생들도 맥주 정도는 마셔도 우리처럼 독한 술을 마시거나 많이 마시지 않는다. 그러다 보니 술에 취하는 사람이 아주 적고 주정하는 사람도 보기 어렵다. 술 대신에 환타, 콜라, 주스 등을 즐겨 마신다.

르완다 사람들을 보면 어떤 때는 모든 것에 도통한 도인 같아 보인다. 화내지 않고 다투지 않고도 그들은 얼마든지 즐겁게 살아가고 있다. 그런 르완다인들이 부럽기도 하다. 나 역시 사실 르완다에 온 지 7개월이 넘는 동안 화를 낸 일이 아직 한 번도 없다. 이렇게 르완다 사람들과 같이 살아갈 수 있다는 것은 조급하게, 열나게 살아온 나로서는 조금이나마 성질을 누그러뜨릴 수 있는 삶을 살 수 있어 행운이다.

필자 주: 이것은 어디까지나 내 경험을 바탕으로 한 글로 르완다 사람 전체가 그렇지는 않을 수 있다. 어디까지나 주관적이지 객관적인 자료에 근거한 것이 아니다.

🏷 꼬부랑 노인 보기가 어렵다
- 원인 규명은 의학적 연구가치 높아

이상하다. 참 신기하다. 꼬부랑 노인이 보이지 않는다. 도시는 물론, 시골에서도 그렇다. 산간오지에 가도 마찬가지다. 노인들은 한결같이 허리가 꼿꼿하다. 이유가 뭘까? 의학적인 연구를 해볼 필요가 충분하다.

허리가 꼿꼿한 70세 노인(무산제)

처음엔 평균수명이 짧아 노인이 없어서 그런 줄로 알았다. 그러나 그래서 그런 것이 아니다. 르완다인의 평균수명은 생각보다 길다. 올해 5월에 발표된 세계보건기구(WHO) 보고에 따르면 르완다인의 평균수명은 65세다. 1990년에 48세였는데 20여 년에 17세가 늘어났다. 이것은 이 기간의 세계 평균인 6세 상승의 약 3배에 달한다.

세계보건기구는 르완다의 평균수명이 이처럼 크게 증가한 이유가 5세 이하의 유아사망률이 매우 감소했기 때문이라고 했다. 2000년 이후, 르완다의 5세 이하 유아(幼兒)사망률은 10만 명당 182명에서 55명으로 급감했다. 이런 성과는 말라리아, 폐렴 등의 예방접종 확대, 임산부와 2세 이하 영아의 영양 개선, 보건 의료직 종사자의 교육과 훈련을 통한 서비스 질 향상이라고 했다.

주변에서 70세 이상의 노인을 가끔 만난다. 그들 모두 하나같이 허리가 굽지 않고 꼿꼿하다. 지팡이도 별로 짚지 않는다. 할아버지 할머니 모두 그렇다.

지금도 그렇지만 생활 환경이 지금의 르완다와 비슷했던 60~70년대의 한국의 농촌에는 허리가 꼬부라져 지팡이를 짚고 다니는 노인들이 많았다. 그 때문인지 '꼬부랑 할머니'라는 동요까지 있다. 노랫말에는 유머와 그때의 사회상이 잘 녹아있다. 혼자 흥얼거리며 어린 시절을 회상해보았다.

　　1절: 꼬부랑 할머니가 꼬부랑 고갯길을
　　　　꼬부랑 꼬부랑 넘어가고 있네.
　　2절: 꼬부랑 할머니가 꼬부랑길에 앉아
　　　　꼬부랑 엿가락을 살며시 꺼냈네.
　　3절: 꼬부랑 할머니가 맛있게 자시는데

꼬부랑 강아지가 기어오고 있네.

4절: 꼬부랑 강아지가 그 엿 좀 맛보려고

입맛을 다시다가 예끼 놈 맞았네.

후렴: 꼬부랑 고개를 넘어간다.

꼬부랑 꼬부랑 꼬부랑 꼬부랑(4절은 꼬부랑 깽깽깽 꼬부랑 깽깽깽)

꼬부랑 고개를 넘어간다.

고개는 열두 고개, 고개를 고개를 넘어간다.

르완다 사람, 특히 농촌 사람들은 감자, 옥수수, 양배추, 당근, 카사바, 고구마, 바나나 등 이곳에서 나는 제철 음식을 즐겨 먹는다. 비싸거나 특별한 음식도 별로 먹지 않는다. 한국인들처럼 건강을 위해 별도의 특별한 음식은 먹지 않고 보약 같은 것은 더더구나 먹을 생각을 못 한다. 그런데 왜 늙어도 허리가 꼬부라지거나 굽지 않을까?

궁금하지 않은가? 이 분야의 전문기관이나 학자들이 관심을 두고 연구를 했으면 한다. 그다지 잘 먹지도 못하는 데 키가 큰 노인들이 허리를 곧추세우고 걸어 다니는 데는 분명 유전적으로나 기타 요인이 있을 것이다.

🏷 손 벌리기 전에 이삭이라도 주워라

르완다 사람들이 이삭 줍는 것을 아직까지는 보지 못했다. 먹을 것이 없다고 하면서도 집 앞의 논밭에 떨어진 이삭을 주워 먹을 생각은 안 한다. 내가 이삭을 주

수확이 끝난 옥수수밭

웠더니 그저 바라만 보아서 같이 줍자고 했다. 주운 이삭을 다 주었더니 즐거워했다.

장 프랑수아 밀레의 『이삭 줍는 여인들(Gleaners)』의 그림을 보면 프랑스인들도 이삭을 주웠다. 이삭 줍는 일은 하층 빈민계급이 했는데, 밀레는 그런 여인들을 들판에 내리는 석양의 황금빛과 대조적으로 다소 어둡지만 숭고한 모습으로 표현했다.

한국인들도 60~70년대 수확이 끝난 논밭에서 이삭을 주웠다. 나도 그랬다. 수확이 끝난 논밭에서 온전한 벼 이삭이나 큼직한 감자를 발견했을 때의 기쁨과 만족감은 영 잊히지 않는다. 어렸을 때에 그렇게 주운 메추리알 크기의 감자를 장조림 하여 맛있게 먹은 기억도 새롭다.

추수가 끝난 논밭에 떨어진 이삭은 줍는 자의 것이다. 주인은 수확했고 줍지 않으면 그냥 썩어 없어지기 때문이다.

르완다 시골을 가다가 보면 수확이 끝난 밭이 많다. 거기엔 희거나 자주색의 알밤만 하거나 아기 주먹만 한 크기의 감자가 많이 떨어져 있다. 옥수수도 그대로 달린 것도 있다. 그것을 보고 있노라면 어린이들이 달려와 "무중구(백인이나 외국인), 아마프랑가(돈 좀 줘요)!"라고 외친다.

그때다.

"애들아, 저기 감자를 주워라. 저기 옥수수도 따거라. 그러면 그게 바로 돈이나 마찬가지다."라고 말해준다. 하지만 쉽게 어린이들은 밭에 떨어진 감자나 옥수수를 줍지 않는다.

내가 밭에 들어가 주워도 처음엔 보기만 했다. 그러다 몇 번 같이 주웠더니 이제는 몇몇 어린이들은 내가 주우면 같이 줍기는 한다. 하지만 아직 시골을 가다가 르완다 어린이나 어른들 스스로 이삭 줍는 광경은 보기 힘들다. 사실은 돈을 달라고 손을 벌리는 것보다 이삭을 줍는 일이 더

떳떳하고 좋은 일인데도 말이다.

요즘은 "아마파랑가."라고 하면 가끔 카가메 대통령의 말과 함께 '돈을 달라고 하기 전에 떨어진 이삭이라도 주우라'고 말해준다. 여기서는 대통령의 말이 가장 영향력과 설득력이 크기 때문이다.

"구걸에는 존귀함이 없다(There is no dignity in begging)."고.

이삭을 줍지 않는 르완다 사람들을 보면서 한번 굳어진 생각을 바꾸기가 얼마나 어렵고 고착된 습관이나 관습을 변화시키는 일이 얼마나 힘든 일인가를 뼈저리게 절감한다. 그래도 기회가 될 때는 언제나 그들과 같이 이삭을 줍는다. 그래서 르완다 사람들 스스로 이삭을 줍거나 노력의 대가를 얻으려는 생활을 하도록 변화를 시도하고 있다.

🏷 아프리카인의 강점, 뛰어난 외국어 구사력

4개어를 자유자재로 말하는
남아프리카 가이드 F. D. Wmecands

3개어로 신년 기자회견 하는 카가메 대통령
(2015. 01. 16. 『The new Times』)

아프리카인들은 외국어 구사력이 뛰어나다. 아프리카 대륙의 대부분 나라가 유럽의 식민 지배를 받은 탓이다. 어느 나라가 지배했느냐에 따라 영어냐 불어냐 스페인어냐 등 언어 종류만 다를 뿐이다. 그들은 영어, 불어, 스페인어 중 하나를 모국어처럼 말한다. 아프리카인의 강점이자 힘이다.

르완다는 1884년부터 32년간 독일의 지배를 받다가 벨기에로 넘어간 뒤, 1916년부터 1962년까지 46년간 벨기에의 지배를 받았다. 키냐르완다 어에 알게 모르게 약간 독일어가 변형되어 섞여 있고 르완다인들이 불어 를 모국어처럼 말하는 이유다.

영어권 나라의 지배는 받지 않았지만 르완다 공용어는 키냐르완다어, 영어, 그리고 불어다. 게다가 2008년부터 학교수업을 영어로 하도록 하고 있어 젊은 세대는 불어는 물론 영어도 유창하게 말한다.

영어와 불어를 맘대로 구사하는 르완다인을 보면 부럽다. 아는 것은 적 어도 표현은 아주 멋지게 한다. 반면에 일부 한국인이나 어쩌다 일본, 중 국인을 만나면 그들은 아는 것은 많은데 영어 실력이 따라주지 않아 표 현을 자유스럽게 하지 못하여 아쉬워한다. 나 역시 비슷한 어려움을 겪었 고 그 점이 안타깝다.

올해 폴 카가메 대통령의 신년 기자회견을 유튜브(Youtube)를 통해서 보 았다. 그때였다. 질문한 기자에게 물었다. "대답을 키냐르완다어로 할까요? 영어로 할까요? 불어로 할까요?"그는 3개 언어를 마음대로 했다. 이때만 그런 게 아니라, 그는 정상회담은 물론 국제회의를 영어로 주재한다. 그뿐 만 아니라 외국의 대학교나 국제기구에서 초청을 받아 영어로 특강과 토론 을 자주 즐겨 한다. 이것 역시 카가메 대통령의 힘 중의 하나이다.

남아프리카 포도주 주산지와 공장을 여행했을 때의 일이다. 가이드 F. D. Wmecands씨가 인사를 한 뒤로 제일 먼저 관광객에게 영어권, 불어 권, 스페인어권, 독일어권에서 온 사람이 있냐고 물었다. 그런 뒤 4개어권에서 온 사람들이 다 있으니까 영어, 불어, 스페인어, 독일어 순으로 설명하겠다고 했다. 여행하는 온종일 그는 줄곧 4개어로 설명을 했다. 여행 가이드를 하려면 언어 실력만은 저 정도는 되어야 하겠다는 생각을 했다.

한글은 과학적이고 장점이 많은 좋은 글이다. 더욱 가꾸고 발전시키고 세계로 확대 보급해야 한다. 그렇다고 외국어를 경시해서는 안 된다. 외국어를 배워서 잘할 수 있는 능력은 갖추어야 한다. 한글을 보급하기 위해서라도 국제공용어인 영어는 잘할 필요가 있다.

영어를 잘하기 위해서는 조기 영어교육, 영어 수업 등도 필요하지만, 영어의 생활화가 우선이다. 일정지역을 정하여 그곳에서는 영어를 사용하며 생활하도록 하면 어떨까?

알고 있고, 말하고 싶고, 입이 있어도 영어 실력이 따르지 못하여 제 뜻을 맘대로 펴지 못할 때 얼마나 답답한지? 전화가 걸려왔을 때에 영어가 잘 안 통하여 불안하고 통화를 못 하거나 의사 전달이 잘못되어 일을 그르치지는 않았는지? 그런 일을 줄이기 위해서라도 한국인은 평소에 영어를 공부하고 생활화하여 실력을 쌓았으면 한다.

검은 대륙의 아프리카, 경제적으로는 조금 부족하고 개발은 늦게 시작했지만, 그곳 사람들의 외국어 구사력은 한국, 일본, 중국 사람들보다 훨씬 앞서 있다. 모국어 못지않은 외국어 실력은 아프리카 사람들의 최대 무기이자 힘이다. 아프리카와 르완다의 미래가 밝은 이유의 한 가지다.

✎ 피그미는 천벌을 받은 건가?

키가 작다. 작아도 너무 작다. 같이 서보니 내 허리춤 높이와 비슷하다. 여자는 더 작다. 서 있어도 앉아있는 듯 보인다.

그들도 인간인데 신은 왜 그토록 작게 만들었을까? 그들이 키를 두고 신세타령을 했다면 신을 욕했을 뻔했다.

수도 키갈리 야부고고
버스터미널에서 본 피그미

'신은 불공평하고 나쁘다!'

르완다에 살면서 수도 키갈리의 야부고고 버스터미널, 대학교 인근의 비안가보 시장, 그리고 무산제 등에서 피그미를 보았다. 멀리서 보기엔 어린이들 같아 보이나 가까이서 보면 얼굴이 어른이다. 남녀 마찬가지다.

사진을 찍으려 하니까 안 된다고 하다가 엄지와 검지를 비비며 돈을 달라고 했다. 그 모습이 너무 천진난만하게 보였다. 한편으로는 측은한 생각도 들었다. 더러는 순수하게 그저 가만히 있거나 도망가기도 했다. 사진에 안 찍히려고 도망갈 때는 먼저 얼굴을 손으로 가리며 등을 돌리는 것은 여느 일반인과 다르지 않았다.

르완다에서 본 피그미들은 트와 족(Twa tribe)이다. 트와 족은 우간다, DR콩고, 부룬디, 앙골라, 나미비아, 짐바브웨, 보츠와나에도 사는 것으로 알려졌다. 그들은 주로 사냥과 채집을 하며 숲에서 산다. 개발과 문명에 밀려 이들은 원래의 삶의 터전을 많이 잃었다. 피그미들의 결혼율도 낮다. 그로 인해 인구도 많이 줄어들고 있다.

한껏 멋을 부린 47세 노총각 Paul Rudakubana(무산제 무하부라 호텔)

르완다는 투치, 후투, 트와 세 종족이 있는데 트와 족은 전체 인구의 약 1%로 알려졌다. 트와 족은 소수종족으로 종살이와 막노동 등 천(賤)한 생활을 하고 있는데 아마도 르완다 신화의 영향 탓도 있을 성 싶다.

신화에 따르면 Kigwa라는 신이 하늘에서 내려왔다. 그는 Gatwa, Gahutu, Gatutsi라는 세 아들을 두었다. 상속자를 정하기 위하여 Kigwa는 세 아들에게 우유 항아리를 주고 밤새워 지키라고 했다. Gatwa는 우유를 마셔버렸다. Gahutu는 잠을 자다 부주의로 우유를 엎질렀다. Gatutsi는 경계를 잘하여 우유를 잘 보존하였다. 이를 보고 Kigwa는 Gatutsi를 상속자로 정하고, Gahutu는 Gatutsi의 종이 되고, Gatwa는 천민으로 전락시켰다고 한다.

우간다의 경우 1992년에 트와 족의 집단거주지역인 Bwindi Impenetrable and Mgahinga National Park가 마운틴고릴라를 보호하기 위하여 세계유산지역(World Heritage Site)으로 지정되었다. 그에 따라 트와 족은 그곳에서 쫓겨나 숲 밖의 낯설은 지역에서 보전난민(Conservation Refugees) 신세가 되었다.

피그미를 보고 생각이 많아지고 깊어졌다.

'정말 신은 있는가? 있다면 똑같은 사람을 왜 그토록 작게 만들었을까? 보통사람을 보면 그들은 어떤 생각을 하고 어떤 감정을 가질까? 그들의 속마음은 어떨까? 신을 원망할까? 아니면 자신의 처지를 운명이라 받아들일까? 그들은 행복할까? …'

자문하고 사색했지만 뾰족한 답은 얻지 못했다.

다만 한 가지, 그들도 우리와 같은 사람이다. 무시하거나 천대하거나 차별하지 말고 일반 사람들과 같이 대하여 어울려 살았으면 한다.

신이여! 천벌(天罰)을 받아 피그미가 되었다면 이제 그들에게 천벌에 버금가는 축복을 내려주시길….

필자 주: 1. 피그미는 성인이 되어도 키가 약 150cm(5피트)가 안 되는 사람을 말
한다. 아프리카에는 트와 족 이외에 음부티 족과 츠와 족이 더 있다.
동남아시아에는 네크리토 족(Negrito), 필리핀에는 안다멘 족(Anda-
man)이 있다.
2. Bwindi Impenetrable and Mgahinga National Park: 우간다 서
남지역의 DR콩고와 르완다 국경에 붙어 있는 국립공원으로, 2013년
우간다여행 때에 대중교통수단인 버스를 타고 다니느라 그곳을 길에서
눈요기만 한 것이 지금도 못내 아쉽다.

◆ 흙집을 지어도 손님방을 만드는 멋과 여유

농촌의 보통사람들 집

농부도 집을 지을 때에 손
님방을 만든다. 무척 흥미로
웠다. 한편으로는 자기 먹고
살기도 어려운데 손님방을
준비하는 농민의 멋과 여유
가 부러웠다.

르완다 농촌의 집은 대체
로 흙벽돌집, 흙벽돌로 집을
짓고 겉을 시멘트로 칠한 집, 벽돌집으로 되어 있다. 외관은 직사각형이
대부분이나 입구에 현관이 있는 집이 가끔 있다. 크기는 10평에서 30평
정도이나 일부 부유층은 50평 이상 크게 짓기도 한다.

담장은 돌, 흙벽돌, 생나무와 마른 나뭇가지나 옥수숫대로 되어 있다.

이 중 생나무 울타리가 가장 정겹고 운치가 있다. 흙벽돌 담장은 위에 기와를 올려놓거나 잔디 같은 풀을 심어 비에 무너지는 것을 막는다.

지붕은 기와와 함석이 90%가 넘는다. 오래된 집의 기와엔 이끼가 많아 고풍스럽기도 하지만 그보다는 모진 세월을 견디며 그 아래서 살아온 사람들의 삶의 여정을 보는 듯해서 조금은 기분이 착잡해진다. 함석지붕은 정부의 권장사항으로 알려졌다.

손님방도 있는 흙집을 짓는 모습

흙집을 짓는데 사용하는 흙 벽돌

마을에 거주하는 사람이 집을 지을 때는 마을 사람들이 협력하여 짓는 것 같다. 옛날 60~70년대 우리나라 시골에서도 그랬다. 지금 시골에 있는 우리 집도 그렇게 지어진 집이다.

집 기반, 즉 벽이 올라서는 곳은 돌을 깔아 튼튼하게 만든다. 그런 다음, 돌 위에 이긴 흙을 깔고 그 위에 흙벽돌을 올려 쌓는다. 집을 지을 때 사용하는 것은 끈(줄), 90도의 ㄱ자 모양의 자(곱자), 수평을 잡기 위한 도구(수준기), 흙을 편평하게 고르는 흙손, 돌을 다듬을 때에 쓰는 큰 망치가 다였다. 돌 위에 까는 흙은 현장의 흙을 파서 물을 부어 이겨 사용했다. 우리나라와 달리 흙에 짚이나 건초를 잘게 썰어 넣지 않고 순전히 흙만을 물로 짓이겨 사용했다.

흙벽돌은 다른 곳에서 만들어 놓은 것을 가져다 쓴다. 멀리서 흙벽돌을 머리에 이어 날아오는 모습이 인상적이다. 흙벽돌은 어린이, 여자가 주로 나른다. 남자들은 벽돌쌓기, 흙 짓이기 등을 한다. 주변의 대나무 숲을 완전히 베어버리지 않고 집을 지을 터만 베어내고 집을 짓는 모습도 보기 좋았다.

집 안의 구조는 대개는 방을 포함, 4개에서 6개의 칸으로 되어있다. 짓는 현장을 직접 본 집은 6개의 방(칸)으로 되어 있었다. 거실(Salon) 1개, 다용도실(Store room) 1개, 손님방(Visitor room) 1개, 아이들 방 2개(남녀 따로), 부모 방 1개로 되어 있었다. 여기는 자녀가 보통 5명에서 10명이다. 아이들 수를 감안하면 아이들 방이 좁아 보였다. 방으로 들어가는 문은 앞에 1개 있다. 뒤쪽에 앞문과 비슷한 문이 하나 또 있기도 하다. 창문은 작고 벽 높이 있다. 판자 두 쪽을 대어 안에서 잡아당겨 열 수 있게 되어 있는 것도 있으나, 여닫기 어렵게 판자를 고정하기도 한다. 그런 경우에 방 안은 어둡고 햇볕이 잘 안 든다. 잘 사는 집은 유리로 된 경우도 있다. 바닥은 흙 그대로가 대부분이지만, 부잣집은 시멘트이고 카펫을 깔기도 한다.

부엌과 화장실은 대부분 밖에 있다. 물론, 방에서 식사를 준비하는 경우도 있다. 화장실은 집 옆이나 뒤에 흙벽돌이나 벽돌, 생나무, 마른 나뭇가지나 풀을 엮어 만든다. 부엌과 화장실이 집안으로 들어오는 날이 언제쯤 올까 궁금해진다.

그 날이 언제 올지는 모른다. 그러나 르완다 농촌 사람들은 지금도 마음만은 선진국 사람 못지않다. 초라한 집이어도 손님방(Guest room)을 만드는 사람들이지 않은가? 나는 지금까지 살면서 별도로 손님을 위한 방을 한 번도 가져보지도 살아보지도 못했다. 헌데, 이들은 넉넉하지는 않아도 손님을 위한 방을 따로 마련하고 살고 있으니 그런 여유에 한 방 얼어맞은 기분이 들었다.

넉넉하다고 다 멋진 삶을 사는 것은 아니다. 부족해도 얼마든지 멋진 삶을 살 수 있음을 르완다 농촌 사람들의 집 짓는 것을 보고 알았다. 지금부터라도 집에는 아니더라도 누군가 필요한 사람이 언제나 찾아와 편히 쉴 수 있는 공간을 마음 안에 마련하려고 한다.

✒ 미스 르완다, 왕관을 포기하다

2014 미스 르완다, 그녀는 한 달여 만에 왕관을 반납했다. 다른 나라에서는 미의 여왕이 되기 위하여 엄청난 공을 들이기도 하는데, 세상에 별일도 많지만 참 별일이다. 그것도 종교적 이유 때문이라니 어안이 벙벙하다.

2014 미스 르완다 Colombe Akiwacu(가운데).
(2014.2.23. The New Times)

올해의 미스 르완다는 19세의 Colombe Akiwacu다. 그녀는 올 2월 22일에 많은 경쟁자를 제치고 미스 르완다가 되었다. 선발된 뒤에는 대학에 들어가 컴퓨터학을 전공하고 싶고 젊은이들의 불법 약물복용을 막는 일에 노력하겠다고 했다.

그런 그녀가 갑자기 왕관을 포기했다. 받은 차는 이미 반납했고 상금과 선물도 반납을 추진하고 있단다.

언론 보도에 따르면 그녀가 미스 르완다를 포기한 변은 이렇다.

"나는 나의 기독교(인)적 가치를 부도덕함과 맞바꾸고 싶지 않습니다. 대중 앞에서 비키니를 입는 것은 상상하기 어렵습니다. 미스 르완다가 된

이래 주최 측에 나와의 계약을 취소해달라고 요구했습니다.

I will not trade my Christian values for immorality. I don't believe in wearing bikinis in public. I have since written to the organisers cancelling my contract. (2014. 4. 1. 르완다 『The New Times』)"

이 글을 읽는 많은 한국인들은 설마 그럴 리가 있겠냐고 반문할지도 모른다. 그러나 사실이다. 르완다 국민의 종교에 대한 집착은 가끔 도를 넘는 것처럼 보이기도 한다.

나는 올 2월 28일 미스 UR-CAVM 선발대회 때도 수영복 대신 반바지 차림의 심사를 하는 것을 보았다. 르완다에 온 지 1년이 넘었지만, 호숫가를 빼고는 주변이나 가본 곳 어디서도 비키니 수영복을 입은 여자는 보지 못했다. 네덜란드나 영국에서는 비키니 수영복 차림은 물론, 가슴을 노출한 채 여자들이 공원에 누워 있거나 길에서 자전거를 타고 가는 것을 볼 수 있다. 이런 모습과는 천지 차이가 난다. 그런가 하면 아이러니하게도 이곳 여대생들이 교정에서 가슴을 내놓고 아기에게 젖을 먹이는 모습은 어렵지 않게 볼 수 있다.

문제는 르완다 사람들이 너무 종교에 얽매이지 않는가 하는 점이다. 종교가 인간의 삶을 윤택하게 해야지, 인간의 삶을 옭아매서야 되겠는가? 종교가 인간을 자유롭게 해야지, 구속해서야 되겠는가?

미스 르완다가 종교적 이유로 왕관을 반납하는 일은 재고되었으면 한다. 르완다인만 기독교를 믿지 않고 전 세계의 많은 사람이 기독교를 믿고 있다. 미스 유니버스, 미스 월드 등 여러 가지 미인대회에서 선발된 미인 중에는 기독교인이 많다. 하지만 그들이 대중 앞에서 비키니를 입었다고 기독교와 배치된다는 이야기를 아직 들어보지 못했다.

나라마다 남자가 좋아하는 여자의
스타일이 다른가 보다. 한국남자들은
허리가 가늘고 호리호리한 여자를 좋
아하는 데 반하여 르완다 남자들은
좀 살이 찐 통통한 여자를 선호한다.

살을 빼기 위해 노력하는 여학생은
거의 없다. 오히려 살을 찌기 위하여
애쓰는 여학생이 의외로 많다. 내가

결혼식 후 기념사진 찍는 신부 친구들, 거의 풍만함

보기에는 몸매가 괜찮은 여학생인데 밥을 많이 먹는다. 살이 찌니까 조금
만 먹으라고 하면 살이 더 쪄야 한다면서 많이 먹는다. 살을 빼기 위해서
전쟁을 하다시피 하는 한국 여자들에게서는 볼 수 없는, 상상도 할 수 없
는 현상이다.

그런 탓인지 대체로 르완다 여자들은 살이 찌고 통통한 편이다. 학교에
근무하는 여직원들은 물론 정부 고위직 관료들도 대체로 그렇다. 결혼식
에 참석한 신부 친구들을 보아도 대체로 맏며느리감처럼 도톰하고 풍만
했다. 가까이서 직접 본 퍼스트레이디도 키가 크고 통통한 편이다.

르완다 남자들은 살이 찐 여자를 비만으로 여기기보다는 부의 상징으
로 여기는 경향이 있다. 그러니 여자들은 남자들에게 잘 보이기 위해서라
도 살이 찌려고 노력한다. 이 때문일까? 여학생들은 대체로 허리가 가늘
지 않고 살짝 뱃살이 있다. 하지만 키가 크고 가슴과 엉덩이가 커서 그런
지 그다지 보기 싫지 않다.

한국도 옛날에는 통통한 여자를 더 선호했던 때가 있었던 것으로 알고
있다. 그러다 시대가 바뀌고 생활형편이 나아져 비만이 문제가 되기 시작

하면서부터 선호하는 여자의 몸매가 바뀌었다고 본다.

수도 키갈리 거리를 걷는 멋쟁이 여자들을 보면 르완다 남자들도 지금은 아니지만 언젠가 미래에는 날씬한 여자들을 더 고를지 모른다. 르완다가 발전하여 그런 날이 온다면 빨리 왔으면 한다.

◆ 식사 전에 안주 없이 술과 음료 즐겨

르완다 사람들은 식사 전에 술과 음료수 마시기를 좋아한다. 식당에서도 집에서도 마찬가지다. 특이한 것은 안주가 따로 없다.

호텔이든 일반식당이든 식사를 할 때 술과 음료수 주문을 먼저 받는다. 여자들은 주로 환타, 스프라

술과 음료만 있고 안주가 없는 식탁

이트, 코카콜라 등을, 남자들은 주로 맥주를 즐긴다. 저녁에는 일부 남자들은 코냑 등 고급술을 주문하기도 한다.

르완다에 온 지 얼마 안 되었을 때 일이다. 모처럼 호텔에서 식사하게 되었다. 나보고 무엇을 마실 거냐고 물어 맥주를 주문했다.

조금 있으니 웨이터가 주문받은 술과 음료수를 가져왔다. 모두들 주문한 술과 음료수를 마셨다. 건배도, 같이 마시자는 권함도 없이 자유스럽게 편안하게 그냥 자기가 마시고 싶은 대로 마셨다.

술과 함께 대화가 무르익었다. 얼마가 지났다. 옆에 르완다 친구가 물었다.

"왜 맥주를 마시지 않느냐?"

"안주를 기다리고 있다."고 대답했다.

그 순간, 그 친구가 웃었다. 다른 일행들도 그와 뭐라고 하더니 다들 재미있다는 듯 웃었다. 둘러보니 모두가 술을 마시는 데 무슨 안주가 필요하냐는 눈치였다.

앞에 앉은 교수가 내 앞의 맥주를 가리키며 르완다에서는 안주 없이 술을 마신다며 마시자고 했다. 하는 수 없이 그 흔한 땅콩 한 줌도 없이 맥주를 마셨다. 기억으로는 안주 없이 술을 마시기는 처음이었다.

유럽에서나 미국에서도 강술은 잘 마시지 않는다. 술안주로 여러 가지 견과류와 치즈, 그 나라 고유의 적당한 안주 등이 나온다. 헌데, 어찌하여 르완다 사람들은 안주 없이 술만 마실까? 궁금하여 물었더니 그게 르완다의 문화라고 했다. 내가 보기에는 대화가 안주였다.

안주만 없는 것이 아니다. 술을 권하지도 않는다. 건배도 없다. 한국에서와같이 술잔을 마주치며 건배하거나 권하는 일은 여기서는 일상화되지 않았다.

술과 음료수를 마시는 방법도 잔에 따라서 먹기보다는 병째 그냥 마신다. 음료는 병에 빨대를 꽂고 먹기도 한다. 물론, 잔을 달라고 해서 잔에 따라서 마실 수도 있다. 얼마를 생활하고 보니 호텔 등 위생시설이 좋은 곳에서는 잔에 따라 마시는 것이 좋으나, 시골의 허름한 식당 등에서는 빨대로 마시거나 병째로 마시는 것이 바람직하다.

집에 초청을 받아가도 마찬가지다. 음료와 술이 먼저 나온다. 이때, 아주 드물게 땅콩 등이 나오는 경우가 있기는 하나, 거의 안주가 별도로 나오지 않는다.

안주도 없고 술 마시기를 청하지도 않고 노래를 부르는 일도 거의 없다. 수도 키갈리에는 가라오케가 몇 곳 있다고 하나, 나머지 지역에는 없는 것으로 알고 있다. 제2의 도시라고 하는 무산제에서도 아직 들어보지 못했다.

르완다 사람들은 빈속에 안주 없이 술을 마시고 노래 대신 대화를 무척 즐긴다. 한국과 달리 식사 중에도 대화를 끊임없이 한다.

식사 전의 술과 음료는 여기서는 애피타이저(Appetizer)로 보인다. 그리고 술자리에 안주도, 권함도, 노래도 없지만 대화는 풍성하고 즐거움도 있다. 이런 음주 풍습에 대해 아직 어떤 불평도 들어보지 못했다.

요즘은 안주 없는 술 마시기에 익숙해져 가끔 이런 문화에 젖어본다. 나라마다 고유문화를 가꾸고 보전하는 것은 세상과 인간 삶의 다양성을 위해서도 좋은 일이다.

✎ 머리보다 수염 뽐내는 르완다 젊은이들

여러 스타일의 수염을 기른 대학생들　　콧수염이 짧고 작은 비어드 형 수염을 한 노인

젊은이가 수염을 기르는 것은 르완다에서는 흉이 아니다. 어른은 물론, 젊은이도 수염을 자기 취향에 맞게 기른다. 머리보다 수염 스타일을 멋스럽게 뽐내고 다닌다.

총각이 수염 기르고 다닌다고 뭐라고 하는 르완다 사람은 없다. 한국에서처럼 건방지다거나 몰상식하다고 수염 기른 청년을 나무라면 오히려 욕먹고 괴짜 취급받는다. 한국인과 르완다인의 수염에 관한 생각은 천지차이다.

대학생들도 다수가 수염을 기르고 다닌다. 처음엔 면도기가 없거나 돈이 없어 이발하지 못해서 그러려니 여겼다. 시간이 흐르고 르완다를 알아갈수록 그것이 아님을 알았다. 면도기가 없어서도 돈이 없어 이발소에 갈 수 없어서도 아니었다. 나름대로 수염으로 멋을 부리고 있었다.

수염으로 멋을 부린다. 맞다. 수염은 단순히 얼굴에 나는 매일 깎아야 하는 귀찮은 털이 아니다. 머리 스타일 못지않게 수염 스타일도 사람의 외모를 바꾸고 좋은 인상을 받게 하는 데 중요한 구실을 한다. 따라서 수염도 머리 스타일처럼 신경 써 관리를 한다. 스타일도 각양각색이어서 각자 자기가 선호하는 스타일을 선택한다.

수염은 기르는 부위에 따라 콧수염(Mustache, 또는 코밑수염), 귀밑에서 턱까지 난 구레나룻 수염(Whisker), 그리고 턱수염(Chin Beard)이 있다.

수염 스타일(Facial Hair-style)은 분류 기준에 따라 종류가 다르나, 내 나름대로 간략히 정리하면 이렇다. ❶ 콧수염만 기르는 할리우드(Hollywood), ❷ 콧수염과 턱수염을 기르되 둘이 분리된 힙스터(Hipster)와 입 주변을 따라 둥글게 연결된 염소수염(Goatee), ❸ 구레나룻 수염, 콧수염, 그리고 턱수염을 모두 기른 비어드(Beard), ❹ 턱에만 기르는 턱수염(Chin Beard), ❺ 목에만 기르는 목 수염(Neck-beard), 그리고 ❻ 수염을 면도한 말끔 형(Clean Shaven)이 있다. 물론, 콧수염, 턱수염, 구레나룻 수염에도 각기 수 개에서 수십 종류의 수염 스타일이 있고 이들 중 두셋을 조합한 수십 종류의 수염 스타일도 있다. 이러다 보니 수염 스타일이 생각보다 훨씬 많다.

르완다 학생들은 여러 가지 스타일의 수염으로 멋을 부리지만, 정작 자기의 수염 스타일은 잘 모른다. 수염 스타일을 물으면 겸연쩍은 듯 웃으며 모른다고 한다. 그럴 때에 학생들의 수염 스타일을 설명해주면 되레 고맙다고 한다.

미국, 유럽, 그리고 중동에서는 수염도 패션(Fashion)이다. 그 때문에 수염 연구소(Beard Institute) 같은 전문기관이 활발한 연구를 하고 있다. 그러나 아직 르완다에 수염 연구기관이 있다는 말은 듣지 못했다.

유교의 영향을 많이 받은 것을 감안하면 한국에서도 근세 이전에는 누구나 수염을 길렀을 뿐만 아니라 잘 보존했으리라 짐작할 수 있다. 유교의 효경언해(孝經諺解)의 1장에 "身體髮膚 受之父母 不敢毁傷 孝之始也. 우리의 몸은 부모에게서 받은 것이니 훼손하고 다치지 않는 것이 효의 시작이다."라는 공자의 말이 나오기 때문이다. 그러나 지금은 총각이 수염을 기르면 못된 사람 취급받는다. 언제부터, 왜 그랬는지 궁금하다.

수염은 남자의 상징이다. 그뿐만 아니라 르완다에서는 지금도 수염이 권위를 나타내기도 하다. 이 때문에 봉사단원 가운데서는 르완다에서 활동하는 동안에 수염을 기르기도 한다. 수염을 기르니 아이들이 함부로 하지 않는다는 말도 들었다.

르완다에서는 누구나 자유롭게 수염을 기른다. 어린 사람이 수염을 기르고 다닌다고 핀잔을 주거나 몹쓸 청년으로 여기는 편견 따위는 전혀 없다. 르완다 젊은이들의 수염을 보면 자기의 관점이나 기준에서만 남을 평가하는 것은 옳지 않거니와 그 자체가 오류다. 존경받고 멋진 삶을 살기 위해서는 역지사지(易地思之)가 필요한 까닭이다.

젊은 사람이 맘 놓고 수염을 기르고 싶으면 르완다로 오면 된다.

13

르완다에서의 나의 생활
요리, 빨래, 청소, 머리 깎기 스스로 해

🏷 내 머리 내가 깎기 33개월

2013년 가을 대학교 옆에 새로 단장한
남녀 공용 미용실

33개월간 내 머리를 깎은 가위

르완다에서 활동하는 33개월 동안 머리를 내가 혼자 깎았다. 부끄러운 일인지, 그냥 그저 그럴 수 있는 일인지, 대견한 일인지 모른다. 그러나 따지고 보면 이 모두도 아니다. 환경과 상황이 그렇게 만들었을 뿐이다.

머리가 길어 이발하려고 이발소에 갔다. 영어로 Barber shop(이발소)이라고 된 곳은 없다. 가까운 곳의 Hair Salon(미용실)에 들어갔다. 들어가 보니 안을 보기 전 생각과 너무 달랐다. 실내장식, 의자, 이발 도구, 위생 상태 등이 거부감을 자아냈다.

조금 있어보니 대부분 머리를 빡빡 밀거나 스포츠머리처럼 짧게 깎았다. 내 머리와 같은 머리를 깎는 사람은 없었다. 나와 같이 길고 곧은 생머리 대신에 르완다인 머리는 곱슬머리기 때문이다.

혹시나 하고 다른 곳도 몇 군데 가보았으나 마찬가지였다. 위생상태 등도 맘에 안 들고, 나와 같은 머리를 깎아본 경험이 없는 이발사에게 머리를 깎아달라고 하기도 불안하였다. 뭣 모르고 이발을 했다가 낭패를 본 한국인들 이야기도 그런 곳에서 머리 깎는 것을 더욱 주저하게 하였다.

이런 탓인지 가족과 같이 온 분들은 부인이 머리를 깎아준다. 수도에서 활동하는 한국인들은 이발소에서 머리를 깎는다. 수도 키갈리에는 호텔 등에 괜찮은 이발소가 있기 때문이다. 하지만 머리 좀 자르자고 6시간 이상 비좁은 버스를 타고 수도까지 오가기도 그랬다.

여기서는 머리를 깎느냐 안 깎느냐 이것이 문제였다. 안 깎으면 머리는 계속 길어질 테고 내가 깎자니 한 번의 경험도 없으니 그럴 용기도 나지 않았다.

며칠을 고민하다가 내 머리는 내가 깎기로 했다. 태어나 평생 처음으로 내 손으로 내 머리를 깎았다. 그것도 달랑 15cm 정도의 작은 가위 하나로 말이다. 먼저 보이는 앞머리를 조금 잘랐다. 거울을 보며 옆머리를 살살 잘랐다. 거울로 볼 수는 있어도 손이 잘 안 닿고 원하는 대로 가위질이 안 되었다. 그래도 옆머리는 뒷머리에 비해 수월한 편이었다. 뒷머리는 전혀 볼 수 없는데다가 손도 잘 안 닿아 가위질 자체가 참 어려웠다. 무척 답답하고 갑갑하기도 했다. 이때 앞을 보지 못하는 사람의 심정이 조금 이해되었다.

중이 제 머리 못 깎는다는 말이 빈말이 아니었다. 혼자 제 머리 깎기가 이렇게 힘든 줄을 예전엔 미처 몰랐다.

한 30분쯤 실랑이를 하였을까? 할 수 있는 대로 최대한 표나지 않게 손질을 하였다. 샤워를 하고 거울을 보았다. 그런대로 괜찮았다.

혼자 머리를 깎은 다음 날 출근을 하였다. 속으로는 웃음거리가 되지 않을까 걱정이 되었다. 쑥스럽기도, 불안하기도 했다. 하지만 현실은 그렇지 않았다. 학생들 앞에서 강의를 했는데, 아무도 머리를 보고 웃거나 이상하게 생각하지 않았다. 다행이었다. 안심도 되고 자신감도 생겼다. 그렇게 혼자 머리를 깎은 지 33개월이 지났다. 지금은 요령까지 생겨 혼자 머리 손질하는 것이 자연스럽다.

하지만 아직 내가 깎은 뒷머리는 보지 못했다. 볼 수가 없기 때문이다. 단지 어쩌다 사진 중에 나온 뒷머리 모양을 보았을 뿐이다.

요즘은 이발 걱정은 안 한다. 학교 옆에 올여름에 새로 단장한 남녀 공용미용실이 생긴 데다가 나 혼자도 이젠 제법 원하는 머리 스타일을 만들 수 있다. 길게도 했다가 짧게 깎기도 한다. 부단한 연습과 수많은 체험이 숙련공을 만들고 명작을 낳는다.

인간은 환경에 적응하는 동물이 맞다. 이가 없으면 잇몸으로 먹는다는 말도 사실이다. 닥치니까 어떻게든 어려움을 해결하고 잘 버티며 살아간다. 환경에 적응하는 인간의 힘은 생각보다 대단하다.

르완다 활동을 마치고 귀국할 때까지 33개월 동안 나는 이발소를 한 번도 가지 않고 내가 내 머리를 깎았다. 중이 제 머리 못 깎는다는 속담을 우습게 만들었다.

✏ 난생처음 헌 구두 사서 신다

한국에서 가져온 신발이 해어져 보기가 안 좋았다. 하는 수 없이 태어나 처음으로 누가 신었는지도 모르는 헌 구두를 샀다. 4개월째 신고 있는데 발이 편하고 상태도 좋다.

르완다에 올 때 구두, 정구화, 등산화를 각 한 켤레 식 가져왔다. 길이 포장이 안 되어 구두는 졸업식 같은 특별한 행사 때만 신는다. 강의를 하거나 학교를 오갈 때는 주로 정구화를, 등산화는 산에 가거나 운동이나 산책을 할 때 신는다.

오래 신다 보니 정구화 앞부분 위에 금이 생겼다. 씻어도 때가 잘 안 빠져 남 보기에도 좋지 않게 되었다. 그런다고 등산화를 신고 강의를 하기도 그랬다.

신발이 하나 필요해졌다. 처음엔 새 구두를 살까 생각했다. 그러나

2014년 4월에 5천 프랑 주고 산 헌 구두
(2015년 9월 귀국할 때,
양복을 입고 이 구두를 신었다.)

기성화는 발에 잘 맞지 않고 스타일도 맘에 안 들었다. 그뿐만 아니라 구두를 포함하여 공산품은 어느 것이나 새것은 터무니없이 비싸다.

마음을 바꾸어 헌 구두를 사기로 했다. 누가 신었는지도 몰라 꺼림칙한 점을 빼고는 새 기성화 보다는 헌 구두가 여러 면에서 맘에 들었다. 모양도 세련되고 품질도 좋고, 값도 싸기 때문이다.

발품을 팔았다. 시장에 갈 때마다 돌아다니며 구두를 눈여겨 찾았다. 몇 번을 그랬다. 그러다 어느 날, 우연히 Timberland라는 브랜드가 찍힌 구두를 발견했다. Timberland는 구두를 포함한 아웃도어(Outdoor) 제품을 만드는 제법 알려진 미국회사여서 브랜드를 보고 골랐다. 신어보니 발이 무척 편했다. 15,000RF을 달라고 하는 것을 흥정하여 5,000RF(8,500원 정도) 주고 샀다.

르완다에서는 시장에서 헌 옷이나 신발 등이 많이 거래된다. 이들 제품은 외국에서 구호물자로 들어온 것인데 직접 국민들에게 배급하지 않고 시장을 통해 거래하는 것으로 보인다. 운이 좋으면 값싼 가격으로 명품을 구할 수 있는 이유다. 이 헌 구두도 그런 행운의 산물이라 여기고 즐겁게 신고 다닌다.

구두를 신을 때마다 어느 나라에서 누가 얼마나 오래 신었는지 무척 궁금하다. 알 길은 전혀 없다. 아는 사람도 없다. 유명하고 훌륭한 사람이 애지중지 아껴 신었던 구두였는지도 모른다. 그래서 이왕이면 지금 신고 다니는 구두의 주인공이 나보다 나은 훌륭한 사람이었다고 생각한다. 손해될 것도 탈 날 것도 없으니 말이다.

이 구두를 신은 뒤부터 인연에 대해 숙고(熟考)하게 되었다. 어느 유명인이 신다가 여기 르완다까지 와서 그것도 르완다인이 아닌 한국인인 나의 구두가 되었는지? 인연치고는 깊은 인연이 아닌가? 구두를 신을 때마다 인연이라는 말이 새삼 새롭게 느껴진다.

구두 한 켤레에서 이렇게 깊은 의미를 찾아보고, 깊이 생각을 하기도 처음

비안가보 시장 앞 거리에서
신을 파는 광경

이다. 헌 구두로부터 받은 선물이다. 전에는 고가의 물건에 대해서도 이토록 깊이 사고하며 뜻을 찾으려고 별로 하지 않았다.

세상에 태어나 남이 신었던 헌 구두를 사서 신을 줄이야! 꿈에도 생각하지 않았다. 그러나 그것이 현실이 되었다. 이렇듯 누가 아는가? 이 구두의 원래 주인을 언젠가 만날 수 있을지, 그리고 와인을 곁들여 담소를 나누며 모두가 행복해할지 가끔 몽상가가 되어 그런 꿈을 꿔 본다.

우리가 쓰는 물건 하나라도 재활용이 가능한 것은 쓰레기로 버리지 말

고 이처럼 누군가에게 다시 사용되도록 하면 어떨까? 지구 상에는 그걸 필요로 하는 사람들이 생각보다 훨씬 많다.

◆ 다섯 친구

사람이니까 외롭고 사랑하니까 그리움에 몸살을 앓기는 한다. 그래도 다섯 친구가 있어 르완다에서 즐겁게 생활하고 있다. 미약하지만 선진화된 지식, 경험 그리고 정보를 대학생들에게 나누어줄 수 있어 보람도 있다.

사무실에서 책을 보며 랩톱으로 강의 준비하는 모습

르완다에 온 지 벌써 2년이 다 되어 간다. 그간 친지들로부터 어려움은 없는지, 르완다 생활은 어떤지 등의 질문을 많이 받았다. 그때마다 "괜찮아요. 지낼 만해요."라고 말해주었다.

가족과 더불어 살다가 갑자기 먼 이국에서 혼자 사는 일이 처음엔 쉽게 적응이 되지 않은 게 사실이다. 정신적으로는 물론, 밥을 하고 빨래도 하고 청소까지 다 하다 보니 때로는 육체적으로도 힘이 든다.

집이 크고 할 일이 많으면 하우스 보이 등을 고용하면 되지만 집도 조그맣고 혼자 사는 데 그런 게 오히려 거추장스러워 스스로 다 해오고 있다. 지금은 운동한다 생각하며 즐기고 있다.

새로운 생활에 대한 생각이 달라진 탓도 있지만, 르완다 생활을 편안하고 즐겁게 할 수 있는 것은 다섯 친구 때문이다.

첫 번째 친구는 학생들이다. 한국에 있을 때도 대학교에서 20년을 강의한 탓인지 유난히 학생들에게 친근감이 간다. 강의시간은 물론, 사무실, 집, 교정 어디서든지 만나 대화하다 보면 활기가 돋는다. 가끔 그들의 문제를 듣고 조언을 해주면 고마워한다. 학생들의 그런 모습을 보면 기분이 좋다.

두 번째 친구는 책이다. 책을 보며 강의 준비를 하다 보면 역시 지루할 겨를이 없다. 새로운 것을 아는 즐거움까지 있으니 더없이 좋다.

창피한 일이지만 나는 대학교 입학시험을 보기 전까지는 소설책 한 권을 제대로 읽지 못했다. 돈이 없어 소설책을 살 수도 없었고 일하며 공부하느라 교과서 공부하기도 벅찼기 때문이다.

내가 처음 읽은 교과서가 아닌 책은 대학 입학시험을 본 뒤, 전주시립도서관에 가서 빌려 읽은 플루타크 영웅전이다. 위인전이나 유명한 소설을 얼마나 읽고 싶었던지 도시락을 싸들고 도서관에 가서 책을 빌려 읽었던 기억이 지금도 생생하다. 지금도 책만 있으면 몇 시간이고 심심하지 않게 보낸다.

세 번째 친구는 컴퓨터다. 여기 올 때 LG Xnote를 사 가지고 왔다. 아마 이것을 가져오지 않았으면 이곳 생활이 정말 힘들 뻔했다. 여기는 컴퓨터가 흔하지 않고 있어도 오래된 것이라 고장이 잦기 때문이다.

다행히 컴퓨터만 좋으면 사무실에서는 속도는 느리지만, 인터넷을 하는 데 큰 불편함이 없다. 집에서는 모뎀을 사용하면 인터넷 연결이 가능하다. 인터넷으로 들어가면 동서고금의 역사와 문화를 즐길 수 있음은 물론, 새로운 지식과 정보의 바다에서 놀 수 있으며 많은 사람들과 교감까지 할 수 있다.

모뎀은 개인이 사야 하고, 사용하는 용량에 따라 돈을 내야 한다. 나는 3개월에 5기가를 사용하는 조건으로 15,000RF을 지불했다.

네 번째 친구는 스마트폰이다. 삼성 갤럭시II를 사용하지만 아무 불편함이 없다. 스마트폰 하나면 전화기, 카메라, 컴퓨터를 들고 다니는 셈이니 어찌 좋지 않을까? 무료 영상통화를 하고, 사진도 찍고, 간단한 문자메시지를 주고받으며 실시간으로 소통하고 있다. TED나 영어 공부 사이트에 들어가 영어 공부도 한다.

다섯 번째 친구는 새다. 매일 아침 식사 전에 집 문 앞에 새 먹이를 준다. 그런지가 1년 6개월이 넘었다. 이젠 가까이 가도 새들이 도망가지 않는다. 식사하다 보면 새들이 찾아와 먹이를 먹는다. 아침 식사는 새와 같이하는 셈이다.

학생, 책, 컴퓨터, 스마트폰, 그리고 새가 있어 르완다의 생활이 한결 즐겁다. 이들 다섯 친구는 괴로움이나 아픔은 전혀 안 준다. 오히려 소통의 기쁨과 즐거움을 주고 하고 싶거나 해야 할 많은 일을 단순하고 쉽게 할 수 있게 해준다.

사람, 문명의 이기, 그리고 자연과 벗하며 사는 한 외로움과 그리움은 시(詩)로 남고 르완다 생활은 즐거움과 보람으로 가득하리라 믿어도 좋다.

🏷️ 김치, 청국장을 담고 콩나물을 길렀다

메주콩으로 직접 기른 콩나물

배추를 재배하여 직접 담근 배추김치

르완다에서 활동하면서 김치와 청국장을 만들고 콩나물을 길러서 먹었다. 이들 3가지 음식을 먹을 수 있게 되자 음식 걱정은 끝났다.

김치는 양배추김치와 배추김치를 다 담아서 먹었다.

양배추김치는 배추를 씻고 잘게 썰어 소금에 절인 뒤 태국산 액젓, 마늘, 고춧가루, 양파, 대파 등을 넣고 버무려 3~7일 숙성시켰다. 새콤한 맛이 나면 냉장고에 넣어놓고 먹었다.

배추김치는 배추를 2쪽으로 잘라 소금에 절여 물로 다시 씻었다. 태국산 액젓, 마늘, 고춧가루, 양파, 대파, 당근 등으로 만든 양념장을 물기가 빠진 배춧잎 사이사이에 넣기도 하고 바르기도 하였다. 실내에 약 3~7일 숙성시켜 새콤한 맛이 나면 냉장고에 넣어놓고 먹었다. 많이 담글 때는 일부는 냉동실에 넣어 보관하였다.

청국장은 하루 정도 콩을 불려 처음엔 센 불로 익힌 다음에 약한 불로 연한 적갈색이 나고 포근포근할 때까지 삶았다. 삶은 콩은 물기를 제거한 다음에 천에 싸서 낮에는 실온, 밤에는 전기장판 위에 놓았다. 3~5일 되니 콩이 떠서 하얀 실이 생겼다.

어느 날, 싱크대를 보니 콩나물 1개가 있었다. 청국장을 만들 때 떨어진 콩이 자라 콩나물이 된 것이다. 여기서 힌트를 얻어 이곳 메주콩으로 콩나물을 길렀다. 1일 정도 콩을 불려 플라스틱 통 밑에 구멍을 뚫고 거기에 불린 콩을 넣어 7~10일 정도 물을 주어 길렀다. 콩나물 대가리가 파란 것은 햇빛을 가려주지 않아서 그렇다.

궁즉통(窮則通), 궁하니까 통하더라.

볏짚을 사용하지 않고 직접 만든 청국장

스스로 만든 김치와 청국장과 콩나물을 넣어 끓인 찌개 맛이 좋을 때
는 기뻤다. 삶에 활력도 넘쳤다.

33개월 살던 르완다 집

2015년 2학기에 대강당에서
작물학과 2학년 308명에게 채소생산학 강의 장면

코이카 자문관 겸 르완다대학교
농대 교수로 33개월의 르완다 활
동을 마치고 2015년 9월 10일 르
완다를 떠난다. 외롭고 그립고 힘
들기도 했지만 건강하게 새로운
삶을 즐기며 보람도 맛보았다.

르완다 생활은 예전과는 전혀
다른 삶이었다.

2015년에 지도한 학생 38명의 16편의 졸업 논문들

생활한 곳은 르완다의 해발 2,200m 고지대의 산촌(山村)이었다. 해가
지면 버스가 끊겨 발이 묶였다. 극장 같은 문화시설이나 여가를 즐길만한
곳은 한 곳도 없다.

밤에는 어둡고 추워 전기장판을 사용했다. 밤엔 불안하니 밖을 나가기도 어렵다. 그런다고 집에 TV 같은 것이 있는 것도 아니었다. 신문도 집으로 배달되지 않았다.

사람들의 피부 색깔도 다르고, 언어, 음식, 생활방식 등등이 다 달랐다. 같은 것은 해와 달, 밤하늘의 별들뿐인 듯했다.

교직원 식당이 학교 안에 한 곳이 있기는 하나 입맛에 맞지 않았다. 가져온 압력밥솥으로 밥을 하고 반찬을 만들어 먹었다. 처음 밥을 한 날엔 압력밥솥 사용법을 잘 몰라서 밥을 다 태워버렸다. 빨래와 청소도 스스로 했다.

달랑 15cm 크기의 가위 하나로 내가 내 머리를 깎았다. 태어나 처음 하는 일이었다.

대학교에서의 영어 강의도 처음이라 긴장되었다. 작물학과 2학년 채소생산학 첫 강의를 하고 휴식시간을 가졌는데, 학생들 사이에서 작물학과 교수가 나왔다. 교수가 학생들 사이에 있으리라고는 꿈에도 생각하지 않았던 터라 당황스러웠다. 다행히 한국에서 20년간 대학교 강의 경험이 있어 그 강의기법과 경험을 활용한 탓인지 강의 잘 들었다는 말을 들어서 안심이 되었다.

면장갑 한 켤레를 사러 버스를 3시간 이상 타고 수도 키갈리에 가기도 했다. 한국에서 쓰는 호미가 없어 손 곡괭이를 주문했는데 한 달도 더 걸려서 살 수 있었다. 안경알이 빠졌는데 안경점이 없어 역시 수도까지 가서 고쳐야 했다.

이런 불편과 긴장은 외로움과 그리움에 비하면 아무것도 아니었다. 비오는 날 밤이 되면 가슴과 뇌 깊숙이 찾아오는 고독과 갈망은 견디기 어려웠다. 술을 마셔도 술기운이 있는 잠시만 괜찮을 뿐이었다.

세월이 약이라 했던가? 거짓이었다. 세월은 약이 아니었다. 세월이 흐를수록 외로움과 그리움은 커졌다.

생각을 바꾸었다. 주어진 여건을 받아들이고 즐기자고 마음을 바꾸었다. 없다고 포기하는 대신에 있는 것을 이용하기로 맘먹었다. TV와 신문 대신에 노트북을 켜고 인터넷으로 뉴스를 보고(모뎀을 사용하면 가능) 세상 돌아가는 것을 알았다. 카톡을 활용하여 무료로 가족과 화상 전화도 하였다.

학생들과 대화하고 자문을 하며 그들의 문제를 해결하는 데 힘을 보탰다. 학생들에게 희망과 용기를 주는 데도 힘을 쏟았다.

주변의 새, 꽃, 자연과 풍습 등에도 관심을 가졌다.

그러는 동안에 언어의 장벽이 차츰 허물어져 갔다. 강의가 즐거웠다. 채소와 종자 생산에 관한 새롭고 발달한 지식, 기술과 정보를 전달하는 데 초점을 맞추었다. 이곳 선생들과는 달리 오전엔 이론 강의를 하고 오후에는 실습을 했다. 백 마디 말보다 한 번의 실습이 더욱 효과적이었고 학생들도 좋아했다.

그러다 보니 강의과목과 수강생 수도 계속 늘어났다. 2012/2013년은 2학년 139명 1과목만 강의했다. 그것이 2013/2014년은 2학년 147명, 4학년 47명 2과목이 되고 2014/2015년은 2학년 308명, 3학년 140명, 4학년 60명 3과목으로 늘었다.

졸업논문 지도학생도 해가 거듭될수록 증가했다. 2013년은 3명에 3편을 했는데, 2014년은 13명에 13편, 2015년은 38명에 16편의 졸업 논문을 지도했다.

졸업 논문을 위해 실시한 시험 연구결과 일부는 2013년 5월 23일에 『Kigali Today』와 2015년 8월 12일에 르완다 최대일간지인 『The New

Times』에 보도되었다.

르완다에 올 때에 나는 르완다를 몰라 어려움을 겪었다. 이런 어려움을 뒤에 오는 사람이 조금이라도 덜 겪도록『유기열의 르완다』를 썼다. 때론 부담되고 고통스러웠지만, 독자들의 격려로 한 주도 거르지 않고 주 1회 한편씩 썼다.

할 일이 늘어나다 보니 혼자 공상(空想)하는 시간이 줄어들었다. 할 일이 있어 바쁘다는 것은 좋은 일이다. 특히나 이국에서는 더욱 그렇다.

주어진 강의와 시험연구를 즐겁게 열심히 하였다. 하는 일도 잘되니 보람도 있었다. 그러는 동안에 나도 모르게 외로움과 그리움이 자연스럽게 사라졌다.

2012년 12월 추운 겨울에 집을 떠나올 때는 나를 걱정하는 가족의 눈물을 보았다. 르완다에 와서는 처음엔 낯섦, 외로움, 그리움으로 힘들었다. 그러나 33개월의 활동을 마치고 르완다를 떠나는 지금은 잘해냈다는 만족과 함께 고마움과 석별의 아쉬움이 크다.

나는 준 것보다 르완다로부터 더 많은 것을 받고 배우고 간다.

르완다여, 무라코제(감사)~! 아마쿠루(안녕)~!

◆ 독자 여러분이 있어 행복했습니다

세월은 흐르고 행복은 남았습니다. 독자 여러분이 있었기 때문입니다.

2012년 12월『유기열의 르완다』를 처음 쓴지가 엊그제 같은 데 벌써 딱 3년이 되었습니다. 세월은 참으로 빠릅니다.

2012년 10월 한국국제협력단(KOICA) 자문관으로 르완다 파견이 결정되었을 때, 부끄럽지만 르완다가 어떤 나라인지 잘 몰랐습니다. 그래서 르완다에 대하여 알려고 노력했지만, 정보가 빈약해 많은 어려움을 겪었습니다.

예를 들어 스마트폰과 신용카드를 가지고 가면 사용이 가능한지를 물었으나, 아는 사람이 없었습니다.

이처럼 제가 르완다에 갈 때에 르완다에 대한 정보 부족으로 겪은 어려움은 정말 컸습니다. 이런 어려움과 불편함을 다른 사람이 겪지 않고 더욱 안전하며 즐겁고 보람 있게 르완다에서 활동하도록 조금이나마 도움을 주기 위하여 이 글을 썼습니다. 그래서 가능한 한 직접 보고 듣고 느낀 것을 사실대로 객관적으로 쓰려고 노력했습니다.

물론, 『유기열의 르완다』를 쓰는 일은 쉽지 않았습니다. 코이카 자문관과 르완다대학교 농대 교수라는 본연의 업무만으로도 힘이 벅찼기 때문이었습니다. 게다가 교통의 불편, 시간의 제한 등으로 현장 방문이 어렵고, 현장에 가더라도 보안과 비밀유지, 자료의 미비와 현지인의 불충분한 지식, 사진 촬영과 정보에 대한 접근 제한, 언어 소통의 문제 등으로 알고 싶은 것을 제대로 알기가 무척 힘들었습니다.

그런 힘듦을 받아들이고 나름대로 최선을 다해 자료나 정보를 얻고 사진을 찍어도 글은 쉽게 써지지 않았습니다. 밤늦도록 끙끙거리며 썼다가 지우고, 지우고 쓰기를 몇 번이고 되풀이하기도 했습니다. 그만두고 싶은 유혹에 빠지기도 했습니다.

그때마다 고통을 이겨내고 계속 글을 쓸 수 있었던 것은 독자 여러분의 관심과 격려 덕분이었습니다. 많은 분이 글을 읽고 이메일, 전화 등으로 르완다에 대해 묻고 도움이 되었다는 말씀을 해주셨습니다. 독자 여러분의 이런 관심과 격려가 힘이 되어 3년간 한 주도 거르지 않고 르완다 이야기를 쓸 수 있었습니다.

어려움을 견뎌내고 한 일이라 그런지 지금은 이렇게 해낸 자신이 대견하게 여겨집니다. 그리고 홀가분하게 웃을 수 있어 기쁩니다.

이런 글들이기에 가능하면 앞으로 지금까지 쓴 글을 모아 한 권의 책으로 출판하려고 합니다. 르완다를 찾는 사람들을 안내할 길잡이가 되지 않을까 해서입니다.

돌이켜보니 르완다에 갈 때에 궁금했던 일들은 지금 생각하면 우스운 역사가 되어 버렸습니다. 르완다에 대한 정보가 많아졌기 때문입니다. 놀랍게도 수도 키갈리에서는 4G LTE가 상용화되고, 삼성 갤럭시 6가 거래되는가 하면 웬만한 신용카드면 호텔 등에서 사용이 원활합니다.

이제 『유기열의 르완다』 쓰기를 마칩니다. 그동안 이 글에 애정을 가져주신 독자 여러분에게 다시 감사드리며, 보도를 해주신 데일리 전북 이대성 사장님과 편집자 모두에게 감사드립니다.

모두 즐거운 성탄절 보내시고 새해 복 많이 받으시길 바랍니다.

2015. 12. 13.
유기열 올림

필자 주: 독자는 『데일리 전북』, 블로그 '희망과 행복의 샘'과 페이스북의 독자를 뜻합니다.

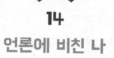

14
언론에 비친 나

르완다에 오세요.

(2013. 04. 19. 동아일보 보도)

'아프리카'하면 미개한 땅을 연상하기 쉬운데, 지난해 12월 한국국제협력단(KOICA) 자문관으로 아프리카 르완다에 와서 살아본 사람으로서 그것은 오해라고 말하고 싶다. 농촌 등 오지는 우리나라 1960년대 모습과 닮았지만, 도시는 번화하고 자동차도 많이 다닌다. 대학생들은 거의 다 휴대전화를 가지고 있다. 휴대전화의 심(SIM) 카드 등록을 시작한 지 한 달 만에 전체 540만 대 중 약 200만 대가 등록되었다고 이곳 최대 일간지 『The New Times』는 보도했다. 정부기관이나 대학교 등에도 광케이블이 깔려 인터넷 사정이 우리나라와 큰 차이가 없다. 고위 공무원들은 아이패드를 이용하여 축사를 하기도 한다. 시골에도 전기가 들어가고 수돗물이 나온다. 주식은 감자와 옥수수지만 굶는 사람은 많지 않다. TV에서 보던 피골이 상접한 해골 모습을 한 사람은 별로 볼 수 없다. 마른 사람도 보기 어렵다. 오히려 비만이 사회 문제가 될 정도다.

열대 원시림도 생활 주변에서는 보기 힘들다. 대부분 산은 유칼립투스, 오리나무 등이 자라는 보통 숲이다.

야생동물도 아카게라(Akagera) 국립공원을 가기 전에는 일반 산야에서 만나기 어렵다. 르완다에 온 지 4개월이 되지만, 생활하는 곳 주변에서는 아직 원숭이도 보지 못했다. 기후도 적도 부근의 열대 아프리카라고 하지만 밤에는 5도까지 내려가 전기장판을 사용할 정도고 비 오는 날이면 한기조차 느낀다. 말라리아 같은 질병도 크게 염려하지 않아도 된다.

농산물은 싸고 풍부한 편이다. 농촌의 재래시장에서 감자 1kg이 150프랑(1프랑은 1.7원 정도다), 옥수수 5개가 200프랑, 바나나 3개 100프랑, 양배추 한 포기도 100프랑이면 살 수 있다. 양파, 당근, 마늘, 토마토 등도 싸고 맛도 괜찮다. 단지 우리에게 익숙한 공산품이 귀하고 비싸다. 면장갑 한 켤레가 1,400프랑에 달한다. 농산물 가격과 비교하면 상당히 비싼 편이다. 르완다는 자연이 오염되지 않은 천혜의 땅이며 더 가꾸고 개발하면 사람이 살기 좋은 미래의 땅이다. 사람들도 착하다. 여러분, 르완다로 오세요.

한국 교육제도를 아프리카 대륙에 심어주기를….

-『뉴스에듀』 창간 축사

(2014. 6. 23. 『뉴스에듀』 보도)

『뉴스에듀』가 창간 3주년을 맞았습니다. 축하와 함께 끝없이 발전하기를 바랍니다.

지구는 하나지만 정치, 교육제도, 문화와 전통, 국민의식과 생활 환경 등은 나라마다 많은 점이 다릅니다. 한국은 특히 교육열과 교육수준이 세계에서 가장 높고 교육제도가 우수한 것으로 알려졌습니다.

더구나 국민 기자로 이루어진 『뉴스에듀』야 말로 국민의 눈높이에서 교육현장을 누구보다 잘 알고 있을 것입니다. 교육 분야에 관한 그간의 축적된 정보와 지식, 경험과 기술, 인적 및 물적 자원을 활용하여 세계 속, 특히 아프리카 대륙에 한국의 교육제도를 심고 가꾸는 사업을 펼쳐주었으면 합니다.

르완다는 초등학교(Primary School) 6년, 중고등학교(Secondary School) 6년, 대학 4년으로 되어 있습니다. 한국과 교육 기간은 큰 차이가 없으나 초중등학교 커리큘럼에는 윤리도덕 과목이 없는가 하면 예체능 수업시간이 종교 수업시간보다 적습니다.

그뿐만 아니라 교실과 화장실, 책걸상과 칠판 등 기본적인 교육 환경이 무척 열악합니다. 도울 수 있는 방법을 찾아 추진해봤으면 합니다.

창간 3주년을 맞은 2014년이 『뉴스에듀』가 한국의 우수한 교육제도를 아프리카 대륙에 심고 가꾸는 일을 시작하는 해가 되기를 기대합니다. 이제 『뉴스에듀』가 국제화로 가는 지평을 열어 봤으면 합니다.

문명과 과학기술, 특히 ICT와 전자산업 분야의 발달로 먼 아프리카에서도 『뉴스에듀』의 기사를 보고 있습니다.

어느 언론보다 감시 비판과 함께 대안 제시를 하여 한국의 교육제도 발달에 기여한 『뉴스에듀』의 3주년을 다시 한 번 축하하며 이희선 대표님과 임직원 모두의 노고에 격려를 보냅니다.

Yasanze imbuto y'amashu yo muri Koreya yakungukira Abanyar—
wanda kurusha isanzwe

23—05—2013, 「Kigali today」

Umushakashatsi akaba n'umwarimu mu ishuri rikuru
ISAE Busogo ukomoka mu gihugu cya Koreya y'Epfo yakoze
ubushakashatsi asanga imbuto y'amashu y'iwabo ishobora
kungukira Abanyarwanda kurusha isanzwe ihingwa ino.

Dr Ki Yull Yu yafashe imbuto yavanye iwabo arayitera,
anatera iyo mu Rwanda, yirinda kugira imiti akoresha ndetse
n'amafumbire, asanga iyo muri Koreya yarabashije gutanga
umusaruro ku kigero cya 90% by'ibyo yari yiteze mu gihe iyo
mu Rwanda itarengeje 10%.

Iyo hadakoreshejwe amafumbire n'imiti, imbuto yo mu Rwanda yera gake
kurusha iyo muri Koreya (iburyo).

Ati: Mu bushakashatsi nabonye ko Abanyarwanda bahinze
imbuto y'amashu ihingwa muri Koreya, batanga amafaranga
make kugirango babone umusaruro ungana n'uwo babona ba—

koresheje amafumbire atandukanye ndetse n'imiti yica udukoko.

Uyu mushakashatsi ukomeje ibikorwa bye mu mirima y'ishuri rikuru ISAE Busogo, avuga ko ari gukora ubushakashatsi ku bindi bihingwa nk'ibitunguru, aho ibyo muri Koreya byishimira cyane ubutaka bwo mu Rwanda, kandi bikaba binini cyane.

Akora kandi ubushakatsi ku mboga, aho izo muri Koreya zigaragaza ko nazo zishobora kwishimira ubutaka bw'iwacu, cyakora ku birayi bahinga mu gihugu akomokamo, yasanze nta nyungu nini byagezaho Abanyarwanda kuko bo bacamo ikirayi kabiri bakagiteramo bibiri, bigasaba ibikoresho byinshi kugirango iki gikorwa kibashe gutungana.

Uyu mushakatsi, asaba abashinzwe ubuhinzi mu Rwanda kugeza ku Banyarwanda imbuto zitandukanye, cyane ko byagaragaye ko hari imbuto nziza kurusha izihingwa muri iki gihe, zageza ku Banyarwanda umusaruro munini ndetse udasaba byinshi ngo uze uhagije kandi ari mwiza.

–See more at: http://kigalitoday.com/spip.php?article10510#sthash.mdONLQmj.dpuf

---

필자 주: 내용은 한국 배추와 르완다 양배추 종자의 성능 비교 시험을 실시한 결과 배추 종자가 우수하다는 것이다.

Rwanda soils suitable for Korean vegetables—survey

By Jean d'Amour Mbonyinshuti, Published August 12, 2015

Dr Yu (R) with his students on the farm in Musanze where Korean cabbage are being experimented. (Jean d'Amour Mbonyinshuti)

A Korean agricultural expert who lectures at the University of Rwanda's College of Agriculture, Animal Sciences and Veterinary Medicine has urged farmers to engage in growing Korean vegetables. Dr Ki Yull Yu said he conducted a study which indicated that Rwandan soils are conducive for Korean vegetables.

He carried out the study on five Korean vegetable varieties together with his students in the Crop Science Department.

The two-year research was conducted on Korean cabbage, radish, spinach, leaf mustard and lettuce, according to Dr Yu.

"The research was conducted at the UR-CAVM field farm from January 2013 to June 2015. The seeds used for the experiment were brought from Korea. The cultivation methods were the same as those employed by Rwandan farmers. Pesticides, artificial fertilisers and irrigation were not used during the experimentation,"said Yu.

He said the crops were highly adaptable to the local climate and soil type.

"Growing them is simple, they are environmentally—friendly and do not require the special technology. To increase yields, farmyard manure is required, depending on the soil's fertility,"he added.

Yu stressed production is higher in Rwanda than when the crops are grown in Korea, hence encouraging farmers and local leaders to engage in growing the vegetables.

"In terms of yields, Korean radish in Korea is 73 tonnes per hectare, while in Rwanda it can be between 85 tonnes and 100 tonnes per hectare. Korean cabbage in Korea is between 92 tonnes and 98 tonnes per hectare, but in Rwanda it can be between 100 hectares and 130 tonnes per hectare.

"In the case of Korean spinach, the harvesting in Korea is done once per season. However, it can be harvested more than twice in Rwanda because

Students survey a Korean leaf mustard garden in Musanze. (Jean d'Amour Mbonyinshuti)

it continues due to suitable climatic conditions,"Yu explained.

Farmers who have no special technology can produce these exotic vegetables easily and safely, Yu added.

"Introducing these exotic vegetables to Rwanda will contribute to food security and increase farmers'income,"he noted.

Research on growing Korean vegetables in Rwanda was also conducted by some students while working on their dissertations.

Aime Thierry Nteziryayo, who completed his studies in crop science, said the research was paramount and showed that Korean vegetables could be productive once cultivated on Rwandan soil.

"I conducted the study on the growth of Korean vegetable, specifically on cabbage, and given the production per hectare, the Korean variety yielded over 100 tonnes, the Rwanda cabbage was about 70 tonnes,"he said.

Camille Hodari, the Musanze District agronomist, said research on vegetables and other crops are of great importance and helps farmers and local leaders work on ways to improve productivity and livelihoods.

He said they will work with the researchers on the possibility of growing the vegetable varieties in the area.

editoria@newtimes.co.rw

르완다를 떠나와서 나에게 쓴 편지

　처음 르완다에 갈 때 내가 했던 생각들이 잘못이라는 것을 아는 데는 긴 시간이 필요하지 않았다.

　르완다로 가기 전에 나를 그렇게도 불안케 했던 스마트폰과 신용카드 사용 문제는 하루도 안 걸려 해결되었다. 스마트폰은 유심칩만 갈아 끼우면 되고, 호텔 등에서는 신용카드를 사용하는 데 문제가 없었다. 은행계좌를 개설하고 신용카드를 만들면 ATM에서 현금(르완다 프랑)도 인출 할 수도 있었다. 아무 문제가 없는 일을 그토록 걱정했던 것은 오직 르완다에 대한 정보 부족과 무지 때문이었다.

　1963년에 우리나라와 국교 수립을 한 르완다는 '천 개 언덕의 나라'/ '아프리카의 심장'/ '아프리카의 스위스'라고 한다. 적도 아래에 위치하지만, 고산지대라 기후가 온화하여 사람 살기에 좋은 편이다. 산과 호수가 많아 아름답고 공기가 청정하다.

　자연의 아름다움과 야생(野生)을 즐기고 체험하여 좋은 추억을 만들 수 있다. 열대우림인 늉웨 숲 체험, 마운틴고릴라 트레킹, 비소케와 카리심비 화산의 등정, 키부 호수는 관광 가치가 충분하다.

　비록 제노사이드의 비극이 있었지만 폴 카가메 대통령의 리더십으로 화해와 통합을 이루고 중견 신흥국가로 발돋움하고 있으며 IT 강국으로 스마트한 나라다. 치안도 튼튼하니 아프리카에서 가장 안전한 나라라 할 수 있다.

하지만 대체로 생활 환경은 한국의 60~70년대와 같이 열악하다. 외국의 도움이 필요하다. 다만 가난, 질병, 기후, 치안 등은 실제보다 과장되어 잘못 알려져 있다.

국민들은 자존심은 강하나 여간해서 화내지 않아 도인(道人)처럼 보인다. 낙천적이며 자연스럽게 잘 웃고 친절하다.

귀국한 지 3개월이 지났지만 지금도 르완다대학교 농대 학생들이 눈에 선하다. 그들을 좀 더 잘 가르치고 그들에게 좀 더 잘해주지 못한 것 같아 무척 아쉽다.

어렵고 힘들 때도 있었지만 학생들과 함께할 수 있었고 그들이 하나라도 더 배우려고 노력하는 모습을 볼 수 있어 행복했다.

앞으로 학생들이 좋은 일자리를 얻고 르완다의 발전에 중추적인 역할을 하기를 바란다. 더 나아가 르완다가 신흥 중견 국가로 성장하고, 모든 르완다 국민이 더 행복해지는 모습을 보고 싶다. 반드시 그런 날이 오기를 기대한다.

나는 르완다에 준 것보다 더 많은 것을 받았다. 앞으로 르완다를 바로 알리고 돕는 데 기여하고자 한다.

2015. 12. 12.